普通高等教育农业农村部“十三五”规划教材
《草地管理学》配套教材

普通高等教育“十四五”规划教材

草地管理学实习指导

张英俊　黄　顶　主编

中国农业大学出版社
·北京·

内 容 简 介

《草地管理学实习指导》作为普通高等教育农业农村部“十三五”规划教材《草地管理学》的配套教材，针对新时代国家生态文明建设和草牧业高质量发展需求，吸纳全国承担草地管理学实习课程的一线主讲教师意见和建议，将多年来的教学实习内容汇总、评估、归纳整理，并融入草地管理学实习前沿技术，进而系统编写而成。本书被列入普通高等教育“十四五”规划教材，重点介绍草地土壤管理、草地植被管理和草地家畜管理三个部分实习内容。第一部分草地土壤管理设置了草地土壤物理、化学和生物 3 个专题共 18 个实习内容；第二部分草地植被管理设置了草地植物特性和草地调查规划 2 个专题共 18 个实习内容；第三部分草地家畜管理设置了家畜牧食习性、放牧管理和牧场设计 3 个专题共 12 个实习内容。每一个实习内容都给出背景、目的、实习内容与步骤、思考题和参考文献等，易于读者更好地理解和掌握。本教材可供草业科学相关师生、科技工作者、管理人员参考。

图书在版编目(CIP)数据

草地管理学实习指导/张英俊，黄顶主编. -- 北京：中国农业大学出版社，2022.5

ISBN 978-7-5655-2778-4

Ⅰ.①草… Ⅱ.①张… ②黄… Ⅲ.①草地-科学管理-实验-高等学校-教学参考资料 Ⅳ.①S812.3-33

中国版本图书馆 CIP 数据核字(2022)第 086286 号

书　　名 草地管理学实习指导
作　　者 张英俊　黄　顶　主编

策划编辑 韩元凤　宋俊果　　**责任编辑** 韩元凤
封面设计 郑　川
出版发行 中国农业大学出版社
社　　址 北京市海淀区圆明园西路 2 号　　**邮政编码** 100193
电　　话 发行部 010-62733489，1190　　读者服务部 010-62732336
编辑部 010-62732617，2618　　出　版　部 010-62733440
网　　址 http://www.caupress.cn　　**E-mail** cbsszs@cau.edu.cn
经　　销 新华书店
印　　刷 运河（唐山）印务有限公司
版　　次 2022 年 12 月第 1 版　　2022 年 12 月第 1 次印刷
规　　格 185 mm×260 mm　　16 开本　　17.5 印张　　433 千字
定　　价 45.00 元

编写人员

主　编　张英俊（中国农业大学）
黄　顶（中国农业大学）

副主编　刘　楠（中国农业大学）
荆晶莹（中国农业大学）
孙宗玖（新疆农业大学）
曹文侠（甘肃农业大学）
陈　超（贵州大学）
王忠武（内蒙古农业大学）
高　凯（内蒙古民族大学）
王先之（兰州大学）
罗海玲（中国农业大学）
陈文青（西北农林科技大学）

参　编　路文杰（山西农业大学）
杨　鑫（宁夏大学）
周冀琼（四川农业大学）
王晓亚（华南农业大学）
郝　俊（贵州大学）
程　巍（贵州大学）
李治国（内蒙古农业大学）
杨　欢（中国农业大学）
古欣瑶（贵州大学）
董乙强（新疆农业大学）
王金兰（甘肃农业大学）
郝　凤（内蒙古民族大学）
杨　英（宁夏大学）
杨合龙（新疆农业大学）

前　言

草地/草原占我国国土面积的41%，是我国最大的陆地生态安全屏障，是国家生态文明建设的主体区域。同时，草地也是广大农牧民赖以生存的家园，是国家乡村振兴的重要基础。由于气候变化、管理不当、过度利用等原因导致我国草地发生不同程度退化，退化草地改良修复、草牧业高质量发展等战略实施对草业科学人才培养提出了更高的要求。本书突出系统管理思想，以草地生态系统土－草－畜为主线，吸纳国内外草地管理实习实践教育的新成果和新技术，全面支撑草地管理学课堂理论教学，培养理论知识扎实和实践技能熟练的专业人才，适应新形势下教育教学需求。

《草地管理学实习指导》作为普通高等教育农业农村部"十三五"规划教材《草地管理学》的配套教材，由中国农业大学、兰州大学、西北农林科技大学、内蒙古农业大学、新疆农业大学、贵州大学、甘肃农业大学、内蒙古民族大学、山西农业大学、宁夏大学、四川农业大学、华南农业大学等高校一线骨干教师编纂而成，充分总结各单位在实习教学过程中的丰富经验，融入草地管理学实习前沿技术，供教学参考和经验交流。教材内容由草地土壤管理、草地植被管理和草地家畜管理三个部分组成，主要包括草地土壤物理、化学和生物因素，草地植物特性和草地调查规划，草食家畜行为、牧食习性、放牧制度、畜产品品质评定。每个实习独立成篇，便于教学选用，易于学生掌握相应的专业实践技能。

《草地管理学实习指导》教材在中国农业大学出版社的大力支持和编写人员的共同努力下完成的，该教材的出版，不仅可以满足高等院校草学专业本科生的教学需要，也可供草业科学相关专业的师生及从事草地管理与利用的科技人员和管理人员参考。

由于编者水平所限，书中难免有不足之处，敬请广大读者和同行专家批评指正。

编者

2022.12

前言

目　　录

第一部分　草地土壤管理

实习一　草地土壤含水量测定

一、背景

水分是草地土壤的重要组成部分，也是评价土壤资源优劣的主要指标之一。土壤水分是植物水分的直接来源，植物吸收土壤中的水分、有机质等营养物质，进行生长。同时，土壤水分含量的多少，又决定着植物生长状况的好坏。因此，为了保证植物的正常生长，测定草地土壤含水量就有非常重要的实际意义。测定土壤含水量的常用方法有烘干法、酒精燃烧法、中子仪法、TDR法、微波炉法和遥感法等。

二、目的

1. 掌握土壤含水量的测定原理及方法。
2. 掌握新鲜土样水分和风干土样吸湿水的测定方法。
3. 掌握用中子仪测定土壤含水量的方法。
4. 掌握田间持水量的测定方法。

三、实习内容与步骤

（一）新鲜土样水分的测定

1. 烘干法

（1）实验原理　烘干法是测定土壤含水量的常用方法，通常可以通过把土样放在烘箱内烘干（温度控制在105 ℃±2 ℃），然后从土壤孔隙中测得释放的水量作为土壤水分含量。在此温度下，土壤样品中的自由水和吸湿水都被烘干，而化学结合水不会被排出，土壤有机质也不致分解。

（2）仪器设备　土钻、烘箱、分析天平（0.000 1 g）、干燥器、编有号码的有盖铝盒、棉线手套。

（3）实验步骤

①准备工作　取铝盒编号后洗净，在（105±2）℃的烘箱中烘干，在干燥器中冷却30 min后称重（W_1）。

②取样　在田间用土钻钻取有代表性的土样，取土钻中段土壤样品约20 g（精确到0.000 1 g），放入已知重量的铝盒内立即盖好盒盖，称重，记为W_2。

③烘干　揭开铝盒盖（盖子置于铝盒底部），将土样铺平，置于（105±2）℃烘箱中烘干6 h，盖好盒盖，将铝盒放进干燥器冷却30 min，称重。

④恒重　揭开铝盒盖，重新放入（105±2）℃烘箱中再烘2 h冷却后称重（W_3），要求前后两次重量之差不大于0.003 g，一般要做2～3个重复。

(4)结果计算

$$W=\frac{W_2-W_3}{W_2-W_1}\times 100\%$$

式中:W 为土壤含水量(%);W_1 为铝盒重量(g);W_2 为铝盒及新鲜土壤样品的重量(g);W_3 为铝盒及烘干土壤样品的重量(g)。

2. 酒精燃烧法

(1)实验原理 利用酒精在土壤样品中燃烧释放出的热量,使土壤水分蒸发干燥,通过燃烧前后的重量之差,计算土壤含水量。酒精燃烧的火焰在熄灭前几秒钟下降,土温迅速上升到180～200 ℃,然后温度很快降至85～90 ℃,再缓慢冷却。由于高温阶段时间短,所以样品中的有机质及盐类损失很少。

(2)仪器设备 烘箱、土钻、干燥器、分析天平(0.000 1 g),编有号码的有盖铝盒、玻璃棒、石棉网、棉线手套。

(3)实验步骤

①准备工作 取铝盒编号后洗净,在(105±2)℃烘箱中烘干,在干燥器中冷却 30 min 后称重(W_1)。

②取样 在田间用土钻钻取有代表性的土样,取土钻中段土壤样品约 20 g(精确到 0.000 1 g),放入已知重量的铝盒内立即盖好盒盖,称重,记为 W_2。

③燃烧样品 向铝盒中添加酒精,直到浸没全部土面为止,稍加摇荡,使土样均匀分布于铝盒中。将铝盒放在石棉网或木板上,点燃酒精,在即将燃烧完时,用玻璃棒来回翻动土壤,助其燃烧。待火焰熄灭,样品冷却后,再添加 3 mL 酒精,进行第二次燃烧,如此进行 2～3 次,直至土样烧干为止。将铝盒放进干燥器中冷却 30 min,称重(W_3)。

(4)结果计算

$$W=\frac{W_2-W_3}{W_2-W_1}\times 100\%$$

式中:W 为土壤含水量(%);W_1 为铝盒重量(g);W_2 为铝盒及新鲜土壤样品的重量(g);W_3 为铝盒及烘干土壤样品的重量(g)。

3. 中子仪法

(1)实验原理 中子仪法测定土壤含水量是将中子源事先埋入待测土壤中,待土壤完全恢复原状后,在测量过程中,启动中子源不断发射速度较快的中子,快中子碰撞土壤介质中的各种离子和原子,在碰撞过程中,快中子能量不断损耗,从而使速度逐渐变慢。特别是当土壤介质中氢原子与快中子发生碰撞时,能量损失最大而使快中子速度降低更加明显,由于水分子中含氢原子量较土壤其他介质高,导致速度较慢的中子云密度变大,而中子仪法就是通过测定水分子间与慢中子云密度的函数关系来计算土壤中的水分含量。

(2)仪器设备 中子仪、测管、土钻。

(3)实验步骤

①准备工作 在测定区域内预先埋设测管,测管底部要密封防止水分进入,埋好测管后,将管口封闭好,保持测管内壁的干燥。

②充电 在正式使用之前必须查看仪器的电源是否正常,充电不小于 15 h。充满电后正常使用时注意观察其使用时间,以便在没电时及时充电,避免影响正常观测。

③检查仪器 取出仪器，打开电源，将自检与测定选择键开至自检挡，再分别开至自检Ⅰ、Ⅱ，如果显示屏上所显示的数字与说明书一致，则仪器正常。

④安装仪器 将仪器安装到所要测定区域的测管上，测标准计数，选择测量时间，设定深度参数，设定区号、管号，设置年月日时分。

⑤测量 将探头下放到应测土层的位置，轻按测定键，开始测量，测量完全部测管后，再重复测标准计数，取两次标准计数的平均值作为标准计数值。

(4)结果计算

$$\theta_v = b\frac{R_s}{R_{std}} + j$$

式中：θ_v 为土壤的容积含水量(%)；R_s 为土壤一定时间内的中子仪计数；R_{std} 为中子仪标准计数；b，j 为常数，与土壤理化性质有关。

(二)风干土样吸湿水的测定

(1)实验原理 风干土样吸湿水是土壤颗粒表面被分子张力所吸附的单分子水层，在(105±2)℃的烘箱下能够被烘干，从而可以测得风干土壤样品的吸湿水含量。

(2)仪器设备 烘箱、土钻、干燥器、分析天平(0.000 1 g)、编有号码的有盖铝盒、棉线手套。

(3)实验步骤

①准备工作 取铝盒编号后洗净，在(105±2)℃烘箱中烘干，在干燥器中冷却 30 min 后称重(W_1)。

②称取样品 在分析天平上称取风干样品 5～10 g(精确到 0.000 1 g)，放入已知重量的铝盒内立即盖好盒盖，称重，记为 W_2。

③烘干 揭开铝盒盖(盖子置于铝盒底部)，将土样铺平，置于(105±2)℃烘箱中烘干 6 h，盖好盒盖，将铝盒放进干燥器冷却 30 min，称重。

④恒重 揭开铝盒盖，重新放入(105±2)℃烘箱中再烘 2 h 冷却后称重(W_3)，要求前后两次重量之差不大于 0.003 g，一般要做 2～3 个重复。

(4)结果计算

$$W = \frac{W_2 - W_3}{W_3 - W_1} \times 100\%$$

式中：W 为土壤含水量(%)；W_1 为铝盒重量(g)；W_2 为铝盒及风干土壤样品的重量(g)；W_3 为铝盒及烘干土壤样品的重量(g)。

(三)田间持水量的测定

1. 实验原理

通过灌水、渗漏，使土壤在一定时间内达到毛管悬着水的最大量时，取土测定水分含量，此时的土壤水分含量即为土壤田间持水量。

2. 仪器设备

正方形木框(框内面积为 1 m^2，框高 20～25 cm，下端削成楔形，并用白铁皮包成刀刃状)、土钻、铁锹、铝盒、木板、分析天平、干燥器、干草、塑料布。

3. 实验步骤

(1)选地 在田间选一块具有代表性的测试地段,将地面平整,使灌水时水不致聚于低洼处而影响水分均匀下渗。

(2)筑埂 测试地段面积一般为 4 m^2,四周筑起一道土埂(从埂外取土筑埂)。然后在其中央放上方木框,框内面积 1 m^2 为测试区,木框外的部分为保护区,以防止测试区内的水外流。

(3)计算灌水量 从测试点附近取土测定 1 m 深内土层的含水量,计算其蓄水量。按土壤的孔隙度计算使 1 m 土层内全部孔隙充水时的总灌水量,减去土壤现有蓄水量,差值的 1.5 倍即为需要补充的灌水量。

(4)灌水 灌水前在地面铺放一层干草,避免灌水时冲击,破坏表土结构,然后灌水。先在保护区灌水,灌到一定程度后再向测试区灌水,使内外均保持 5 cm 厚的水层,直至用完计算的全部灌水量。

(5)覆盖 灌完水后,在测试区和保护区再覆盖干草,避免土壤水分蒸发损失。为了防止雨水渗入的影响,在草层上覆盖塑料布。

(6)取土测定水分 灌水后,轻质土壤经 24 h 即可采样测定,而黏质土壤必须经过 48 h 或更长时间才能采样测定。采样时在测试区搁一块木板,人站在木板上,按照木框对角线位置掀开土表覆盖物,用土钻打 3 个钻孔,每个钻孔自上而下按土壤发生层次分别采土 15～20 g 放入铝盒,盖上盒盖,立即带回实验室采用烘干法测定含水量,并用保护区内的湿土将钻孔填满,将地面覆盖好。以后每天测定一次,直到前后两次的含水量无明显的差异,水分运动基本平衡为止。一般沙土需要 1～2 d,壤土 3～5 d,黏土 5～10 d 才基本达到平衡。

4. 结果计算

$$田间持水量=\frac{\omega_1\times\rho_1\times h_1+\omega_2\times\rho_2\times h_2+\cdots+\omega_n\times\rho_n\times h_n}{\rho_1\times h_1+\rho_2\times h_2+\cdots+\rho_n\times h_n}$$

式中:$\omega_1,\omega_2,\cdots,\omega_n$ 为各土层含水量(%);$\rho_1,\rho_2,\cdots,\rho_n$ 为各土层容重(g/cm^3);$h_1,h_2,\cdots,h_n$ 为各土层厚度(cm)。

四、注意事项

1. 土壤烘干以后,称重速度要快。
2. 取铝盒时要戴棉线手套,避免手上的水分影响实验结果。
3. 确保干燥器内的干燥剂在完全干燥的情况下才可将烘干后的土样放进干燥器冷却。
4. 中子仪不能用于土壤表层 20 cm 的含水量测定,因为该土壤有机质含量较高,测定的误差大。

五、重点和难点

1. 重点

新鲜土样、风干土含水量及田间持水量的测定方法以及操作步骤。中子仪的使用方法。

2. 难点

控制好烘箱的温度(105 ℃±2 ℃),温度过高或过低都会影响测量数据的准确性。

六、思考题

1. 测定土壤含水量有什么重要意义？
2. 在烘干土样时，为什么温度不能超过 110 ℃？
3. 测定田间持水量有何意义？
4. 在用中子仪测土壤含水量时，如何进行田间标定？

七、参考文献

[1]程东娟，张亚丽．土壤物理实验指导[M]. 北京：中国水利水电出版社，2012.

[2]马鸣超，周晶，姜昕，等．土壤微生物生态学实验指导[M]. 北京：中国农业科学技术出版社，2020.

[3]鲍士旦．土壤农化分析[M]. 北京：中国农业出版社，2000.

[4]赵宇飞，王长沙．常用土壤含水量测定方法的原理及比较[J]. 园艺与种苗，2017(10)：70-73.

[5]赵兴安．中子法测定土壤含水量简介[J]. 黄河水利教育，1995(3)：39-40，28.

作者：周冀琼
单位：四川农业大学

实习二　草地土壤紧实度测定

一、背景

土壤紧实度(soil compaction 或 soil compactness)也叫土壤硬度或土壤坚实度或土壤穿透阻力,是衡量土壤抵抗外力的压实和破碎的能力,一般用金属柱塞或探针压入土壤时的阻力表示。土壤紧实度与土壤通气性、温度、水分、微生物、养分转化等都有密切的联系,是重要的土壤物理指标之一。土壤紧实度可预测草地承载量、耕性和根系伸展的阻力。紧实的土壤将阻止水分入渗,降低化肥的利用率,对植物根系和植株生长造成不利的影响,最终导致产量的降低。

测量紧实度的仪器有三种:SC-900 型、CP40II 型和 TJSD-750 型,本实习中主要以 SC-900 型土壤紧实度仪为例进行介绍。

二、目的

土壤紧实度是土壤质地、结构、孔隙等物理性状的综合反映,可以用来衡量土壤的松紧状况。测定土壤紧实度不仅能反映土壤或土层之间物理性状的差异,而且是计算土壤孔隙度、土壤容重、含水量等不可或缺的基本参数,对监测土壤质量及牧草生产具有重要意义。

三、实习内容与步骤

(一)实验仪器及工具

土壤紧实度仪(SC-900 型),小土铲等。

(二)实验原理

当对土壤施加压力后,探头尖端与土壤接触,并感受到压力,系统将这一压力信号采集,并通过内置的标定曲线,将压力转化成圆锥指数值(土壤紧实度),也就是压强值,土壤深度通过超声波来读取。测量完成后系统内置的采集器可以将数据存储起来,通过 RS232 标准接口将数据下载到计算机上。

(三)实验步骤

(1)根据土壤情况选择合适的探头,按照说明书进行仪器组装及参数设置。

(2)选好测点,组装好仪器之后清除地面上的石砾及杂物,手握仪器两侧手柄用垂直于地面的力缓慢地将探针插入土壤中进行测量。

(3)具体操作过程请参考使用说明书。

四、注意事项

(1)脚要远离深度传感器的探测范围,尽量保持测量地面的平整,如果在野外测草地或不平整地,可以用一块中间有孔的平板辅助完成测量。

(2)探针要缓慢插入土壤中,插入过快仪器将会显示错误警示。

(3)当测量出现错误提示时,需将探针拔出来重新缓慢插入进行测量。

五、重点和难点

1. 重点

土壤紧实度的测定过程。

2. 难点

土壤紧实度是如何影响土壤养分含量、酶活性等过程,进而影响植物生长状况的。

六、思考题

1. 土壤紧实度过高将对草地带来怎样的危害?

2. 土壤紧实度与土壤容重有什么区别与联系?

七、参考文献

[1]吕贻忠. 土壤学实验[M]. 北京:中国农业出版社,2010.

[2]鲍士旦. 土壤农化分析[M]. 北京:中国农业出版社,2000.

[3]王斌,李满有,王欣盼,等. 深松浅旋对半干旱区退化紫花苜蓿人工草地改良效果研究[J]. 草业学报,2022,31(1):107-117.

[4]何靖,黎雅楠,熊宇斐. 不同土壤改良剂对土壤养分的影响[J]. 北方园艺,2021(14):94-99.

[5]田孝志. 土壤紧实度对苹果幼树硫代谢的影响及稻壳炭的改良作用[D]. 泰安:山东农业大学,2021. DOI:10.27277/d.cnki.gsdnu.2021.000843

[6]方青慧,杨晶,张彩军,等. 放牧管理模式对高原鼢鼠(*Eospalax baileyi*)鼠丘形态特征的影响[J]. 生态报,2022(4):1-10.

作者:周冀琼

单位:四川农业大学

实习三　草地土壤水蚀测定

一、背景

土壤水蚀是降雨径流营力与土壤抗侵蚀力之间相互作用的过程，包括在雨滴击溅、地表径流冲刷等作用下发生的土壤矿物质和有机土壤颗粒的剥蚀、运移和沉积，是土壤养分流失、肥力失效的主要原因之一。目前，土壤水蚀测定的方法包括模型预估、示踪技术、径流小区及室内模拟等。

草地植被在防止土壤侵蚀中的作用越来越受到关注，一方面，草被地上部分能够削弱降雨击溅作用，拦蓄径流；另一方面，草被地下部分能够稳定土壤结构，增加土壤入渗速率。草地水蚀的测定对于衡量草地植被对土壤侵蚀的防护作用以及草地资源的合理利用提供科学指导。

二、目的

学习构建径流小区收集径流的方法来测定土壤水蚀量的野外测定流程，了解草地水蚀测定对于植被建植的意义，有利于激发学生对有关水土保持知识的学习兴趣，增加学生学习的主观能动性。

三、实习内容与步骤

（一）材料

具有一定坡度的草地、PVC板。

（二）仪器设备

集流桶、水尺、取样瓶、自计雨量计、流速流量仪、雨量筒。

（三）实验步骤

测定在草地生态系统中，由于降雨所引起的雨滴击溅、地表径流冲刷对水土流失的影响。

1. 径流小区的布设

在将要调查水蚀状况的草地上进行径流小区的布设。径流小区外围用PVC板进行分隔，为防止侧漏的发生，小区边界高出地面20～30 cm，在径流小区地势最低处设置出水口，设置1 m×1 m×1 m的池子，池中放置集流桶收集径流及泥沙（图1-3-1）。

便携式径流小区构建方法：

第一步，当土质疏松时，先将围挡结构的底端与地面接触，在土地上紧贴着围挡结构的外侧壁画线，用方头铁锹垂直插入地面，深度为10 cm，前后晃动，形成1 cm的缝隙；当土质坚硬时，在土地上紧贴着围挡结构的外侧壁画线，使用镐头或铁锹开沟，沟深为 10 cm，宽度为 2～3 cm。

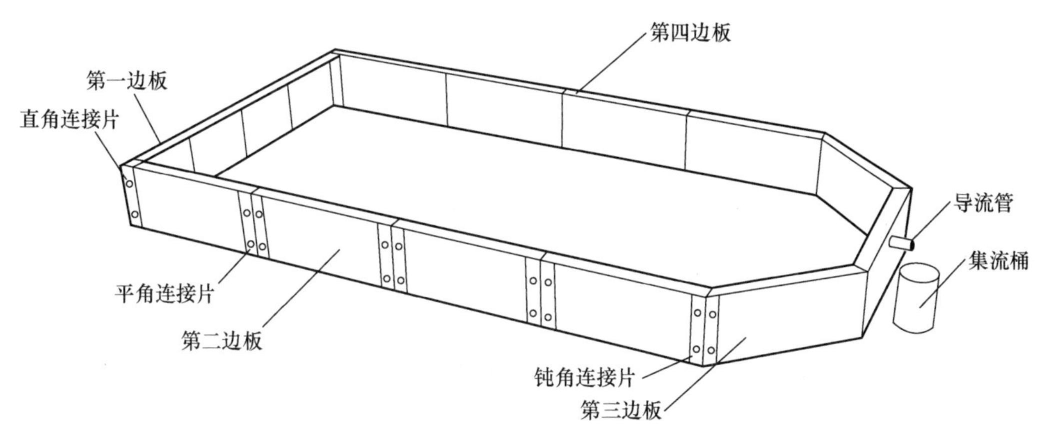

图 1-3-1　便携式径流小区示意图(董智，2015)

第二步，组装径流小区，先将第一边板、第二边板、第四边板通过连接片和直角连接片依次连接成底边开口的矩形边框结构，矩形边框结构的长为 5 m、宽为 2.5 m，第三边板与第四边板的连接处均通过钝角连接片连接，第三边板是由三块板围成的底边开口的等腰梯形边框结构，其下底大于上底，等腰梯形边框结构的上底与第一边板的距离比等腰梯形边框结构的下底与第一边板的距离远，从而使径流汇聚，即第三边板具有集流的作用；第三边板的中部设有出水孔，在底边开口的等腰梯形边框结构的外侧还设有导流管，导流管的一端连接出水孔，另一端连接集流桶。

第三步，将连接好的野外便携式径流小区各边板沿缝隙或沿沟垂直插入土壤，保持入土深度 10 cm，用脚踩实各边板与土地之间的缝隙或两边回填土壤并踩实，保证各边板的壁面平直。

第四步，放置侧边板，侧边板的入土深度为 10 cm，使其与位于径流小区内部的土壤密接，保证径流能汇集于侧边板，并由出水孔、导流管排出。并在侧边板上部加盖雨棚，防止雨水进入径流小区，从而避免增加径流量。

第五步，在径流小区安装的下部且距离径流小区 30 cm 的地段，开挖直径为 800 mm、深度为 1 100 mm 的圆形剖面，将集流桶放入圆形剖面内部，使导流管流出的径流与泥沙通过管道进入集流桶，集流桶顶部加桶盖防止雨水直接进入。

2. 降雨观测

径流小区需设置自计雨量计和一台雨量筒。在降雨日按时换取记录纸，并相应量记雨量筒的雨量。

3. 径流泥沙的观测

地表产流后，利用水尺读取各试验小区集流池水深，再乘以集流池底面积，计算径流总量。将集流池中的水充分搅拌均匀，根据集水池水深分为 3 层，然后再用取样器在不同层各取水样 1 个，体积均为 500 mL；将水样过滤后 105 ℃烘干称重，计算水样的泥沙含量，得到小区的产沙量，其产沙量与面积的比值即为土壤侵蚀量。

$$径流量(mm)=\frac{(泥水样本量-样品泥沙干重)\times 泥水总量}{泥水样本体积\times 径流小区面积}$$

$$径流系数=\frac{径流量}{降雨量}\times 100\%$$

$$土壤侵蚀量(g/m^2)=\frac{样品泥沙干重\times 泥水总量}{泥水样品体积\times 小区面积}$$

4. 其他观测

为了了解径流冲刷过程，还需进行径流冲刷观测。除流速外(流速流量仪)，还需在现场观测径流填注时间，侵蚀开始时间，细沟形式，浅沟出现的时间、部位等，也可以拍摄照片记录。

四、结果记录

表 1-3-1 草地土壤水蚀记录表

<table>
<tr><td rowspan="2">调查地点</td><td>地点名称</td><td></td><td>经纬度</td><td></td><td>海拔</td><td></td></tr>
<tr><td>草地类型</td><td></td><td>坡度</td><td></td><td>小区面积</td><td></td></tr>
<tr><td>降雨观测</td><td>降雨开始时间</td><td></td><td>降雨量</td><td colspan="3"></td></tr>
<tr><td rowspan="2">径流泥沙观测</td><td>集流池底面积</td><td></td><td>集流池水深</td><td colspan="3"></td></tr>
<tr><td>水样含沙量 1</td><td></td><td>水样含沙量 2</td><td></td><td>水样含沙量 3</td><td></td></tr>
<tr><td>其他观测</td><td colspan="6"></td></tr>
</table>

五、重点和难点

草地土壤水蚀受到降雨强度、草地植被类型及其覆盖度、土壤类型等多方面影响，其测定应综合考虑。另外，由于植被的覆盖，加大了径流冲刷过程观测的难度。试验期间，要随时注意集流桶内的径流与泥沙，量算体积变化并取样，测试泥沙含量。分析不同土地利用方式、耕作制度、水土保持措施及生产建设项目在降雨及模拟降雨条件下径流与泥沙产生的过程，评价各类水土保持措施效果。

六、思考题

1. 为什么测定土壤含沙量时要分层取样？
2. 应对土壤流失的措施有哪些？

七、参考文献

[1]葛楠．不同管理方式对锡林河流域退化草地侵蚀特征的影响[D]．呼和浩特：内蒙古

农业大学,2016.

[2]邵臻,张富,陈瑾,等. 西部黄土丘陵区不同草地土壤侵蚀对侵蚀性降雨的响应[J]. 水土保持通报,2017,37(6):9-15.

[3]董智,李锦荣,李红丽,等. 一种野外便携式径流小区[P]. CN204903531U,2015-12-23.

作者:齐晋云　禹安然　路文杰

单位:山西农业大学

实习四　草地土壤风蚀测定

一、背景

风蚀是指沉积物被风分离、搬运、沉积，它是松散、干旱和裸露土壤被强风传输的一个动力学和物理学过程。风蚀作为侵蚀及塑造地球景观的基本地貌过程之一，也是在干旱、半干旱地区及部分半湿润地区土地荒漠化的关键环节。

风蚀会导致草地土壤中养分和有机物的流失，土壤肥力和土地生产力下降，草产品质量、产量下降，载畜量锐减；风蚀产生的悬浮土壤颗粒是造成空气污染和沙尘暴的主要原因，对农牧业生产、生态环境及公共健康产生严重影响。野外调查观测是了解风蚀状况、实地测定风蚀量最基本和可靠的方法，野外测量方法有测扦法、风蚀痕迹法、集沙仪测量法、粒度对比法以及很少使用的风蚀盘法、风蚀圈法、陷阱诱捕法、集沙盘法等。

二、目的

学习运用集沙仪、风速仪测定草地风蚀的野外测定流程，了解植被恢复对于草地风蚀的意义，激发学生对有关水土保持知识的学习兴趣，增强学生投身草原植被保护、生态恢复的责任感。

三、实习内容与步骤

（一）材料

沙化草地。

（二）仪器设备

集沙仪、风速仪、尺子、分析天平。

（三）实验步骤

1. 观测场的选择

所选观测场应为能够代表所要了解的草地风蚀区域的典型地段。选择观测场时，要避开周围地形的影响，一般选择在空旷无人的地段，以保证气流顺畅。

2. 安装

将集沙仪插钉插入地下固定，主体框架底部与地面齐平。调整集沙仪进沙面，面向来风方向（图 1-4-1）。

3. 集沙

打开集沙仪进沙挡板集沙，记录集沙时间。10 min 后立即转动集沙仪 180°，将进沙口平

图 1-4-1　集沙仪(杨钦,2017)

面朝上提起,卸下收沙器,收集其中沙样。

4. 称重

将所收集沙样带回室内称重记录。

四、结果记录

表 1-4-1　草地风蚀记录表

样地编号	时间	风速	高度/cm	土壤风蚀量/g

五、重点和难点

使用集沙仪的过程中风速的变化对土壤侵蚀量的影响。

六、思考题

1. 为什么测定土壤风蚀量时要分层取样?
2. 如何优化草地管理来缓解草地土壤风蚀?

七、参考文献

[1]董治宝,李振山,严平. 国外土壤风蚀的研究历史与特点[J]. 中国沙漠,1995(1):100-104.

[2]陈智. 阴山北麓农牧交错区地表土壤抗风蚀能力测试研究[D]. 呼和浩特:内蒙古农

业大学,2006.

[3]孙铁军,肖春利,滕文军．不同草地建植模式对荒坡地土壤风蚀及理化性质的影响[J]．水土保持学报,2011,25(3):44-48.

[4]刘艳萍,刘铁军,蒙仲举．草原区植被对土壤风蚀影响的风洞模拟试验研究[J]．中国沙漠,2013,33(3):668-672.

[5]陈娟．荒漠草原人工柠条林防治土壤风蚀效应研究[D]．银川:宁夏大学,2014.

[6]杨钦．河北坝上不同土地利用方式的风蚀研究[D]．石家庄:河北师范大学,2017.

[7]迟文峰,白文科,刘正佳,等．基于RWEQ模型的内蒙古高原土壤风蚀研究[J]．生态环境学报,2018,27(6):1024-1033.

[8]王仁德,李庆,常春平,等．土壤风蚀野外测量技术研究进展[J]．中国沙漠,2019,39(4):113-128.

[9]孙世贤,丁勇,李夏子,等．放牧强度季节调控对荒漠草原土壤风蚀的影响[J]．草业学报,2020,29(7):23-29.

[10]邢丽珠,张方敏,邢开成,等．基于RWEQ模型的内蒙古巴彦淖尔市土壤风蚀变化特征及归因分析[J]．中国沙漠,2021,41(5):111-119.

作者:吴聪　杨彦泽　路文杰

单位:山西农业大学

实习五　草地土壤颗粒组成及团聚体测定

一、背景

土壤颗粒组成的研究就是测定各粒级土粒的质量百分数。土壤粒度组成与土壤物理、化学、生物性质密切相关，对土壤的持水、保肥、导热、抗侵蚀等能力有重要影响，土壤粒度组成可用来确定土壤质地和土壤的结构性。

土壤团聚体是土粒经各种作用形成的结构单位，它是土壤中各种物理、化学和生物作用的结果。土壤团聚体是土壤结构构成的基础，影响土壤的各种理化性质，团聚体的稳定性直接影响土壤表层的水、土界面行为，特别是与降雨入渗和土壤侵蚀关系十分密切。另外，团聚体粒径不同则其储存有机碳的能力及所储存的有机碳的分布不同，对土壤功能的影响也不同。

二、目的

通过学习土壤颗粒组成和团聚体的分析方法，掌握其测定方法，了解土壤颗粒组成和团聚体对于土壤结构稳定性、土壤肥力等的影响。同时将理论与实践相结合，提高学生的实验动手能力。

三、实习内容与步骤

（一）材料

野外采集的土壤风干样品。

（二）仪器设备

震筛机、分析天平、土壤团粒分析仪、铝盒、烘箱。

（三）实验步骤

1. 土壤样品采集

田间采样时，选择有代表性的采样点，用土钻在试验小区内按S型取样法取样，将同一深度的土壤混为1个样品，取三次重复。将土样内的可见根系和砾石去除后，装入干净布袋或塑料袋，附上标签并带回。将野外取回的新鲜土样，都铺于干净的纸上，摊成厚约2 cm的薄层，放在室内阴凉通风处自行干燥。切忌阳光直接暴晒和酸、碱、蒸汽以及尘埃等污染。

2. 土壤颗粒组成的测定

将土壤风干样品混匀，取其中一部分（不少于1 kg）。用孔径分别为10 mm、7 mm、

5 mm、3 mm、2 mm、1 mm、0.5 mm、0.25 mm 的筛子(并附有底和盖)进行筛分。筛完后将各级筛子上的团聚体及粒径<0.25 mm 的土粒分别称重,计算干筛的各级团聚体占土样总量的百分含量:

$$X_i = (M_i / M) \times 100\%$$

式中:M 为风干土样质量(g);M_i 为各级非水稳定性大团聚体风干质量(g)。

3. 土壤团聚体分析

采用湿筛法分析土壤水稳性团聚体组成。将 6 个不同孔径(2 mm、1 mm、0.5 mm、0.25 mm、0.106 mm、0.053 mm)的筛自上而下由大到小叠放成一组分析体,称取 80 g 土样放置在这组分析体上,通过分析体在去离子水中的上下移动可以从土壤筛分出 7 级不同粒径(>2 mm,2~1 mm,1~0.5 mm,0.5~0.25 mm,0.25~0.106 mm,0.106~0.053 mm,<0.053 mm)的土粒。其间,分析体先浸入去离子水中 10 min,尽可能破坏不稳定的团聚体,再手动地以 50 次/2 min 的频率在去离子水中振荡 2 min,上下振幅保持 3 cm,然后将各筛上的团聚体用去离子水冲洗到铝盒中,在 50 ℃条件下烘干装有各级土粒的铝盒,称重,室温保存。根据各级团聚体重量,计算下列指标:

(1)质量百分比

$$\omega_i = (M_i / M) \times 100\%$$

式中:ω_i 表示某级水稳性团聚体的质量百分比(%);M_i 表示该级水稳性团聚体的风干质量(g);M 表示原状土样的质量(g)。

(2)平均重量粒径(mean weight diameter,MWD)

$$\text{MWD} = \sum (x_i \cdot \omega_i) \qquad i = 1, 2, \cdots, 7$$

式中:x_i 表示某级团聚体的平均直径(mm);ω_i 表示与 x_i 对应的筛分粒级团聚体的质量百分比(%)。

(3)几何重量直径(geometric mean diameter,GMD)

$$\text{GMD} = \exp\left(\sum \omega_i \ln x_i\right) \qquad i = 1, 2, \cdots, 7$$

(4)分形维数(fractal dimension,D)

$$(3 - D)\lg(x_i / x_{\max}) = \lg[M(\delta < x_i) / M], i = 2, 3, \cdots, 6$$

式中:$x_{\max}$表示最大平均粒径(mm);$M(\delta < x_i)$表示小于 i 粒级的土壤质量(g)。

将获得的这 7 级土壤团聚体划分为三个组分,分别为大团聚体(macroaggregate,>0.25 mm)、微团聚体(microaggregate,0.053~0.25 mm)、泥沙颗粒(silt+clay,<0.053 mm)。

四、结果记录

表 1-5-1　土壤粒级组成记录表

土壤编号	筛孔径	M	M_i	百分比/%
	7～10 mm			
	5～7 mm			
	3～5 mm			
	2～3 mm			
	1～2 mm			
	0.5～1 mm			
	0.25～0.5 mm			

表 1-5-2　土壤团聚体测定记录表

土壤编号	团聚体	筛孔径	M	M_i	ω_i	MWD	GMD	分形维数
	大团聚体	＞2 mm						
		2～1 mm						
		1～0.5 mm						
		0.5～0.25 mm						
	微团聚体	0.25～0.106 mm						
		0.106～0.053 mm						
	泥沙颗粒	＜0.053 mm						

五、注意事项

1. 在采样时，需要尽量使土壤原状保持。
2. 必须进行重复实验，且误差不超过 3%～4%。
3. 湿筛前，应该将土样均匀地分布在整个筛面上。
4. 筛子入桶时，轻拿轻放，避免冲出团聚体。

六、思考题

1. 为什么需要通过土壤进行筛分来评价土壤粒级组成？
2. 理想的草地团聚体结构应该是什么样的？为什么？

七、参考文献

[1]张韫主．土壤·水·植物理化分析教程[M]．北京：中国林业出版社，2011.
[2]黄昌勇．土壤学[M]．北京：中国农业出版社，2000.

[3]李恋卿，潘根兴，张旭辉．退化红壤植被恢复中表层土壤微团聚体及其有机碳的分布变化[J]．土壤通报，2000(5)：193-195，241.

[4]杨培岭，罗远培，石元春．用粒径的重量分布表征的土壤分形特征[J]．科学通报，1993，38(20)：1896-1899.

[5]丁玉蓉．辽河三角洲不同湿地类型土壤团聚体与颗粒有机质组成及其对土壤碳库的稳定性指示意义[D]．青岛：青岛大学，2012.

[6]马瑞萍．黄土丘陵区不同植物群落土壤团聚体中碳组分和酶活性的分布[D]．杨凌：西北农林科技大学，2013.

[7]刘雷．黄土丘陵区不同植被类型土壤团聚体稳定性及有机碳官能团评价[D]．杨凌：西北农林科技大学，2013.

[8]陈文媛．黄土高原沟壑区植被类型对土壤团聚体及入渗特征的影响[D]．杨凌：西北农林科技大学，2017.

[9]唐士明．北方农牧交错区不同土地利用方式对土壤团聚体和微生物群落的影响[D]．北京：中国农业大学，2018.

[10]李青春．农牧交错带土地不同利用方式对土壤团聚体及有机碳影响研究[D]．呼和浩特：内蒙古农业大学，2019.

作者：景亚泓　乔冠栋　路文杰

单位：山西农业大学

实习六　草地土壤 pH 和 EC 测定

一、土壤 pH 测定

土壤 pH 是土壤基本性质，常用作土壤分类、利用、管理和改良的重要参考。它直接影响土壤中氮素的硝化作用和有机质的矿化等，进而影响植物的生长发育。

（一）目的

测定土壤 pH，可以大致了解土壤是否含有碱金属的碳酸盐和发生碱化，可作为改良和利用土壤的参考依据，同时在一系列的理化分析中，土壤 pH 与很多项目的分析方法和分析结果有密切联系，是审查其他项目结果的一个重要依据。

（二）实习内容与步骤

1. 材料

风干土、1 mm 孔径筛、50 mL 烧杯、1 000 mL 容量瓶、电子天平、蒸馏水、苯二甲酸氢钾（$KHC_8H_4O_4$）、磷酸二氢钾（KH_2PO_4）、无水磷酸氢二钠（Na_2HPO_4）、硼砂（$Na_2B_4O_7 \cdot 10H_2O$）。

2. 仪器设备

pH 酸度计、pH 玻璃电极、甘汞电极（或复合电极）。

3. 测定内容

用水浸提液或土壤悬液测定 pH。

4. 实验步骤

（1）试剂配制

①pH 4.00 标准缓冲液　称取经 105 ℃烘干的苯二甲酸氢钾（$KHC_8H_4O_4$）10.21 g，用蒸馏水溶解后稀释至 1 000 mL。

②pH 6.86 标准缓冲液　称取在 45 ℃烘干的磷酸二氢钾（KH_2PO_4）3.39 g 和无水磷酸氢二钠（Na_2HPO_4）3.53 g，溶解在蒸馏水中，定容至 1 000 mL。

③pH 9.18 标准缓冲液　称 3.80 g 硼砂（$Na_2B_4O_7 \cdot 10H_2O$）溶于蒸馏水中，定容至 1 000 mL。此溶液的 pH 容易变化，应注意保存。

（2）操作步骤　称取通过 1 mm 孔径筛子的风干土 25 g，放入 50 mL 烧杯中，加入蒸馏水 25 mL 用玻璃棒搅拌 1 min，使土体充分散开，放置半小时，此时应避免空气中有氨或挥发性酸的影响，然后用酸度计测定。具体操作方法如下：

①接通电源，开启电源开关，预热 15 min。

②将开关置 pH 挡。

③将斜率顺时针调到底。

④用温度计测出缓冲液或（待测液）的温度，将温度旋钮调至此温度。

⑤将电极放入 pH 为 6.86 的缓冲溶液中，调定位旋钮，使仪器显示 6.86。

⑥将电极冲洗干净后，再放入 pH 为 9.18(或 4.00)的缓冲溶液中，调斜率使仪器显示 9.18(或 4.00)。

⑦如此重复⑤、⑥步直到仪器显示相应的 pH 较稳定为止。

5. 结果记录

将洗干净的电极放入待测液中，仪器即显示待测液的 pH，待显示数字较稳定时读数即可。此值为待测液的 pH。

6. 重点和难点

用水浸提液或土壤悬液测定 pH 时，应用指示电极 PHS-3C 复合电极测定该试液或悬液的电位差。由于电极的电位是固定的，因而该电位差的大小取决于试液中的氟离子活度，在酸度计上可直接读出 pH。

(三)思考题

土壤 pH 对植物的生长发育产生哪些直接和间接影响?

二、土壤 EC 测定

土壤水溶性盐是强电解质，其水溶液具有导电作用。以测定电解质溶液的电导为基础的分析方法，称为电导分析法。在一定浓度范围内，溶液的含盐量与电导率呈正相关。因此，土壤浸出液的电导率数值能反映土壤含盐量的高低，但不能反映混合盐的组成。如果土壤溶液中有几种盐类彼此间的比值较为固定，则用电导率值测定总盐分浓度的高低是相当准确的。

(一)目的

土壤(及地下水)中水溶性盐的分析，是研究盐渍土盐分动态的重要方法之一，对了解盐分对种子发芽和作物生长的影响以及拟订改良措施都是十分必要的。土壤中水溶性盐分析一般包括 pH、全盐量、阴离子(Cl^-、SO_4^{2-}、CO_3^{2-}、HCO_3^-、NO_3^- 等)和阳离子(Na^+、K^+、Ca^{2+}、Mg^{2+})的测定，并常以离子组成作为盐碱土分类和利用、改良的依据。

盐碱土是一种统称，包括盐土、碱土和盐碱土。美国农业部盐碱土研究室以饱和泥浆电导率和土壤的 pH 与交换性钠为依据，对盐碱土进行分类(表 1-6-1)。在分析土壤盐分的同时，需要对地下水进行鉴定(表 1-6-2)。当地下水矿化度达到 2 g/L 时，土壤比较容易盐渍化。所以，地下水矿化度大小可以作为土壤盐渍化程度和改良难易的依据。

表 1-6-1 盐碱土几项分析指标

盐碱土	饱和泥浆浸出液电导率/(dS/m)	pH	交换性钠占交换量百分数/%	水溶性钠占阳离子总量百分数/%
盐土	>4	<8.5	<15	<50
盐碱土	>4	<8.5	<15	<50
碱土	<4	>8.5	>15	>50

表 1-6-2　地下水矿化度的分级标准

类别	矿化度/(g/L)	水质
淡水	<1	优质水
弱矿化水	1～2	可用于灌溉
半咸水	2～3	一般不宜用于灌溉
咸水	>3	不宜用于灌溉

（二）实习内容与步骤

1. 材料

风干土、250 mL 塑料瓶（密封性好）、三角瓶、漏斗、电子天平、定性滤纸、去 CO_2 水。

2. 仪器设备

振荡机，电导仪。

3. 测定内容

用土壤浸提液测定电导率。

4. 实验步骤

（1）5∶1 水土比浸出液的制备　称取通过 1 mm 筛孔相当于 50.0 g 烘干土的风干土，放入 500 mL 的三角瓶中，加水 250 mL。盖好瓶塞，在振荡机上振荡 3 min，或用手摇荡 3 min。然后将布氏漏斗与抽气系统相连，铺上与漏斗直径大小一致的紧密滤纸，缓缓抽气，使滤纸与漏斗紧贴，先倒少量土液于漏斗中心，使滤纸湿润并完全贴实在漏斗底上，再将悬浊泥浆缓缓倒入，直至抽滤完毕。如果滤液开始浑浊应倒回重新过滤或弃去浊液。将清亮滤液收集备用。

（2）试剂制备

①0.01 mol/L 的 KCl 溶液　称取干燥分析纯 KCl 0.745 6 g 溶于刚煮沸过的冷蒸馏水中，于 25 ℃稀释至 1 L，贮于塑料瓶中备用。这一参比标准溶液在 25 ℃时的电阻率是 1.412 dS/m。

②0.02 mol/L 的 KCl 溶液　称取 KCl 1.491 1 g，同上法配成 1 L，则 25 ℃时的电阻率是 2.765 dS/m。

5. 结果记录

（1）吸取土壤浸出液或水样 30～40 mL，放在 50 mL 的小烧杯中，测量液体温度。测一批样品时，应每隔 10 min 测一次液温，在 10 min 内所测样品可用前后两次液温的平均温度或者在 25 ℃恒温水浴中测定。将电极用待测液淋洗 1～2 次，再将电极插入待测液中，使铂片全部浸没在液面下，并尽量插在液体的中心部位。按电导仪说明书调节电导仪，测定待测液的电导度（S），记下读数。每个样品应重读 2～3 次，以防误差。

（2）一个样品测定后及时用蒸馏水冲洗电极，如果电极上附着有水滴，可用滤纸吸干，以备测下一个样品继续使用。

（3）土壤浸出液的电导率 EC_{25}＝电导度（S）×温度校正系数（f_t）×电极常数（K）。一般电导仪的电极常数值已在仪器上补偿，故只要乘以温度校正系数即可，不需要再乘电极常数。温度校正系数（f_t）可查表 1-6-3。粗略校正时，可按每增高 1 ℃，电导度约增加 2%计算。

6. 注意事项

（1）吸取待测液的数量，应以盐分的多少而定，如果含盐量>5.0 g/kg，则吸取 25 mL；含盐量<5.0 g/kg，则吸取 50 mL 或 100 mL。保持盐分量在 0.02～0.2 g。

(2)由于盐分(特别是镁盐)在空气中容易吸水，故应在相同的时间和条件下冷却称重。

表 1-6-3 电阻或电导之温度校正系数(f_t)

温度/℃	校正值	温度/℃	校正值	温度/℃	校正值	温度/℃	校正值
3.0	1.709	20.0	1.112	25.0	1.000	30.0	0.907
4.0	1.660	20.2	1.107	25.2	0.996	30.2	0.904
5.0	1.663	20.4	1.102	25.4	0.992	30.4	0.901
6.0	1.569	20.6	1.097	25.6	0.988	30.6	0.897
7.0	1.528	20.8	1.092	25.8	0.983	30.8	0.894
8.0	1.488	21.0	1.087	26.0	0.979	31.0	0.890
9.0	1.448	21.2	1.082	26.2	0.975	31.2	0.887
10.0	1.411	21.4	1.078	26.4	0.971	31.4	0.884
11.0	1.375	21.6	1.073	26.6	0.967	31.6	0.880
12.0	1.341	21.8	1.068	26.8	0.964	31.8	0.877
13.0	1.309	22.0	1.064	27.0	0.960	32.0	0.873
14.0	1.277	22.2	1.060	27.2	0.956	32.2	0.870
15.0	1.247	22.4	1.055	27.4	0.953	32.4	0.867
16.0	1.218	22.6	1.051	27.6	0.950	32.6	0.864
17.0	1.189	22.8	1.047	27.8	0.947	32.8	0.861
18.0	1.163	23.0	1.043	28.0	0.943	33.0	0.858
18.2	1.157	23.2	1.038	28.2	0.940	34.0	0.843
18.4	1.152	23.4	1.034	28.4	0.936	35.0	0.829
18.6	1.147	23.6	1.029	28.6	0.932	36.0	0.815
18.8	1.142	23.8	1.025	28.8	0.929	37.0	0.801
19.0	1.136	24.0	1.020	29.0	0.925	38.0	0.788
19.2	1.131	24.2	1.016	29.2	0.921	39.0	0.775
19.4	1.127	24.4	1.012	29.4	0.918	40.0	0.763
19.6	1.122	24.6	1.008	29.6	0.914	41.0	0.750
19.8	1.117	24.8	1.004	29.8	0.911		

(三)思考题

简述土壤饱和浸出液的电导率与盐分和作物生长之间的关系。

三、参考文献

[1]北京林业大学．土壤理化分析实验指导书，2002.

[2]隋方功，李俊良．土壤农化分析实验，2004.

作者：王先之

单位：兰州大学

实习七　草地土壤有机质测定

重铬酸钾容量法($K_2Cr_2O_7$-H_2SO_4 法)

一、背景

土壤有机质是土壤的重要组成部分。有机质经过矿化分解,能够释放出氮、磷、钾、钙、镁等矿质元素供植物吸收利用,对植物的萌发、生根和生长起着极其重要的作用。因此,有机质是土壤矿质养分的重要来源,虽然其含量不高,一般占土壤干重的 10%以下(我国土壤有机质含量普遍为 0.2%～7.5%,大部分地区土壤有机质含量仅为 0.5%～2.5%),但在土壤形成、保水保肥、环境保护和土壤物理、化学和生物稳定性维持等方面发挥着重要的作用。土壤有机质含量是衡量土壤肥力的重要指标,对了解土壤肥力状况,进行培肥、改土有一定的指导意义。

在加热条件下,用稍过量的标准重铬酸钾-硫酸溶液,氧化土壤有机碳,剩余的重铬酸钾用标准硫酸亚铁(或硫酸亚铁铵)滴定,由所消耗标准硫酸亚铁的量计算出有机碳量,从而推算出有机质的含量,其反应式如下:

$$2K_2Cr_2O_7+3C+8H_2SO_4\rightarrow 2K_2SO_4+2Cr_2(SO_4)_3+3CO_2+8H_2O$$

$$K_2Cr_2O_7+6FeSO_4+7H_2SO_4\rightarrow K_2SO_4+Cr_2(SO_4)_3+3Fe_2(SO_4)_3+7H_2O$$

用 Fe^{2+} 滴定剩余的 $Cr_2O_7^{2-}$ 时,以邻啡罗啉($C_2H_8N_2$)为氧化还原指示剂,在滴定过程中指示剂的变色过程如下:开始时溶液以重铬酸钾的橙色为主,此时指示剂在氧化条件下,呈淡蓝色,被重铬酸钾的橙色掩盖,滴定时溶液逐渐呈绿色(Cr^{3+}),至接近终点时变为灰绿色。当 Fe^{2+} 溶液过量半滴时,溶液则变成棕红色,表示滴定已到终点。

(一)干烧法

将一定量的土壤置于一管状灼烧器中,在通入氧气的条件下高温加热灼烧器,土壤中的含碳有机物质在氧气充足的条件下氧化分解,释放出 CO_2 气体,采用一定量的碱对释放出的 CO_2 进行完全吸收后,可计算出产生的 CO_2 的量,再根据 CO_2 的量换算成土壤有机质的含量。反应过程如下:

$$\text{有机 C}\xrightarrow[950\ ℃]{O_2}CO_2\begin{cases}+2KOH\rightarrow K_2CO_3+H_2O(\text{重量法}) & (1)\\ +Ba(OH)_2\rightarrow BaCO_3+H_2O(\text{容量法}) & (2)\end{cases}$$

式中:(1)KOH 为已知重量的固体,吸收反应后重新称重,增加的量即为 CO_2 的重量。

(2)$Ba(OH)_2$ 为已知浓度和体积的标准溶液,吸收反应后用标准酸滴定剩余的 $Ba(OH)_2$ 量,根据加入量与剩余量之差即可计算出消耗量,从而计算出所吸收的 CO_2 量。

（二）湿烧法

湿烧法与干烧法所不同的是将一定量的土壤置于一特殊的反应器中，用 $K_2Cr_2O_7$-H_2SO_4 混合溶液作为氧化剂，在一定的温度下（180～190 ℃）氧化分解有机质；产生的 CO_2 采用与干烧法相同方式吸收并测定其吸收量，再根据 CO_2 的量计算出土壤有机质含量。

湿烧法的优点是：氧化完全，回收率可达 100%。

缺点是：测定速度慢、操作较麻烦，需要特殊的仪器设备。

此外，当土壤中含碳酸盐时，无论是干烧法或湿烧法，均会因碳酸盐分解产生 CO_2 而带来正误差。消除方法是先用 1 mol/L HCl 处理土壤，预先将碳酸盐分解掉后，再进行有机质的测定。

重铬酸钾容量法是在湿烧法的基础上改进而成，是目前测定土壤有机质最常用的土壤农化分析与环境监测法。根据加热方式的不同，重铬酸钾容量法又分为“外加热法”（丘林法）和“内加热法”（水合热法）两种。内加热法（水合热法）是利用浓硫酸和重铬酸钾迅速混合时所产生的热来氧化有机质，以代替外加热法中的油浴加热，操作更加方便。由于产生的热，温度较低，对有机质氧化程度较低，只有 77%。

除现有化学测定方法外，目前，市面上有多种专门用于测定样品中微量碳含量的仪器，以下对这些仪器测定的基本原理和适用范围与条件作简单介绍。

“碳氮”分析仪（C/N 分析仪）：该仪器测定的基本原理仍以干烧法为基础，样品在灼烧器中经通氧灼烧，有机碳氧化产生的 CO_2 气体通过 1 支具有一定光强度的红外光吸收管，由于 CO_2 气体对红外波长的光线有强烈的吸收，因此，可根据红外吸收值比较得出样品中有机碳含量。但该法仅用于低有机碳含量样品（＜1%），不宜作土壤样品的测定。此外，该方法由于用样量较小，因此存在较大的取样误差。土壤中碳酸盐对本测定有严重干扰。

元素分析仪（C、H、O、N、S 联合测定仪）：该仪器测定的基本原理也是以干烧法为基础，是结合气相色谱法对有机碳、氢、氧、氮、硫进行联合测定的一种仪器。土壤或有机样品中的有机物在灼烧器中经通氧灼烧，产生的 CO_2、H_2O、NO、SO_2 经色谱柱分离后，被热导检测器检测，可分别计算出碳、氢、氧、氮、硫的含量。该法测定本身虽有较高的精密度，但同样存在用样量小，取样误差大，土壤中无机态碳、氢、氧、氮、硫对测定有干扰的问题。

二、目的

了解土壤有机质测定原理；掌握测定有机质含量的方法和注意事项；具备比较准确地测出土壤有机质含量的能力。

三、实习内容与步骤

（一）外加热法

1. 试剂配制

（1）0.133 3 mol/L 重铬酸钾标准溶液　称取经过 130 ℃烘烧 3～4 h 的分析纯重铬酸钾 39.216 g，溶解于 400 mL 蒸馏水中，必要时可加热溶解，冷却后加蒸馏水定容到 1 000 mL，摇匀备用。

(2)0.2 mol/L 硫酸亚铁($FeSO_4 \cdot 7H_2O$)或硫酸亚铁铵溶液　称取化学纯硫酸亚铁55.60 g或硫酸亚铁铵78.43 g,溶于蒸馏水中,加6 mol/L H_2SO_4 1.5 mL,再加蒸馏水定容到1 000 mL备用。

(3)硫酸亚铁溶液的标定　准确吸取3份0.133 3 mol/L $K_2Cr_2O_7$ 标准溶液各5.0 mL于250 mL三角瓶中,各加5 mL 6 mol/L H_2SO_4 和15 mL蒸馏水,再加入邻啡罗啉指示剂3～5滴,摇匀,然后用0.2 mol/L $FeSO_4$ 溶液滴定至棕红色为止,其浓度计算为:

$$c = 6 \times 0.1333 \times 5.0/V$$

式中:c 为硫酸亚铁溶液摩尔浓度(mol/L);V 为滴定用去硫酸亚铁的体积(mL);6为6 mol $FeSO_4$ 与1 mol $K_2Cr_2O_7$ 完全反应的摩尔系数比值。

(4)邻啡罗啉指示剂　称取化学纯硫酸亚铁0.659 g和分析纯邻啡罗啉1.485 g溶于100 mL蒸馏水中,贮于棕色滴瓶中备用。

(5)石蜡　(固体)或磷酸或植物油2.5 kg。

(6)6 mol/L 硫酸溶液　在两体积水中加入一体积浓硫酸。

(7)浓 H_2SO_4　化学纯,密度1.84 kg/m^3。

2. 仪器设备

硬质试管(18 mm×180 mm)、油浴锅、铁丝笼、电炉、温度计(0～200 ℃)、分析天平(感量0.000 1 g)、滴定管(25 mL)、移液管(5 mL)、漏斗(3～4 cm)、三角瓶(250 mL)、量筒(10 mL,100 mL)、草纸或卫生纸。

3. 操作步骤

(1)准确称取通过60号筛的风干土样0.100 0～0.500 0 g(称量多少依有机含量而定,见表1-7-1),放入干燥硬质试管中,用移液管准确加入0.133 3 mol/L重铬酸钾溶液5.00 mL,再用量筒加入浓硫酸5 mL,小心摇动。

表1-7-1　不同土壤有机质含量的称样量

有机质含量/%	试样质量/g	有机质含量/%	试样质量/g
2以下	0.4～0.5	7～10	0.1
2～7	0.2～0.3	10～15	0.05

(2)将试管插入铁丝笼内,放入预先加热至185～190 ℃的油浴锅中,此时温度控制在170～180 ℃之间,自试管内大量出现气泡时开始计时,保持溶液沸腾5 min,取出铁丝笼,待试管稍冷却后,用草纸擦拭干净试管外部油液,放凉。

(3)经冷却后,将试管内容物洗入250 mL的三角瓶中,使溶液的总体积达60～80 mL,酸度为2～3 mol/L,加入邻啡罗啉指示剂3～5滴摇匀。

(4)用标准的硫酸亚铁溶液滴定,溶液颜色由橙色(或黄绿色)经绿色、灰绿色变到棕红色即为终点。

(5)在滴定样品的同时,必须做两个空白试验,取其平均值。空白试验用石英砂或灼烧的土代替土样,其余操作相同。

4. 结果计算

$$有机质=\frac{c(V_0-V)\times 0.003\times 1.724\times 1.1}{风干样重\times 水分系数}\times 100\%$$

式中：c 为硫酸亚铁消耗摩尔浓度(mol/L)；V_0 为空白试验消耗硫酸亚铁溶液的体积(mL)；V 为滴定待测土样消耗硫酸亚铁的体积(mL)；0.003 为 1/4 mmol 碳的克数；1.724 为由土壤有机碳换算成有机质的换算系数；1.1 为校正系数(用此法氧化率为 90%)。

附我国第二次土壤普查有机质含量分级表(表 1-7-2)，以供参考。

表 1-7-2 我国第二次土壤普查有机质含量分级表

级别	一级	二级	三级	四级	五级	六级
有机质/%	＞40	30～40	20～30	10～20	6～10	＜6

(二)内加热法

1. 试剂配制

(1)1 mol/L($1/6K_2Cr_2O_7$)溶液 准确称取 $K_2Cr_2O_7$(分析纯，105 ℃烘干)49.04 g，溶于水中，稀释至 1 L。

(2)0.4 mol/L($1/6\ K_2Cr_2O_7$)的基准溶液 准确称取 $K_2Cr_2O_7$(分析纯)(在 130 ℃烘 3 h)19.613 2 g 于 250 mL 烧杯中，以少量水溶解，全部洗入 1 000 mL 容量瓶中，加入浓 H_2SO_4，冷却后用水定容至刻度，充分摇匀备用[其中含硫酸浓度约为 2.5 mol/L($1/2H_2SO_4$)]。

(3)0.5 mol/L $FeSO_4$ 溶液 称取 $FeSO_4 \cdot 7H_2O$ 140 g 溶于水中，加入浓 H_2SO_4 15 mL，冷却稀释至 1 L 或称取 $Fe(NH_4)_2(SO_4)_2 \cdot 6H_2O$ 196.1 g 溶解于含有 200 mL 浓 H_2SO_4 的 800 mL 水中，稀释至 1 L。此溶液的准确浓度以 0.4 mol/L($1/6K_2Cr_2O_7$)的基准溶液标定，即准确分别吸取 3 份 0.4 mol/L($1/6K_2Cr_2O_7$)的基准溶液各 25 mL 于 150 mL 三角瓶中，加入邻啡罗啉指示剂 2～3 滴(或加 2 羧基代二苯胺 12～15 滴)，然后用 0.5 mol/L $FeSO_4$ 溶液滴定至终点，并计算出 $FeSO_4$ 的准确浓度。硫酸亚铁($FeSO_4$)溶液在空气中易被氧化，需新鲜配制或以标准的 $K_2Cr_2O_7$ 溶液每天标定。

(4)指示剂

邻啡罗啉指示剂：称取邻啡罗啉 1.485 g 与 $FeSO_4 \cdot 7H_2O$ 0.695 g，溶于 100 mL 水中。

2-羧基代二苯胺(O-phenylanthranilicacid，又名邻苯氨基苯甲酸，$C_{13}H_{11}O_2N$)指示剂：称取 0.25 g 试剂于小研钵中研细，然后倒入 100 mL 小烧杯中，加入 0.18 mol/L NaOH 溶液 12 mL，并用少量水将研钵中残留的试剂冲洗入 100 mL 小烧杯中，将烧杯放在水浴上加热使其溶解，冷却后稀释定容到 250 mL，放置澄清或过滤，用其清液。

(5)Ag_2SO_4 硫酸银(Ag_2SO_4，HG3-945-76，分析纯)，研成粉末。

(6)SiO_2 二氧化硅(SiO_2，Q/HG22-562-76，分析纯)，粉末状。

2. 仪器设备

硬质试管(18 mm×180 mm)、油浴锅、铁丝笼、电炉、温度计(0～200 ℃)、分析天平(感量 0.000 1 g)、滴定管(25 mL)、移液管(5 mL)、漏斗(3～4 cm)、三角瓶(250 mL)、量筒(10 mL，100 mL)、草纸或卫生纸。

3. 操作步骤

准确称取 0.500 0 g 土壤样品于 500 mL 的三角瓶中，然后准确加入 1 mol/L($1/6K_2Cr_2O_7$)溶液 10 mL 于土壤样品中，转动瓶子使之混合均匀，然后加浓 H_2SO_4 20 mL，将三角瓶缓缓转动 1 min，促使混合以保证试剂与土壤充分作用，并在石棉板上放置约 30 min，加水稀释至

250 mL，加 2-羧基代二苯胺 12～15 滴，然后用 0.5 mol/L $FeSO_4$ 标准溶液滴定，其终点为灰绿色。或加 3～4 滴邻啡罗啉指示剂，用 0.5 mol/L $FeSO_4$ 标准溶液滴定至近终点时溶液颜色由绿变成暗绿色，逐渐加入 $FeSO_4$ 直至生成砖红色为止。

用同样的方法做空白测定（即不加土样）。

如果 $K_2Cr_2O_7$ 被还原的量超过 75%，则须用更少的土壤重做。

4. 结果计算

$$土壤有机碳(g/kg)=\frac{c(V_0-V)\times10^{-3}\times3.0\times1.33}{烘干土重}\times1\,000$$

$$土壤有机质(g/kg)=土壤有机碳(g/kg)\times1.724$$

式中：c 为 0.5 mol/L $FeSO_4$ 标准溶液的浓度；V_0 为空白试验消耗硫酸亚铁溶液的体积(mL)；V 为滴定待测土样消耗硫酸亚铁的体积(mL)；3.0 为 1/4 碳原子的摩尔质量(g/mol)；1.33 为氧化校正系数。

四、注意事项

(1)土壤有机质含量为 7%～15%时，可称取 0.100 0 g；2%～4%时可称取 0.300 0 g；少于 2%时，称取 0.500 0 g 以上。

(2)消煮时计时要准确，因为对分析结果的准确有较大的影响。

(3)对长期渍水的土壤，必须预先磨细，在通风干燥处摊成薄层，风干 10 d 左右。

(4)对含氮化物多的土壤样品，应加入 0.1 mol/L 左右的硫酸银，以消除氯化物的干扰。

(5)测定石灰性土样时，必须徐徐加入浓硫酸，以防止由碳酸钙分解时激烈发泡而引起飞溅损失样品。

(6)消煮完毕后，溶液的颜色为橙黄色或黄绿色。若是以绿色为主，说明重铬酸钾用量不足，在滴定时，消耗硫酸亚铁量小于空白 1/3 时，均应弃去重做，因为没有氧化完全。

(7)土壤样品中存留植物根、茎、叶等有机物时，必须用尖头镊子挑选干净。

(8)油浴时，最好选用磷酸代替植物油，因其易于洗涤，污染少，同时，也便于观察。

五、思考题

1. 重铬酸钾容量法测定土壤有机质的原理是什么？

2. 水合热氧化有机质的重铬酸钾容量法和外加热氧化有机质的重铬酸钾容量法，测定总有机碳的测出率是多少？试比较其方法优缺点。

3. 长期渍水的土壤，采用哪种分析方法为好？为什么？

六、参考文献

[1]李晓萍，梁哲军，杨志国，等．土壤有机质测定方法的改进与探索[J]．现代农业科技，2021，(20)：155-157.

[2]李朝英，李丽利，郑路．两种快速批量检测土壤有机质方法的比较[J]．热带农业科学，2012(11)：100-103.

[3]郎松岩，张福金，李秀萍，等．容量法测定土壤有机质不同消解方式的比较[J]．内蒙

古农业科技,2009(1):57-58.

[4]鲍士旦. 土壤农化分析[M]. 北京:中国农业出版社,2000.

[5]蔡耕鸣,李梅,黄东灵. 恒沸水浴水合热法测定土壤有机质的研究[J]. 广西农业科学,1994(3):5.

[6]中国土壤学会农业化学专业委员会. 土壤农业化学常规分析方法[M]. 北京:科学出版社,1983.

[7]上海科学技术情报研究所. 土壤分析译文集[M]. 上海:上海科学技术情报研究所,1976.

作者:高凯　郝凤

单位:内蒙古民族大学

实习八　草地土壤微量元素测定

一、背景

微量元素是指土壤中含量很低的化学元素，除了土壤中某些微量元素的全含量稍高外，其他微量元素的含量范围一般为十万分之几到百万分之几，有的甚至少于百万分之一。土壤中微量元素的研究涉及化学、农业化学、植物生理、环境保护等很多领域。作物必需的微量元素有硼、锰、铜、锌、铁、钼等。此外，还有一些特定的、对某些作物所必需的微量元素，如钴、钒是豆科植物所必需的微量元素。随着高浓度化肥的施用和有机肥投入的减少，作物发生微量元素缺乏的情况越来越普遍。有时候微量元素的缺乏会成为作物产量的限制因素，严重时甚至颗粒无收。

对作物生长影响而言，土壤中微量元素的缺乏、适量和致毒量间的范围较窄。因此，土壤中微量元素的供应不仅有供应不足的问题，也有供应过多造成毒害的问题。明确土壤中微量元素的含量、分布、形态和转化的规律，有助于正确判断土壤中微量元素的供给情况。土壤中微量元素的含量主要是由成土母质和土壤类型决定，变幅可达一百倍甚至超过一千倍，而常量元素的含量在各类土壤中的变幅则很少超过 5 倍。

影响土壤中微量元素有效性的土壤条件包括土壤酸碱度、氧化还原电位、土壤通透性和水分状况等，其中以土壤的酸碱度影响最大。土壤中的铁、锌、锰、硼的可给性随土壤 pH 的升高而减低，而钼的有效性则呈相反的趋势。所以，石灰性土壤中常出现铁、锌、锰和硼的缺乏现象。而酸性土壤易出现钼的缺乏，酸性土壤使用石灰有时会引起硼、锰等的“诱发性缺乏”现象。

土壤中的微量元素以多种形态存在。一般可以区分为 4 种化学形态：存在于土壤溶液中的“水溶态”，吸附在土壤固体表面的“交换态”，与土壤有机质相结合的“螯合态”，存在于次生和原生矿物的“矿物态”。前 3 种形态易对植物有效，尤其以交换态和螯合态最为重要。因此，无论是从植物营养还是土壤环境的角度，合理地选择提取剂或提取方法以区分微量元素的不同形态都是微量元素分析的重要环节。

土壤样品提取溶液中微量元素的测定则主要是分析化学的内容。现代仪器分析方法使土壤和植物微量元素能够进行大量快速、准确的自动化分析。很多烦琐冗长的比色分析方法多被仪器分析方法替代，从而省略了许多分离和浓缩萃取等烦琐手续。目前除了个别元素用比色分析外，大部分都采用原子吸收分光光度法（AA）、极谱分析、X 光荧光分析、中子活化分析等。特别是电感耦合等离子体发射光谱技术（inductively coupled plasm-atomic emission spectrometry，ICP-AES 或 ICP）的应用，不仅进一步提高了自动化程度，而且扩大了元素的测定范围，一些在农业上有重要意义的非金属元素和原子吸收分光光度法较难测定的元素如硼、磷等均可以应用 ICP 进行分析。

微量元素分析尤其要防止可能产生的样本污染。在一般的实验室中，锌是很容易受到污染的元素。医用胶布、橡皮塞、铅印报纸、铁皮烘箱、水浴锅等都是常见的污染源。微量元素分析一般应尽量使用塑料器皿，用不锈钢器具进行样品的采集和制备(磨细、过筛)，用洁净的塑料瓶(袋)盛装或标签标记样品。烘箱、消化橱及其他一些常用简单设备，甚至实验室应尽可能专用，特别值得注意的是微量元素分析应该与肥料分析分开。避免用普通玻璃器皿进行高温加热的样品预处理或试剂制备。实验用的试剂一般应达到分析纯，并用去离子水或重蒸馏水配制试剂和稀释样品。

二、目的

1. 熟悉土壤微量元素测定的特点及在测试上的特殊要求。
2. 掌握土壤有效硼的测定方法(原理及测定条件)。
3. 熟悉土壤有效钼的测定方法。
4. 掌握石灰性土壤有效铁、锰、铜、锌测定的方法原理及测定条件。

三、实习内容与步骤

(一)激光剥蚀-电感耦合等离子体质谱法(LA-ICP-MS)

LA-ICP-MS 利用激光激发固体样品表面产生细小颗粒，在载气作用下，样品激发形成的气溶胶被导入 ICP-MS，进而进行定性和定量分析。整个测试过程基本不需要复杂的样品前处理，且水和其他试剂中的 O^+、H^+、N^+ 等形成的多原子离子干扰程度也较小。

1. 试剂配制

15 种待测元素铍、钒、铬、钴、镍、铜、锌、镓、砷、镉、锡、锑、铊、铅和铋内标元素的单标准溶液的质量浓度均为 1 000 mg/L，介质为 10%(体积分数，下同)硝酸溶液。其他所需质量浓度均由此溶液用 10%硝酸溶液逐级稀释制得。

土壤标准样品；试验用水为高纯水。

2. 仪器设备

NCS Plasma MS300 型电感耦合等离子质谱仪；NCS LA300 型激光剥蚀进样系统；LS201 型半自动压样机。

(1)LA　激光波长 213nm；剥蚀载气为氦气，流量 600 mL/min；剥蚀光斑直径 110 μm；剥蚀速率 50 μm/s；扫描模式为面扫描；扫描行数 5 行；扫描长度 5 000 μm；扫描方式跳峰；聚焦位置在表面下 100 μm。

(2)ICP-MS　等离子体功率 1 300 W；冷却气流量 13.0 L/min，辅助气流量 0.8 L/min；数据采集模式时间分辨；碰撞气为氦气，流量 1.2 mL/min。

3. 操作步骤

分别称取 0.500 0 g 土壤标准样品 6 份，置于玻璃表面皿上，向每份样品中滴加 15 种元素的混合标准溶液，6 份标准样品中所含各元素的质量依次为 0，0.25 μg，1，5 μg，10 μg，30 μg。再在每份样品中加入含有 10 μg 铼的铼内标溶液，将样品放入鼓风干燥箱内，于 70 ℃下烘干至恒重。干燥好的土壤样品用玛瑙研钵研磨至粒径均匀，于压样机上压片，压片压力为 38 MPa，保压时间为 60 s。

按照仪器工作条件对压片中各元素的含量进行测定。以 15 种元素的质量作为横坐标，对应的信号强度作为纵坐标绘制校准曲线，将得到的校准曲线进行外推，其与 x 轴的交点即为样品中待测的 15 种元素的含量。

4. 注意事项

(1)做好调试前的准备工作　首先，仪器室要符合仪器工作要求条件，温度保持在 18～26 ℃，温度的变化率每小时小于 2 ℃，相对湿度要小于 60%，最好配备一台除湿机。仪器间跟气体钢瓶室分开，实验室的防尘设施要齐全，走道与仪器间应有过渡房间。其次，仪器室排风装置要达标，排风口风量为每分钟 20 m^3，风速要在 40 m/s 以上，切忌雨水顺管道流入仪器内。仪器要使用 220 V 60 A 的专用电源，还要安装好断路保护器；同时，地线也要非常注意，使用独立地线，接地电阻要小于 4 Ω。最后，氩气的纯度要在 99.995%以上，调试仪器时用气量比较大，应准备 8 瓶以上的氩气。还要有三通，使两钢瓶并联使用。

(2)选择合适的调试指标

①在调试仪器时要测定氧化物的产率，使之低于一定的数值，因为氧化物的产生可以减少该元素的单电荷离子，还能出现干扰峰，在分析时要尽量减少氧化物的产生。

②在仪器调试时应使双电荷低于一定的数值，因为双电荷离子的形成不但对元素分析产生负干扰，还对某些元素分析产生正干扰。

③精密度分为短时间精密度和长时间精密度，是评价分析方法对某样品在多次检测后的重复程度。在实际样品分析中，长期精密度指标的意义不大。

④根据大部分元素都不止具有一个同位素的特点，可以通过检测同位素比值的变化情况来监测环境污染的情况，但这种方法也有一些限制条件，例如，仪器不稳定有时会使检测结果出现较大偏差造成数据失去研究意义，可通过控制同位素样品密度的办法来解决这个问题。另外，线性动态范围、质谱校正稳定性等，也要控制在一定范围内。

(二)火焰原子吸收光谱法

火焰原子吸收光谱法(flame atomic absorption spectroscopy，FAAS)是测定物质中微量元素含量的重要方法，目前已成为无机元素定量分析检测的主要手段。

火焰原子吸收光谱法是一种比较成熟且应用广泛的分析方法，具有干扰少、易于控制、易于标准化、设备价廉且易于使用等特点。但对于耐高温元素，如硼、钒、钽和钨等，在火焰中仅部分离解；含有钼和碱土金属类的样品在火焰中不能完全分解；共振线在远紫外区的元素(磷、硫和卤素)不适宜用火焰原子吸收测定。

除火焰法外，还有石墨炉法和氢化物法。

石墨炉法：石墨炉原子吸收光谱法的相对检测限或浓度检测限比火焰原子吸收低 1～2 个数量级，其绝对质量检测限常要低 3 个数量级。石墨炉的测定速度比较慢，一般只能测单个元素，其分析范围不宽，一般不到 2 个数量级。因此，只有在火焰原子吸收提供的检测限不能满足要求时才用石墨炉法。

氢化物法：氢化物发生原子吸收法已用于数种元素的分析。此方法灵敏度高，易自动化，测定砷和硒的灵敏度已达到 μg/kg。对于砷、锑、铋、锡、硒等元素在火焰原子化测定灵敏度不高时，可以使用氢化物发生法。

对于测定含量较高的金属元素，火焰原子吸收是首选的技术。石墨炉原子吸收检测下限可低至 10～12 g，测定超微量水平的金属元素选用石墨炉原子吸收法最为合适。石墨炉原子化器仅需 5～100 μL 试样便可做 1 次测定，固体试样也能测定。砷、硒、锑、铋很容易转化成不稳定的氢化物，这些氢化物在室温时为气态，氢化物法可从相对多的样品中取出最少量的样品进行处理，通过火焰原子吸收光谱仪中热分解氢化物进而定量测定。火焰原子吸收主要用于微量元素分析，该技术的简单性和快速性对常量元素的分析很有价值。在测定高浓度金属元素时，火焰原子吸收的信号极其稳定，干扰微不足道，只要能配制准确的标准溶液，就可使测定准确度达到要求。

1. 试剂配制

浓 HNO_3、$HClO_4$、H_2SO_4 和 H_2O_2 均为优级纯，Mg、Ni、Cu、Mn 的标准溶液质量浓度均为 1 mg/mL，Zn、Fe 标准溶液质量浓度均为 0.1 mg/mL，试验用水为超纯水 25 ℃条件下电阻率为 18.2 MΩ · cm。

2. 仪器设备

M6 型原子吸收光谱仪（thermoelectron cororation），配有火焰原子化系统，Fe、Cu、Zn、Mn、Mg、Ni 空心阴极灯，摩尔超纯水仪（细胞型 1810 B），WM-2H 型无油气体压缩机，ECH-1 型电子控温加热板，SHIMADZUAUW220D 十万分之一电子天平，KQ100-DA 超声波清洗器，101-3A 型电热恒温鼓风干燥箱，ZN-02 中草药粉碎机。容量瓶等玻璃容器使用前均用 1.6 mol/L 稀硝酸浸泡过夜，再用超声清洗机超声 10 min 最后用超纯水浸洗 3 次烘干、编号、备用。

3. 操作步骤

(1)样品预处理　将样品于 60 ℃电热恒温鼓风干燥箱中烘干，中草药粉碎机粉碎，过 60 目筛后于自封袋中密封保存。

(2)消解溶剂的选择　样品消解常用 HNO_3、HCl、H_2SO_4、H_3PO_4、$HClO_4$、HF、H_2O_2 等作为溶剂。为减少消解过程中因生成难溶物导致部分微量元素的损失，以及分析时由于微量元素的共存而导致离子间相互干扰和掩蔽，分别试验 HNO_3、$HClO_4$、H_2SO_4 和 H_2O_2 及任意 2 种混酸作为消解液的消解效果。

(3)湿法高压消解制备样品消解液　采用湿法高压消解样品，称取 0.50 g 样品于洁净干燥的聚四氟乙烯溶样杯中，用移液管加入 5 mL 浓 HNO_3。振荡摇匀后室温下放置 30 min，将溶样杯封存于不锈钢罐中，于 130 ℃烘箱内恒温消解 3 h。取出冷却至室温，将消解液完全转移入干燥杯中置于设定温度为 170 ℃的电子控温加热板上挥酸，待酸雾散尽至消解液为 0.5～1.0 mL，再用 1% HNO_3 定容于 10 mL 容量瓶中。每个样品做 5 组平行试验，做 1 个空白对照。

使用原子吸收光谱法测定土样中 Mg、Zn、Fe、Cu、Mn、Ni 等微量元素的含量，材料处理采用了湿法高压消解，消解完全、彻底，试剂用量少，经济节约，污染少。

4. 注意事项

(1)点火时排风装置必须打开，操作人员应位于仪器正面左侧执行点火操作，且仪器右侧及后方不能有人，点火之后千万别关空压机。

(2)火焰法关火时一定要最先关乙炔，待火焰自然熄灭后再关空压机。

(3)经常检查雾化器和燃烧头是否有堵塞现象。

(4)乙炔气瓶的温度需抑制在 40 ℃以下，同时 3 m 内不得有明火。乙炔气瓶需设置在通风条件好，没有阳光照射的地方，禁止气瓶与仪器同处一个地方。

(5)实验室要保持清洁卫生,尽可能做到无尘,无大磁场、电场,无阳光直射和强光照射,无腐蚀性气体,仪器抽风设备良好,室内空气相对湿度应<70%,温度 15~30 ℃。

(6)实验室必须与化学处理室及发射光谱实验室分开,以防止腐蚀性气体侵蚀和强电磁场干扰。

(7)离开实验室前,要关闭所有的电源开关和水、气阀门。

(8)仪器较长时间不使用时,应保证每周 1~2 次打开仪器电源开关通电 30 min 左右。

(三)土壤有效硼的测定(姜黄素比色法)

土样经沸水浸提 5 min,浸出液中的硼用姜黄素比色法测定。姜黄素是由姜中提取的黄色色素,以酮型和烯醇型存在,姜黄素不溶于水,但能溶于甲醇、酒精、丙酮和冰醋酸中而呈黄色,在酸性介质中与 B 结合成玫瑰红色的络合物,即玫瑰花青苷。它是两个姜黄素分子和一个 B 原子络合而成,检出 B 的灵敏度是所有比色测定硼的试剂中最高的(摩尔吸收系数 $\varepsilon_{550}=1.80\times10^5$)最大吸收峰在 550 nm 处。在比色测定 B 时应严格控制显色条件,以保证玫瑰花青苷的形成。玫瑰花青苷溶液在 0.001 4~0.06 mg/L B 的浓度范围内符合 Beer 定律。溶于酒精后,在室温下 1~2 h 内稳定。

1. 试剂配制

(1)95%酒精(二级)

(2)无水酒精(二级)

(3)姜黄素-草酸溶液　称取 0.04 g 姜黄素和 5 g 草酸,溶于无水酒精(二级)中,加入 4.2 mL 6 mol/L HCl,移入 100 mL 石英容量瓶中,用酒精定容。贮存在阴凉的地方。姜黄素容易分解,最好当天配制。如放在冰箱中,有效期可延长至 3~4 d。

(4)B 标准系列溶液　称取 0.571 6 g H_3BO_3(一级)溶于水,在石英容量瓶中定容成 1 L。此为 100 mg/L B 标准溶液,再稀释 10 倍成为 10 mg/L B 标准贮备溶液。吸取 10 mg/L B 溶液 1.0 mL、2.0 mL、3.0 mL、4.0 mL、5.0 mL,用水定容至 50 mL,成为 0.2 mg/L、0.4 mg/L、0.6 mg/L、0.8 mg/L、1.0 mg/L B 的标准系列溶液,贮存在塑料试剂瓶中。

(5)1 mol/L $CaCl_2$溶液　称取 7.4 g $CaCl_2\cdot2H_2O$(二级)溶于 100 mL 水中。

2. 仪器设备

石英(或其他无硼玻璃)三角瓶(250 mL 或 300 mL)和容量瓶(100 mL,1 000 mL)、回流装置、离心机、瓷蒸发皿(Φ 7.5 cm)、恒温水浴、分光光度计、电子天平(1/100)。

3. 操作步骤

(1)待测液制备　称取风干土壤(通过 1 mm 尼龙筛)10.00 g 于 250 mL 或 300 mL 的石英三角瓶(或塑料瓶)中,加 20.0 mL 无硼水。连接回流冷凝器后煮沸 5 min 整,立即停火,但继续使冷却水流动。稍冷后取下石英三角瓶,放置片刻使之冷却。倒入离心管中,加 2 滴 1 mol/L $CaCl_2$ 溶液以加速澄清(但不要多加),离心分离出清液(或过滤到塑料杯中)。

(2)测定　吸取 1.00 mL 清液,放入瓷蒸发皿中,加入 4 mL 姜黄素溶液。在 (55±3)℃ 的水浴上蒸发至干,并且继续在水浴上烘干 15 min 除去残存的水分。在蒸发与烘干过程中显出红色,加 20.0 mL 95%酒精溶解,用干滤纸过滤到 1 cm 光径比色槽中,在 550 nm 波长处比色,用酒精调节比色计的零点。假若吸收值过大,说明 B 浓度过高,应加 95%酒精稀释或改用 580 nm 或 600 nm 的波长比色。

(3)工作曲线的绘制　分别吸取 0.2 mg/L、0.4 mg/L、0.6 mg/L、0.8 mg/L、1.0 mg/L B标准系列溶液各 1 mL 放入瓷蒸发皿中，加 4 mL 姜黄素溶液，按上述步骤显色和比色。以B标准系列的浓度 mg/L 对应吸收值绘制工作曲线。

4. 结果计算

$$有效\ B(mg/L)=c\times 液土比$$

式中：c 为由工作曲线查得 B 的浓度(mg/L)；液土比为浸提时，浸提剂体积(mL)/土壤质量(g)。

5. 注意事项

(1)若 NO_3^- 浓度超过 20 mg/L 对硼的测定有干扰，必须加 $Ca(OH)_2$ 使之呈碱性，在水浴上蒸发至干，再慢慢灼烧以破坏硝酸盐。再用一定量的 0.1 mol/L HCl 溶液溶解残渣，吸取 1.0 mL 溶液进行比色测定硼。

(2)若土壤中的水溶性硼含量过低，比色发生困难，可以准确吸取较多的溶液，移入蒸发皿中，加少许饱和 $Ca(OH)_2$ 溶液使之呈碱性，在水浴上蒸发干。加入适当体积(例如 5 mL)的 0.1 mol/L HCl 溶解，吸取 1.0 mL 进行比色。由于待测液的酸度对显色有很大影响，所以标准样品的测定也应同样处理。

(3)硬质玻璃中常含有硼，所使用的玻璃器皿不应与试剂、试样溶液长时间接触。应尽量储藏在塑料器皿中。

(4)用本法测定硼时必须严格控制显色条件。蒸发的温度、速度和空气流速等都必须保持一致，否则再现性不良。所用的瓷蒸发皿要经过挑选，以保证其形状、大小、厚度尽可能一致。恒温水浴应尽可能采用水层较深的水浴，并且完全敞开，将瓷蒸发皿直接漂在水面上。水浴的水面应尽可能高，使蒸发皿不致被水浴的四壁挡住而影响空气的流动，以保证蒸发速度的一致。

(5)蒸发显色后，应将蒸发皿从水浴中取出擦干，随即放入干燥器中，待比色时再随时取出。蒸发皿不应长时间暴露在空气中，以免玫瑰花青苷因吸收空气中的水分而发生水解，使测定结果不准确。显色过程最好不要停顿，如因故必须暂停工作，应在加入姜黄素试剂以前，不要在加入姜黄素试剂以后，否则会使结果不准确。

(6)比色过程中，由于乙醇的蒸发损失，体积缩小，使溶液的吸收值发生改变，故应用带盖的比色杯比色，比色工作应尽可能迅速。同时应另作空白试验，即在不加试样的情况下，其他条件和操作过程完全相同，测定的空白值从分析结果中扣除。

(四)土壤有效钼的测定(KCNS 比色法)

在酸性溶液中，硫氰酸钾(KCNS)与五价钼在有还原剂存在的条件下形成橙红色络合物 $Mo(CNS)_5$ 或$[MoO(CNS)_5]^{2-}$，用有机溶剂(异戊醇等)萃取后比色测定。此络合物最大吸收峰在波长 470 nm 处，摩尔吸收系数 $\varepsilon_{470}=1.95\times10^4$。

1. 试剂配制

(1)草酸-草酸铵浸提剂　24.9 g 草酸铵$[(NH_4)_2C_2O_4\cdot H_2O$，二级$]$与 12.6 g 草酸($H_2C_2O_4\cdot 2H_2O$，二级)溶于水，定容成 1 L。酸度应为 pH 3.3，必要时在定容前用 pH 计校准。所用草酸铵及草酸不应含钼。

(2)6.5 mmol/L 盐酸　用重蒸馏过的盐酸配制。

(3)异戊醇-CCl_4 混合液　异戊醇[$(CH_3)_2CHCH_2CH_2OH$,二级],加等量(体积计)CCl_4(二级)作为增重剂,使比重大于1。为了保证测定结果的准确性,应先将异戊醇加以处理:将异戊醇盛在大分液漏斗中,加少许KCNS和$SnCl_2$溶液,振荡几分钟,静置分层后弃去水相。

(4)柠檬酸(二级)

(5)20%KCNS溶液　20 g KCNS(二级)溶于水,稀释至100 mL。

(6)10%$SnCl_2 \cdot 2H_2O$溶液　10 g未变质的$SnCl_2 \cdot 2H_2O$溶解在50 mL浓HCl中。加水稀释至100 mL,由于$SnCl_2$不稳定,应当天配制。也可以用金属锡配制:将5.3 g薄锡片溶于20 mL浓HCl中,加热至完全溶解(不要使溶液蒸发)迅速用无离子水稀释至100 mL。也可在前一天晚上溶解锡,不必加热,但要使小块的锡留在管底,不要用水稀释;放置过夜,使锡片缓缓溶解,翌日早稀释至所需浓度。

(7)0.05%$FeCl_3 \cdot 6H_2O$溶液　0.5 g $FeCl_3 \cdot 6H_2O$(二级)溶于1 L 6.5 mol/L HCl中。

(8)1 mg/L Mo标准液　0.252 2 g钼酸钠($Na_2MoO_4 \cdot 2H_2O$;二级)溶于水。加入1 mL浓HCl(一级),用水稀释成1 L,成为100 mg/L Mo的贮备标准液。吸取5 mL贮备标准液准确稀释至500 mL,即为1 mg/L Mo的标准溶液。

2. 仪器设备

往复振荡机、高温电炉、125 mL分液漏斗、振荡机、分光光度计、石英或硬质玻璃器皿。

3. 操作步骤

(1)待测液制备　称取风干土壤(通过1 mm尼龙网筛)25.00 g盛于500 mL三角瓶中加250 mL草酸-草酸铵浸提剂。加瓶塞后在往复振荡机上振荡8 h或过夜。过滤,滤纸事先用6 mol/L HCl洗净。过滤时弃去最初的10～15 mL滤液。

(2)测定　取200 mL滤液(含钼量不超过6 μg)在烧杯中,继续蒸发至干。加强热破坏部分草酸盐后,放于高温电炉中450 ℃灼烧,破坏草酸盐和有机物。冷却后加10 mL 6.5 mol/L HCl溶解残渣。放于125 mL分液漏斗中,加水至体积约为45 mL。

加1 g柠檬酸和2～3 mL异戊醇-CCl_4混合溶液,摇2 min,静置分层后弃去异戊醇CCl_4层,加入3 mL KCNS溶液,混合均匀,这时红色逐渐消失,准确地加入10.0 mL异戊醇混合液,摇动2～3 min。静置分层后,用干滤纸将异戊醇层过滤到比色杯中,在波长470 nm处比色测定。

(3)工作曲线的绘制　吸取1 mg/L Mo标准溶液0,0.1 mL,0.3 mL,0.5 mL,1.0 mL,2.0 mL,4.0 mL,6.0 mL分别放入125 mL分液漏斗中,各加10 mL 0.05%$FeCl_3$溶液。按上述步骤萃取和比色(系列比色液的浓度为0～0.6 mg/L Mo),绘制工作曲线。

4. 结果计算

$$\text{有效钼(mg/kg)} = c \times \text{显色液体积} \times \text{分取倍数} / W$$

式中:c为由工作曲线查得比色液Mo的质量浓度(mg/L);显色液体积为10 mL;分取倍数为浸提时所用浸提剂体积/测定时吸取浸出液体积,250/200;W为土壤样品重量,25 g

5. 注意事项

由于反应条件不同,可能形成颜色较深的其他组成的络合物,因此,对显色的条件必须严格遵守。溶液的酸度和KCNS的浓度都影响颜色强度和稳定性。HCl浓度应小于4 mol/L,KCNS浓度应保持至少0.6%。

四、思考题

1. 有哪些影响土壤微量元素生物有效性的因子？土壤 pH 对硼、铝、锌、铁、锰、铜的有效性影响有何不同？以锰的测定为例，简述如何正确评价土壤有效养分的测定结果。

2. 为尽可能减少污染，在样品从采集到测定的全过程中土壤微量元素分析应该注意哪些问题？

3. 姜黄素法测定溶液中硼的工作范围、测定条件。怎样看待它的优缺点？

五、参考文献

[1]王小龙，李曼，陆翌欣，等．激光剥蚀-电感耦合等离子体质谱法测定土壤中 15 种微量元素[J]．理化检验(化学分册)，2021，57(1)：67-71.

[2]何芳，贾长城，王亚婷，等．电感耦合等离子体质谱法(7900 ICP-MS)测定土壤中 30 种痕量元素[J]．城市地质，2018，13(1)：93-99.

[3]汪小红，叶有标，葛小红，等．微波消解 ICP-MS 法同时测定土壤中的九种元素的探讨[J]．海峡科技与产业，2016(9)：108-109.

[4]郝学宁，郝嫱嫱，刘雪莲．原子吸收光谱法测定土壤和植物中的中微量元素含量[J]．现代农业科技，2011(3)：40-41.

[5]陈玲．原子吸收光谱法在土壤微量元素测试中的应用[J]．新疆有色金属，2021，44(5)：67-69.

[6]鲍士旦．土壤农化分析[M]．北京：中国农业出版社，2000.

[7]中国土壤学会农业化学专业委员会．土壤农业化学常规分析方法[M]．北京：科学出版社，1983.

[8]上海科学技术情报研究所．土壤分析译文集[M]．上海：上海科学技术情报研究所，1976.

作者：高凯　郝凤

单位：内蒙古民族大学

实习九　草地土壤可交换阴阳离子调查

一、背景

土壤胶体是指颗粒直径（非球形颗粒则指其长、宽、高三向中一个方向的长度）在 1～100 nm 范围内的带电的土壤颗粒与土壤水组成的分散系。土壤胶体表面所吸附的阳离子，与土壤溶液中的阳离子或不同胶粒上的阳离子相互交换的作用，称为阳离子交换吸附作用。这种作用以等量电荷关系进行，是一种可逆反应，并且受离子电荷价、离子半径和水化程度以及离子运动速度大小的影响。

土壤阳离子交换量（cation exchange capacity，CEC）是指在一定土壤 pH 条件下，土壤能吸附的交换性阳离子的总量。通常以每千克土壤所能吸附的全部交换性阳离子的厘摩尔数表示。

土壤对阴离子的吸附既有与阳离子吸附相似的地方，又有不同之处。如土壤胶体对阴离子也有静电吸附和专性吸附作用，土壤胶体多数是带负电荷的，有时候还可出现负吸附现象。

土壤阴阳离子交换作用对土壤中养分的保持和供应起着重要作用。当土壤溶液中阳离子吸附在胶体上时，表示阳离子养分的暂时保蓄，即保肥过程；当胶体上的阳离子解离至土壤溶液中时，表示养分的释放，即供肥过程。土壤阳离子交换量是土壤的一个很重要的化学性质，它直接反映了土壤的保肥、供肥性能和缓冲能力，同时也是进行土壤分类的重要指标。

土壤阳离子交换量的大小，基本上代表了土壤可能保持的养分数量，也就是平常所说的保肥力高低；交换量大，也就是保存养分的能力大，反之则弱。我国北方的土壤属于的黏质土壤，黏土矿物以蒙脱石、伊利石等 2∶1 型矿物为主，阳离子交换量较大，一般在 20 cmol(＋)/kg 以上，高的可达 50 cmol(＋)/kg。长江中下游发育在冲积母质上的土壤，黏土矿物以蒙脱石、水云母为主，交换量为 20～30 cmol(＋)/kg。而南方的红壤类型，一方面因为其腐殖质含量较低，另一方面黏土矿物以高岭石及铁、铝氧化物等为主，土壤阳离子交换量一般较小，多在 20 cmol(＋)/kg 以下，广东的砖红壤的交换量只有 5.2 cmol(＋)/kg，这样的土壤保肥能力通常较差。

了解土壤阴阳离子交换的原理，对指导土壤施肥有重要意义。例如在沙土上施用化肥，由于土壤交换量小，土壤保肥力差，应该分多次施肥，每次施量不宜多，以免养分淋失。对于交换量小、保肥力差的土壤，也可通过施用河塘泥、厩肥、泥炭或掺黏土，以增加土壤中的无机、有机胶体，以及通过施用石灰调节土壤反应等来提高土壤的阳离子交换量。

虽然从数量上讲，大多数土壤对阴离子的吸附量比对阳离子的吸附量少，但由于许多阴离子在植物营养、环境保护，甚至矿物形成、演变等方面具有相当重要的作用。因此土壤的阴离子吸附也是土壤化学研究中相当活跃的领域，积累了很多的成果。

二、目的

1. 掌握土壤可交换阴阳离子的吸附原理；

2. 学习土壤中阳离子交换量的测定方法；

3. 具备根据土壤阳离子交换量判断土壤肥力状况、指导实践的能力。

三、实习内容与步骤

(一)乙酸铵法

1. 实验原理

用中性乙酸铵溶液[$c(CH_3COONH_4)=1.0$ mol/L,pH 7.0]作为交换剂反复处理土壤,土壤吸收性复合体上的 K^+、Na^+、Ca^+、Mg^+、H^+、Al^{3+} 等离子被提取剂中的 NH_4^+ 进行当量交换,使土壤成为 NH_4^+ 饱和土。然后用淋洗法或离心法将多余的乙酸铵用95%乙醇或99%异丙醇反复洗去后,用水将土壤洗入凯氏瓶中,加固体氧化镁蒸馏。蒸馏出来的氨用硼酸溶液吸收,然后用盐酸标准溶液滴定。根据 NH_4^+ 的量计算土壤阳离子交换量,此方法适用于酸性和中性土壤。

2. 材料

中性和酸性土壤样品。

3. 仪器设备与试剂

(1)仪器　淋洗装置、定氮仪、1/100分析天平、离心机(3 000～4 000 r/min)、250 mL三角瓶、滴定管。

(2)试剂

①1 mol/L中性乙酸铵　称77.09 g乙酸铵,溶于900 mL水中,用1∶1氨水或1 mol/L乙酸调pH为7.0,加水至1 L。

②0.1 mol/L乙酸铵　取1 mol/L中性乙酸铵,用水稀释10倍,配制2L。

③95%乙醇

④10% NaCl　100 g NaCI溶于1 000 mL水中,加浓盐酸4 mL酸化。

⑤纳氏试剂　a. 35 g KI和45 g HgI,溶于400 mL水中;b. 112 g KOH溶于500 mL水中,冷却。然后将a慢慢加入b中,边加边搅拌,最后加水至1 L,放置过夜,取上清液贮于棕色瓶中,用橡皮塞子塞紧。

⑥硼酸吸收液(2%)　20 g硼酸(H_3BO_3)溶于1 L水,加20 mL混合指示剂,用0.1 mol/L NaOH调节pH为4.5～5.0(紫红色),然后加水至1 L。

⑦混合指示剂　0.099 g溴甲酚绿和0.066 g甲基红,溶于100 mL乙醇。

⑧0.01～0.02 mol/L标准酸(1/2 H_2SO_4)　0.5 mL浓 H_2SO_4 加入1 000 mL水中,混匀。标定:准确称取硼砂($Na_2B_2O_4$)1.906 8 g,溶解定容为100 mL,此为硼砂溶液。取此液10 mL,放入三角瓶中。加甲基红指示剂2滴,用所配标准酸滴定由黄色至红色止,计算酸浓度。

⑨铬黑T指示剂　0.4 g铬黑T溶于100 mL 95%乙醇中。

⑩1 mol/L NaOH　40 g NaOH溶于1 L水中。

⑪pH 10缓冲液　20 mL 1 mol/L NH_4CI 和100 mL 1 mol/L NH_4OH 混合。

⑫氧化镁(固体)　在高温电炉中经500～600 ℃灼烧0.5 h,使氧化镁中可能存在的碳酸镁转化为氧化镁,提高其利用率,同时防止蒸馏时大量气泡发生。

⑬液态或固态石蜡

4. 测定内容与步骤

(1)取少量棉花塞进淋滤管下部,塞紧程度调节至水滤出速度为 20～30 滴/min。剪小片滤纸(稍小于管径)放在棉花上。

(2)称取 5.00 g 土样,放入淋滤管内滤纸上,轻摇使土面平整,上面再放一片回形滤纸。淋滤管放在滤斗架上。加入 1 mol/L 中性乙酸铵溶液使液面比管口低 2 cm。

(3)淋滤管下放一个 250 mL 容量瓶承接淋洗液。另取 250 mL 容量瓶,装入 200 mL 中性乙酸铵溶液,剪一个小于淋滤管内径但大于容量瓶口径的滤纸,贴于瓶口,将容量瓶倒立(小心不使溶液流出),瓶口伸入淋滤管内,与管内溶液相接,则瓶口滤纸落下,自动淋洗开始(如瓶口滤纸不下落,可用玻璃棒轻轻拨下)。

(4)淋洗至滤液达 120 mL 时,取正在下滴的淋洗液检查,方法是用白瓷板接滤液 2 滴,加 pH 10 缓冲液 3 滴,加铬黑 T 于滴孔,显红色为有 Ca^{2+},需再淋洗。显蓝色为无 Ca^{2+},可停止淋洗。取出下面容量瓶,用水定容后,供交换性盐基总量和 Ca^{2+}、Mg^{2+}、K^+、Na^+ 测定。

(5)移去上面的容量瓶,用 0.1 mol/L 乙酸铵淋洗 2～3 次,每次用 15 mL,滤液用三角瓶或烧杯承接。

(6)再用 95%乙醇洗土样,每次用 10～15 mL,待滤完后再加。洗 2 次后接取滤液用纳氏试剂检查,如有棕红色沉淀或混浊,需再洗,至滤液无 NH_4^+ 为止(纳氏试剂仅呈浅黄色)。

(7)将淋滤管内土样全部移入开氏瓶,接上定氮蒸馏仪,加 1 mol/L NaOH 5～10 mL,定氮蒸馏,用硼酸溶液接收,标准酸滴定,记取滴定用量或是在用乙醇淋洗后取 250 mL 容量瓶接于淋滤管下口,用 10% NaCl 反淋洗交换,将土样中交换性 NH_4^+ 全部用 Na^+ 代换出来,至淋洗液中无 NH_4^+ 为止,然后取出容量瓶,用 NaCl 定容。吸取滤液 50 mL,转入开氏瓶,加 1 mol/L NaOH 2 mL,定氮蒸馏。

5. 结果计算

如果土壤样品全部蒸馏,则:

$$\text{CEC}\ [\text{cmol}(+)/\text{kg}] = [c \cdot (V - V_0)] \cdot 1\,000\ /(m \cdot 10)$$

式中:c 为标准盐酸浓度(mol/L);V 为滴定用标准酸体积(mL);V_0 为空白滴定消耗盐酸标准溶液的量(mL);m 为烘干土壤样品质量(g);10 为将 mmol 换算成 cmol 的倍数;1 000 为换算成每千克土壤中的厘摩尔数。

6. 注意事项

(1)棉花用量及塞紧程度影响淋洗速度,需仔细调整,如太少太松,淋洗过快,200 mL 淋洗液不够用,不易交换完全。但土粒可能渗漏下去,造成失误。如太紧太多,淋滤过慢,延长实验时间。

(2)倒立容量瓶时,瓶口放纸片用手指轻轻托住,倒立后再放开手指,纸片应不掉,溶液不漏。用水练习几次后可熟练掌握。

(3)由于个人淋滤速度有差异,不同土样交换性能也有差异,所以完全交换时间会有差异,以检查淋洗液无 Ca^{2+} 为准,一般淋洗液用量 150 mL 左右即可。

(4)用 0.1 mol/L 乙酸铵先洗几次是为了节约乙醇用量。用乙醇洗去多余的乙酸铵,必须严格掌握“洗净程度”,如洗不净多余的乙酸铵,则使测定结果偏高。反之,如洗净后还在洗,则可能使一些吸附交换的 NH_4^+ 也被洗去,还会溶解一定量的有机质而引起负误差。用纳氏试剂检查只需查有无红色或深黄色即止。如洗至后来，洗涤乙醇检查时纳氏反应颜色增深，就是因为洗涤过头。也可以用异丙醇代替乙醇洗涤。

(5)土样直接蒸馏法和 NaCl 反淋洗液蒸馏法各有优点，直接法步骤较简单，滴定用量较多，但若失败须从头做起。NaCl 反交换蒸馏法多一个步骤，但是取部分溶液蒸馏，若失败还可重取溶液蒸馏。另外，由于交换溶液中成分不像土样复杂，有机质碱解等副作用很少，这方面的误差比土样直接蒸馏法少。

(6)也可以取反淋洗液用纳氏比色法测 NH_4^+ 量，后计算交换量。

(二)EDTA-乙酸铵盐交换法

1. 实验原理

用 0.005 mol/L EDTA 与 1 mol/L 乙酸铵的混合液作为交换提取剂，在适宜的 pH 条件下(酸性、中性土壤用 pH 7.0，石灰性土壤用 pH 8.5)，与土壤吸收性复合体的 Ca^{2+}、Mg^{2+}、Al^{3+} 等交换，在瞬间形成解离度很小而稳定性大的络合物，且不会破坏土壤胶体，由于 NH_4^+ 的存在，交换性 H^+、K^+、Na^+ 也能交换完全，形成铵质土。用 95%乙醇洗去过剩铵盐，以蒸馏法蒸馏，用标准酸溶液滴定，即可计算出土壤阳离子交换量。此方法适用于酸性、中性和石灰性土壤。

2. 材料

酸性、中性和石灰性土壤样品些许。

3. 仪器设备与试剂

(1)仪器　淋洗装置、定氮仪、1/100 分析天平、离心机(3 000～4 000 r/min)、250 mL 三角瓶、滴定管。

(2)试剂

①0.005 mol/L EDTA 与 1 mol/L 乙酸铵的混合液　称取 77.09 g 乙酸铵(NH_4OAc 化学纯)及 1.461 g 乙二胺四乙酸(EDTA，化学纯)，加水溶解后一起洗入 1 000 mL 容量瓶中，加蒸馏水至 900 mL，以 1∶1 氨水和稀乙酸调至 pH 7(用于酸性和中性土壤的提取)或 pH 8.5(用于石灰性土壤的提取)，定容至刻度备用。

②其他试剂　同乙酸铵法。

4. 测定内容与步骤

(1)称取通过 0.25 mm 筛孔的风干土样 2 g(精确至 0.01 g)，放入 100 mL 离心管中，加入少量 EDTA-乙酸铵混合液，用橡皮头玻璃棒搅拌样品，使成均匀泥浆状。再加混合液使总体积达 80 mL，搅拌 1～2 min，然后用混合液洗净橡皮头玻璃棒。

(2)将离心管成对地放在粗天平的两盘上，加入混合液使之平衡，再对称地放入离心机中、以 3 000 r/min 的转速离心 3～5 min。如不需测定交换性盐基，可将离心管中清液弃去。如酸性、中性土壤需测定盐基组成时，则将离心后清液收集于 100 mL 容量瓶中，用混合液提取剂定容至刻度，作为土壤交换性盐基的待测液。

(3)向载有样品的离心管中加入少量 95%乙醇，用橡皮头玻璃棒充分搅拌，使土壤成为均匀泥浆状，再加 95%的乙醇约 60 mL，用橡皮头玻璃棒搅匀，将离心管成对地放置于天平上，加乙醇平衡，再对称地放入离心机中离心 3～5 min，转速 3 000 r/min，弃去上清液，如此反复 3～4 次，洗至无铵离子为止(以纳氏试剂检查)。

(4)向管中加入少量水,用橡皮头玻璃棒将铵离子饱和土壤搅拌成糊状,并无损地洗入蒸馏管中,洗入量控制在 60 mL。蒸馏前向蒸馏管内加入 2 mL 液体石蜡和 1 g 氧化镁,立即将蒸馏管置于蒸馏装置上密封。

(5)以后步骤同乙酸铵法。

5. 结果记录

同乙酸铵法。

6. 注意事项

含盐分和碱化度高的土壤,因 Na^+ 较多,易与 EDTA 形成稳定常数极小的 EDTA 二钠盐,一次提取交换不完全,所以需要提取 2～3 次。其他同乙酸铵法。

(三)NaOAc 火焰光度法

1. 实验原理

用 NaOAc(pH 8.2)处理土壤,使土壤为 Na^+ 饱和,用 95%的酒精或 99%的异丙醇洗去多余的 NaOAc,然后以 NH_4^+ 将交换性 Na^+ 交换下来,用火焰光度法测定溶液中的 Na^+,即可计算出土壤阳离子交换量。此方法适用于石灰性土壤和盐碱土。

2. 材料

盐碱土和石灰性土壤样品些许。

3. 仪器设备与试剂

(1)仪器 离心机(3 000～4 000 r/min)、火焰光度计、天平(感量 0.01 g)、容量瓶(100 mL)。

(2)试剂

①1 mol/L 乙酸钠溶液 称取 136 g 乙酸钠($CH_3COONa \cdot 3H_2O$,化学纯),用水溶解并稀释至 1 L。此溶液 pH 为 8.2,否则用稀氢氧化钠溶液或乙酸调节至 pH 8.2。

②95%酒精 同乙酸铵法。

③1 mol/L 乙酸铵溶液 同乙酸铵法。

④钠标准溶液 称取 2.542 1 g 氯化钠(NaCl,分析纯,经 105 ℃烘 4 h),用 1 mol/L 乙酸铵溶液溶解,定容至 1 L,即为 1 000 mg/L 钠标准溶液,然后再用 1 mol/L 乙酸铵溶液稀释成 3 mg/L、5 mg/L、10 mg/L、20 mg/L、30 mg/L、50 mg/L 标准溶液,贮于塑料瓶中。

4. 测定内容与步骤

(1)称取通过 0.25 mm 筛孔的风干土 4.00～6.00 g(黏土 4.00 g,沙土 6.00 g),于 50 mL 离心管中,加 1 mol/L 乙酸钠溶液 33 mL,使各管质量一致,塞住管口,振荡 5 min,离心弃去上清液,重复用乙酸钠溶液提取 4 次,然后以同样方法用 95%酒精或 99%异丙醇洗涤样品 3 次,最后一次尽量除去洗涤液。

(2)向上述土样中加入 1 mol/L 乙酸铵溶液 33 mL,用玻璃棒搅成泥状,振荡 5 min,离心,将上清液小心倾入 100 mL 容量瓶中,按同样方法用 1 mol/L 乙酸铵溶液交换洗涤土样 2 次。收集的清液最后用 1 mol/L 乙酸铵溶液定容至 100 mL。与钠标准系列溶液一起用火焰光度计测定溶液中的钠,记录检流计读数,然后,从工作曲线上查得样品溶液中 Na^+ 的浓度,根据样品溶液中 Na^+ 的浓度计算出土样的阳离子交换量。

5. 结果计算

$$CEC[cmol(+)/kg]=(p \cdot V \cdot 100)/(m \cdot 23.0 \cdot 10^3)$$

式中：p 为从工作曲线上查得样品溶液中 Na^+ 的浓度(mg/L)；V 为测试液的体积(mL)；m 为烘干土壤样品质量(g)；23.0 为钠的摩尔质量(g/mol)；10^3 为把 mL 换算成 L 的除数。

6. 注意事项

在洗去多余 NaOAc 时，交换性 Na^+ 易水解进入溶液中而损失，所以要掌握好洗的次数。多洗会导致交换性 Na^+ 损失，呈负误差；少洗会因为残留 NaOAc 的存在而使结果偏高，呈正误差。一般洗 3 次即可。

四、重点和难点

1. 重点

土壤阳离子交换量测定的方法。

2. 难点

根据不同土壤类型选择合适的测定方法。

五、实例

1. 实习地点

实习地点位于山东省招远市一块酸化土壤样地。该样地土壤类型为棕壤，淋溶作用强，样地多年施用化肥，不施用有机肥，土壤 pH 为 4.2，酸化较严重，已对作物的生长造成危害。

2. 实习过程

(1)采集土壤样品　采样点的分布要做到均匀、随机，可采用锯齿形或蛇形布点。在布置好的采样点上，先将表层 0～3 mm 表土刮去，然后用土铲斜向或垂直切取土壤，各点所取深度、土铲斜度和上下层厚度都要求一致，将各点所取的土壤在塑料布上混匀，同时除去枯枝落叶、草根、虫壳、石砾等杂质，按四分法取适量土壤装入密封袋中，在标签上记好采样点、采样深度、日期、采样人等信息，标签一式两张，一张放入袋内，一张系于袋口。

(2)制备土壤样品　可在通风橱中进行，也可摊在木板或白纸、塑料布上，放在晾土架上风干。在土样半干时，须将大块土壤压碎，以免完全干后结成硬块，难以打碎磨细。风室内要求干燥通风，严防 SO_2、NH_3、H_2S 等各种酸、碱蒸气和灰尘等其他东西的侵蚀和污染。样品风干后，再次挑选出非土壤部分如动植物残体(根、茎、叶、虫体)和石块、结核(石灰、铁、锰)，然后在木盘或硬橡胶板上压碎、磨细(不能用铁棒及矿物粉碎机磨细，以防压碎石块或样品而玷污铁质)，使之全部通过 0.25 mm 的筛子，随后将过筛混匀的样品装入磨口塞的广口瓶中，写好标签(一式两张)，标签内容同上，再加上过筛孔径大小这一项信息，一张同土样装入瓶中，另一张贴于瓶壁。然后将样品保存在橱柜中，避免日光、高温、潮湿和酸碱气体的影响。

(3)实验室检测　土壤 CEC 测定采用 1 mol/L 乙酸铵交换法，称取通过 0.25 mm 筛孔的风干土样 2.0 g，放入 100 mL 离心管中，1 mol/L 乙酸铵(pH 7.0)溶液 60 mL，反复处理土样 3 次，每次振荡 30 min，用 95%乙醇洗掉多余的乙酸铵，反复清洗 3 次，加入固体氧化镁 1 g，用凯氏定氮仪定氮，计算土壤阳离子交换量。

(4)结果分析　分析结果，思考土壤改良措施。

六、思考题

1. 土壤阳离子交换作用有哪些特点？

2. 影响阳离子交换量大小的因素有哪些？

3. 以酸性土壤和石灰性土壤为例，思考在土壤阳离子交换量测定时，为什么不同类型的土壤所采用的常用浸提剂不同？

4. 试分析自然土壤酸化的原因。

5. 为什么酸性土壤施用石灰后能提高保肥能力？

七、参考文献

[1]黄昌勇．土壤学[M]. 3版．北京：中国农业出版社，2011.

[2]吕贻忠，李保国．土壤学[M]. 北京：中国农业出版社，2010.

[3]马献发．土壤学实验[M]. 北京：中国林业出版社，2020.

[4]吕贻忠，李保国．土壤学实验[M]. 北京：中国农业出版社，2010.

[5]袁军．土壤学实验实习指导书[M]. 北京：中国林业出版社，2020.

[6]LY/T 1243—1999 森林土壤阳离子交换量的测定．

[7]NY/T 295—1995 中性土壤阳离子交换量和交换性盐基的测定．

[8]周海燕．胶东集约化农田土壤酸化效应及改良调控途径[D]. 北京：中国农业大学，2015.

作者：吉怡欣　黄顶

单位：中国农业大学

实习十　草地土壤 CO_2 通量的测定

一、背景

CO_2 是大气中最主要的温室气体，草地土壤 CO_2 通量是单位时间内土壤释放的 CO_2 量。土壤每年因呼吸向大气释放的 CO_2 约占大气 CO_2 的 10%。土壤 CO_2 通量的微小变化会对全球气候变化产生深远的影响。草地土壤呼吸产生的 CO_2 来源于生物和非生物两个方面。其中生物来源包括土壤微生物的呼吸，植物根系的呼吸和原生微生物的呼吸，因此，影响此过程的土壤环境温湿度的变化也会引起土壤 CO_2 通量的变化；非生物来源主要是由化学氧化过程生产 CO_2。土壤呼吸产生 CO_2 的速率也是表征土壤质量和肥力的重要生物学指标，它反映了土壤中有机质的分解以及土壤有效养分的状况。准确测量草地土壤 CO_2 通量对草地生产评价以及气候变化的研究具有重要的现实意义。测定草地土壤 CO_2 通量的常用方法有静态气室-气相色谱法、静态气室-碱液吸收法和动态箱法等。

二、目的

1. 掌握土壤 CO_2 通量测定原理，了解土壤 CO_2 通量不同测定方法的适用性。
2. 掌握利用静态气室法收集土壤释放的气体与利用气相色谱法测定气体中 CO_2 含量的方法。
3. 掌握土壤 CO_2 通量的计算方法。

三、实习内容与步骤

（一）静态气室-气相色谱法

1. 实验原理

静态气室-气相色谱法是用静态气室收集一段时间内土壤排放的 CO_2，通过气相色谱测定不同时间收集的气体样品中的 CO_2 含量，从而计算土壤 CO_2 通量的方法。静态气室主要由顶箱和底座两部分组成。顶箱与底座可拆分，之间有密封圈。底座埋入土壤 5 cm。箱体密闭性良好，内装有风扇和瞬时温度计（图 1-10-1）。气相色谱仪是应用最广泛的气体成分分析测试手段。气体样品由载气带入色谱柱，通过对预检测混合物中组分有不同保留性能的色谱柱，使各组分分离，依次导入检测器，以得到各组分的检测信号。按照导入检测器的先后次序，经过对比，可以区别出是什么组分，根据峰高度或峰面积可

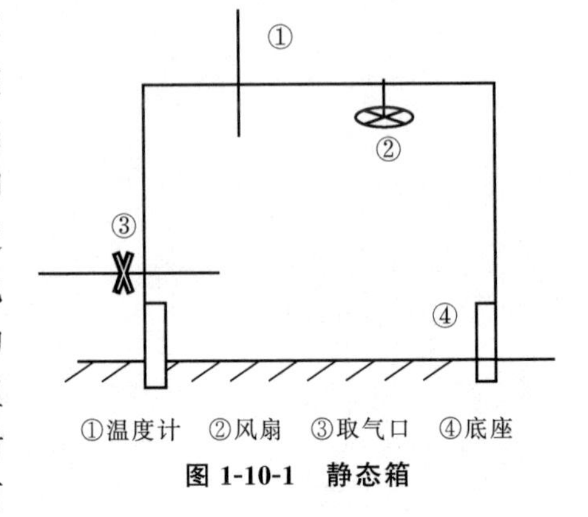

①温度计　②风扇　③取气口　④底座

图 1-10-1　静态箱

以计算出各组分含量。气相色谱仪具有高度选择性，能分离分析性质极为相近的物质，灵敏度高，适于微量和痕量分析，广泛用于森林、草地和农田等土壤多种温室气体通量的测定。

2. 仪器设备

静态气室、注射器(含三通阀)、气体采集袋和气相色谱仪等。

3. 实验步骤

(1)气体采集　静态气室的底座埋入土壤 5 cm，取样时将顶箱扣于底座上，保证密封。用注射器通过三通阀从静态气室将气体转移到气体采集袋中。每隔 10 min 取一次气样，至少取 3 次气样，每次取气量 200～500 mL。取气结束后关闭静态气室取气阀门，防止静态气室内外气体流通。

(2)CO_2 含量测定　测定样前准备：打开载气阀门，让载运气体在整个通路中流过，并检查仪器是否漏气。检查时，可将载运气压升到 2 kg/cm^2 左右。关闭气体出入口阀门，稍等片刻，观察仪器压力表，如压力下降，即表示漏气。此时应检查管柱接触部位、管柱与试样室接触部位，并用肥皂液涂抹，找出漏气地点，立即处理。

检查不漏气后，就可接通电源开始测定，在仪器运转时，管柱的温度、气体的流速、检出器的温度、金属丝的电阻等，均必须处于规定的最佳状态。

校准：当仪器运转进入稳定状态后使用峰面积外标法用标准气体校准两次。

进气：用取样器从气体采集袋中取出气体样品。取样器用样气清洗 3 次，然后吸取 100 mL 气样，供测试使用。将取样器与进样器连接。由取样器缓慢注入气样吹洗进样器管路，首次分析注入 30 mL，重复分析时每次注入 20 mL 吹洗。吹洗完毕，待 20 s 后切换进样阀进样。

4. 结果计算

利用气相色谱仪分别测定不同取样时间点空气中 CO_2 含量，根据其随时间的变化计算土壤 CO_2 通量。

通量的定义：单位时间内通过单位面积的物质的量。通量计算公式为：

$$F=\frac{V}{A}\times\rho'\times\frac{\mathrm{d}c_t}{\mathrm{d}t}$$

式中：F 为被测 CO_2 排放通量[$mg/(m^2 \cdot h)$]；V 为箱子体积(m^3)；A 为静态气室底面积(m^2)；ρ'为待测气体 CO_2 在采样状态的密度(mg/m^3)；$\frac{\mathrm{d}c_t}{\mathrm{d}t}$为不同取样时间气体样品中 CO_2 的体积含量的变化率(/h)。

(二)静态气室-碱液吸收法

1. 实验原理

静态气室-碱液吸收法是用静态气室通过碱液吸收土壤排放的 CO_2，从而研究土壤呼吸通量的方法。碱吸收 CO_2 后形成碳酸根，实验室分析可以通过重量法或者中和滴定法计算出剩余的碱量和吸收的 CO_2 量，由此得到单位时间内土壤释放的 CO_2 通量。碱液法操作简便，在进行野外测定的时候，不需要复杂的设备，利于进行多次重复测定，对于空间异质性大的土壤呼吸而言，这是很大的优点。

中和滴定法原理为：

(1)用 NaOH 吸收土壤呼吸放出的 CO_2,生成 Na_2CO_3。

$$2NaOH + CO_2 \longrightarrow Na_2CO_3 + H_2O \qquad (1)$$

(2)先以酚酞作指示剂,用 HCl 滴定,中和剩余的 NaOH,并使式(1)生成的 Na_2CO_3 转变为 $NaHCO_3$。

$$NaOH + HCl \longrightarrow NaCl + H_2O \qquad (2)$$

$$Na_2CO_3 + HCl \longrightarrow NaHCO_3 + NaCl \qquad (3)$$

(3)再以甲基橙作指示剂,用 HCl 滴定,这时所有的 $NaHCO_3$ 均变成 NaCl。

$$NaHCO_3 + HCl \longrightarrow NaCl + H_2O + CO_2 \qquad (4)$$

(4)从式(3)、式(4)可见,用甲基橙作指示剂时所消耗 HCl 量的 2 倍,即为中和 Na_2CO_3 的用量,从而可计算出吸收 CO_2 的数量。

2. 仪器设备及试剂

静态气室、NaOH、HCl、酚酞、甲基橙、三角瓶、橡胶塞和支架等。

3. 实验步骤

(1)准确称取 2 mol/L NaOH 溶液 10~20 mL 于带胶塞的三角瓶中,携至实验地点。

(2)在静态气室中放一培养皿,培养皿放在 2 cm 左右的支架上,以保证土壤通气。

(3)将 NaOH 倾在培养皿内,盖好静态气室。

(4)另在地面先放一个木板或铺一块塑料布,同法作一空白。

(5)放置 1~5 d 后,将 NaOH 溶液洗入三角瓶,携至室内,定容至 250 mL。

(6)先后用酚酞和甲基橙做指示剂用 HCl 滴定。

4. 结果计算

碱液吸收的 CO_2 的量计算方法为:

$$W = (V_1 - V_2) \times c \times \frac{44}{2 \times 1\ 000} \times \frac{250}{V_3}$$

式中:W 为 CO_2 的质量(g);V_1 为供试溶液用甲基橙作指示剂时所用 HCl 体积的 2 倍(mL);V_2 为空白试验溶液用甲基橙作指示剂时所用 HCl 体积的 2 倍(mL);V_3 为滴定实验所用的 NaOH 体积(mL);c 为 HCl 的摩尔浓度(mol/L);250 为碱液吸收 CO_2 后定容至 250 mL;$\frac{44}{2\times 1\ 000}$为 CO_2 的毫摩尔质量(g/mmol)。

再计算土壤呼吸通量:

$$F = W \times 1\ 000 \times \frac{1}{A} \times \frac{1}{t}$$

式中:F 为土壤 CO_2 排放通量[mg/(m^2 · h)];W 为 CO_2 的质量(g);A 为静态气室底面积(m^2);t 为碱液吸收的时间(h)。

(三)动态箱法

1. 实验原理

动态箱法是将气室和红外线 CO_2 分析仪连成闭合回路,使一定流量的空气在回路内循环，通过红外线分析检测 CO_2 含量随时间的变化，计算土壤 CO_2 通量。动态箱法的箱内气体循环流动，有利于气体混合；测定时间短，可在数分钟或几十秒内完成，对观测土壤的干扰较小，且不必安装复杂的控温设备。红外线分析仪的灵敏度高、精度高、测量响应时间快，且选择性好，可以测定多组分混合气体中的某一待测组分，当一种组分的含量发生变化时，不影响其他待测组分的测定。动态法比静态法更能准确地测定土壤排放 CO_2 的真实值，因此它更适于测定瞬间和整段时间 CO_2 排放的速率。常见动态法的仪器如土壤 CO_2 通量测定仪。

2. 仪器设备

土壤 CO_2 通量测定仪。

3. 实验步骤

(1)将气室底座埋入土壤 5～10 cm。

(2)测定前将仪器提前充电，到达测定点打开仪器预热。

(3)将气室盖在底座上，保证密封；仪器预热结束，启动检测器。

(4)土壤 CO_2 通量测定仪实时测定循环到通路中空气的 CO_2 体积含量，并根据系统预设的底座面积、气室体积等参数计算出 CO_2 通量。

4. 结果计算

多数土壤 CO_2 通量测定仪可以直接计算出气体通量。部分仪器算出的气体通量为体积单位，如有需要可以根据待测气体 CO_2 在采样状态的密度换算为质量单位。

四、注意事项

(1)土壤 CO_2 通量易受到土壤环境和动物粪便等的影响，因此应选择均质性好的样地进行测定。

(2)静态气室-气相色谱法通常由野外气体采集和实验室气体测定两部分组成，气体采集袋在长时间的运输和储藏中容易漏气，可能给测量值带来一定的误差。

(3)碱液法的局限性在于测定的精度不理想。在土壤呼吸速率低的情况下，测定的结果比真实值高。在土壤呼吸速率高的情况下，测定结果比真实值偏低。

(4)动态箱法的空气流通速率和气室内外的压力差会对测定造成负面影响，如当气流通过气室内的土壤表面时，氧气的输入速率增加，从而导致更多 CO_2 从土壤中吸出，土壤的新陈代谢也就增加了。另外，土壤 CO_2 通量测定仪在野外使用时必须保证电力供应。

五、重点和难点

1. 重点

土壤 CO_2 通量的测定与计算方法。

2. 难点

静态气室-气相色谱法在整个气体采样操作过程中防止漏气。

六、实例

7—9 月对南方高山草山草坡土壤温室气体通量测定。静态气室体积为 0.075 m^3，底座面积为 0.25 m^2。测定时每 10 min 进行 1 次气体采集，采集气样 4 次，同时记录箱内温度、大气温度和土壤温度。用气相色谱仪测定4个取样时间点CO_2含量分别为：c_{t1}（第1次取气）=385.26×10^{-6}；c_{t2}（10 min后第2次取气）=458.77×10^{-6}；c_{t3}（20 min后第3次取气）=490.84×10^{-6}；c_{t4}（30 min后第4次取气）=555.37×10^{-6}。通过计算得$\frac{dc_t}{dt}=325.44\times10^{-6}$(/h)。根据静态气室体积、底座面积和测定时$CO_2$密度计算出土壤$CO_2$通量为191.36 mg/(m² · h)。

七、思考题

(1)静态气室-气相色谱法取样频率的多少对土壤CO_2通量的计算有什么影响？

(2)土壤CO_2通量值的高低意味着什么？

(3)一天中不同时间测定的土壤CO_2有什么差异？差异出现的原因是什么？

八、参考文献

[1]边巴普赤，斯确多吉，南吉，等．草地生态系统呼吸研究进展[J]．现代农业科技，2021(11)：219-224.

[2]杜睿，王庚辰，吕达仁，等．箱法在草地温室气体通量野外实验观测中的应用研究[J]．大气科学，2001，25(1)：61-70.

[3]程东娟，张亚丽．土壤物理实验指导[M]．北京：中国水利水电出版社，2012.

[4]顾帅，刘立新，王木林，等．静态气室-气相色谱法CO_2和CH_4通量观测的质控方法研究[J]．气象，2010，36(8)：87-101.

[5]万云帆，李玉娥，林而达，等．静态气室法测定旱地农田温室气体时密闭时间的研究[J]．中国农业气象，2005，27(2)：122-124.

[6]林茂．土壤温室气体通量测定方法的比较和评价[J]．湖南农业科学，2012(9)：44-46，50.

[7]王迎红．陆地生态系统温室气体排放观测方法研究、应用及结果比对分析[D]．北京：中国科学院研究生院(大气物理研究所)，2005.

[8]庄媛，闫瑞瑞，熊军波，等．三种土地利用方式下南方高山土壤温室气体通量特征及其影响因子研究[J]．草地学报，2021，29(10)：2294-2302.

[9] Conen F, Smith K A. An explanation of linear increase in gas concentration under closed chambers used to measure gas exchange between soil and the atmosphere [J]. European Journal of Soil Science, 2000, 51: 111-117.

[10] Nay S M, Mattson K G, Bormann B T. Biases of chamber methods for measuring soil CO_2 efflux demonstrated with a laboratory apparatus[J]. Ecology, 1994, 75: 2460-2463.

[11] Wang J W, Zu Y G, Wang H M, et al. Effect of collar insertion on soil respiration in a larch forest measured with a LI-6400 soil CO_2 flux system[J]. Journal of Forest Research, 2005, 10(01): 57-60.

作者：王晓亚
单位：华南农业大学

实习十一　草地土壤CH_4通量的测定

一、背景

甲烷(CH_4)是仅次于CO_2的第二大温室气体，虽然其在大气环境中的浓度远低于CO_2，但其全球增暖趋势在100年时间段内是CO_2的28倍。大量研究表明，草地土壤是大气CH_4的一个重要汇。但是，草地土壤对大气中CH_4吸收的作用受到温度、降雨以及草地利用方式的影响。测定草地土壤CH_4通量对评估草地在减少温室气体排放上的作用以及合理利用草地有重要的意义。

二、目的

1. 掌握土壤CH_4通量测定原理，了解土壤CH_4通量的不同测定方法的适用性。
2. 掌握利用静态气室法收集土壤释放的气体与利用气相色谱法测定气体中CH_4含量的方法。
3. 掌握土壤CH_4通量的计算方法。

三、实习内容与步骤

(一)静态气室-气相色谱法

1. 实验原理

静态气室-气相色谱法是用静态气室收集一段时间内草地近地面空气，通过气相色谱测定不同时间收集的气体样品中的CH_4含量，从而计算土壤CH_4通量的方法。气相色谱仪是应用最广泛的气体成分分析测试工具，可以用来测定多种气体含量，包括CH_4。(具体原理同实习十草地土壤CO_2通量的测定)。

2. 仪器设备

静态气室、注射器、气体采集袋和气相色谱仪等。

3. 实验步骤

(1)气体采集　用静态气室采集气体(气体收集方法见实习十草地土壤CO_2通量的测定)。

(2)气体含量测定　用气相色谱仪测定气体样品中CH_4的含量(测定方法见实习十草地土壤CO_2通量的测定)，根据空气中CH_4含量随时间的变化率计算土壤CH_4通量。

4. 结果计算

利用气相色谱仪分别测定4个取样时间点空气中CH_4含量，根据其随时间的变化计算土壤CH_4通量。

通量的定义：单位时间内通过单位面积的物质的量。通量计算公式为：

$$F=\frac{V}{A}\times\rho'\times\frac{\mathrm{d}c_t}{\mathrm{d}t}$$

式中：F为被测CH_4排放通量[$\mu g/(m^2\cdot h)$]；V为箱子体积(m^3)；A为静态气室底面积

(m^2);ρ'为待测气体 CH_4 在采样状态的密度($\mu g/m^3$);$\frac{dc_t}{dt}$为不同取样时间气体样品中 CH_4 的体积含量的变化率(/h)。

(二)动态箱法

1. 实验原理

动态法是将气室和红外线分析仪连成闭合回路,使一定流量的空气在回路内循环,通过红外线分析检测 CH_4 含量随时间的变化,计算土壤 CH_4 通量。(具体原理同实习十草地土壤 CO_2 通量的测定)。动态气室法也可以用来分析 CH_4 含量,但是由于土壤中排放的 CH_4 在空气中含量较低,要精确测定 CH_4 要求红外分析仪有较高的灵敏度。常见仪器如土壤 CH_4 通量测定仪。

2. 仪器设备

土壤 CH_4 通量测定仪

3. 实验步骤

测定步骤同实习十草地土壤 CO_2 通量的测定。

4. 结果计算

多数土壤 CH_4 通量测定仪可以直接计算出气体通量。部分仪器算出的气体通量为体积单位,如有需要可以根据待测气体 CH_4 在采样状态的密度换算为质量单位。

四、注意事项

(1)土壤 CH_4 通量易受到土壤湿度和动物粪便等的影响,因此应选择均质性好的样地进行测定。

(2)土壤 CH_4 通量测定仪在野外使用时必须保证电力供应。

(3)由于空气中 CH_4 含量较低,计算时要多保留几位小数点,或使用更小级单位表示。

五、重点和难点

1. 重点

土壤 CH_4 通量的测定与计算方法。

2. 难点

静态气室-气相色谱法在整个气体采样过程中操作时要防止漏气的情况发生。

六、实例

对南方高山草山草坡土壤温室气体通量测定。静态气室体积为 0.075 m^3,底座面积为 0.25 m^2。测定时每 10 min 进行 1 次气体采集,采集气样 4 次,同时记录箱内温度、大气温度和土壤温度。用气相色谱仪测定四个取样时间点 CH_4 含量分别为:c_{t1}(第 1 次取气)$=2.047\times10^{-6}$;c_{t2}(10 min 后第 2 次取气)$=2.040\times10^{-6}$;c_{t3}(20 min 后第 3 次取气)$=2.031\times10^{-6}$;c_{t4}(30 min 后第 4 次取气)$=2.022\times10^{-6}$。通过计算得$\frac{dc_t}{dt}=-0.504\times10^{-7}$(/h)。根据静态气

室体积，底座面积和测定时 CH_4 密度计算出土壤 CH_4 通量为$-10.841\ \mu g/(m^2 \cdot h)$。

七、思考题

(1)静态气室-气相色谱法取样频率的多少对土壤 CH_4 通量的计算有什么影响？

(2)如果土壤 CH_4 通量值为负值，则意味着什么？

八、参考文献

[1]杜睿，王庚辰，吕达仁，等．箱法在草地温室气体通量野外实验观测中的应用研究[J]．大气科学，2001，25(1)：61-70.

[2]顾帅，刘立新，王木林，等．静态气室-气相色谱法 CO_2 和 CH_4 通量观测的质控方法研究[J]．气象，2010，36(8)：87-101.

[3]万云帆，李玉娥，林而达，等．静态气室法测定旱地农田温室气体时密闭时间的研究[J]．中国农业气象，2005，27(2)：122-124.

[4]林茂．土壤温室气体通量测定方法的比较和评价[J]．湖南农业科学，2012(9)：44-46，50.

[5]耿亮，霍晶．气相色谱法测定甲烷的方法研究[J]．广州化工，2013，41(13)：149-150，153.

[6]庄媛，闫瑞瑞，熊军波，等．三种土地利用方式下南方高山土壤温室气体通量特征及其影响因子研究[J]．草地学报，2021，29(10)：2294-2302.

[7]IPCC. Climate change 2013：the physical science basis. Contribution of working group I to the fifth assessment report of the intergovernmental panel on climate change [J].Cambridge，United Kingdom and New York，NY，USA：Cambridge University Press，2013：1535.

[8]Blackmer A M，Bremner J M. Gas chromatographic analysis of soil atmosphere [J]. Soil Science Society of American Journal，1997，41：908-912.

[9] Chen W，Wolf B，Zheng X，etc. Annual methane uptake by temperate semiarid steppes as regulated by stocking rates，aboveground plant biomass and topsoil air permeability[J]. Global Change Biology，2011，17(9)：2803-2816.

[10] Conen F，Smith K A. An explanation of linear increase in gas concentration under closed chambers used to measure gas exchange between soil and the atmosphere [J]. European Journal of Soil Science，2000，51：111-117.

[11]Wang Y，Xue M，Zheng X，et al. Effects of environmental factors on N_2O emission from and CH_4 uptake by the typical grasslands in the Inner Mongolia[J]. Chemosphere，2005，58(2)：205-215.

作者：王晓亚

单位：华南农业大学

实习十二　草地土壤全碳、氮、磷大量元素测定

一、背景

土壤养分是草地植物生长的重要物质基础，牧草对土壤养分的吸收与草地类型、牧草的种类、牧草的利用方式等有关。草地土壤大量元素测定值，可以反映出土壤养分含量的多少以及对牧草的供肥状况。草地因常年放牧或割草，植物必然要从土壤中取走一定量的养分，因此要想恢复地力，增加产量，就应合理施肥。草地土壤大量元素养分测定是衡量施肥效果和确定是否需要施肥的依据。本实验主要介绍土壤中碳、氮、磷 3 种大量元素的测定方法。

二、目的

了解和掌握草地土壤的全碳、氮、磷元素的测定原理及方法。

三、实习内容与步骤

(一)土壤中全碳、氮的测定——杜马斯催化燃烧法

1. 材料方法

目前土壤全碳、氮含量，常用元素分析仪(杜马斯催化燃烧法)进行测定。土壤样品装入锡箔纸中，在填充有氧化钨等催化剂的石英燃烧管中，通入高浓度氧，高温催化燃烧，土壤样品氧化分解后直接进入热导检测系统进行检测。测定过程中固体土壤样品直接进样，可实现一次进样同时测定碳、氮元素的含量。此外，对于土壤全氮含量，也可用全自动凯氏定氮仪(凯氏蒸馏法)进行测定。

2. 仪器设备

元素分析仪。

3. 试剂

磺胺嘧啶(优级纯)。

4. 操作步骤

土壤样品采集后进行干燥、研磨过筛(研磨细度应 0.05～0.50 mm)，称取 50 mg 或 100 mg，用中国赛诺兹锡箔纸包裹待上机测定。

校准曲线的制作：分别称取 0.109 mg、0.213 mg、0.408 mg、0.636 mg、0.846 mg、0.954 mg、1.186 mg 磺胺嘧啶(全氮含量 162.6 mg/g)标准物质，放于锡箔杯中，紧密包裹后放入仪器自动进样盘中进样。

5. 结果记录

测得结果为所称取土壤中全碳、氮的百分含量，单位可换算成 g/kg。

（二）土壤全氮的测定——凯氏蒸馏法

1. 材料方法

样品在加速剂的参与下，用浓硫酸消煮时，各种含氮有机化合物，经过复杂的高温分解反应，转化为铵态氮。碱化后蒸馏出来的氨用硼酸吸收，以酸标准溶液滴定，计算土壤全氮含量（不包括硝态氮）。包括亚硝态氮和亚硝态氮的全氮测定，在样品消煮前，需先用高锰酸钾将样品中的亚硝态氮氧化为硝态氮后，再用还原铁粉使全部硝态氮还原，转化成铵态氮。

2. 仪器设备

消化管（容积 250 mL），定氮仪，可控温铝锭消煮炉（升温不低于 400 ℃），半微量滴定管（10 mL），弯颈漏斗。

3. 试剂

（1）浓度为 1.84 g/mL 的硫酸（H_2SO_4）

（2）浓度为 0.01 mol/L 的盐酸标准溶液

（3）浓度为 400 g/L 的氢氧化钠溶液　称取 400 g 氢氧化钠溶于水中，稀释至 1 L

（4）硼酸-指示剂混合液

（5）浓度为 20 g/L 的硼酸溶液（H_3BO_3）　称取硼酸 20.00 g 溶于水中，稀释至 1 L。

（6）混合指示剂　称取 0.5 g 溴甲酚绿和 0.1 g 甲基红于玛瑙研钵中，加入少量 95%乙醇，研磨至指示剂全部溶解后，加 95%乙醇至 100 mL。使用前，每升硼酸溶液中加入 20 mL 混合指示剂，并用稀酸或稀碱调节至红紫色，此时该溶液的 pH 为 4.8。此试剂宜现配，不宜久放。

（7）混合加速剂　K_2SO_4 ∶ $CuSO_4$ ∶ Se＝100 ∶ 10 ∶ 1 即 100 g 硫酸钾、10 g 硫酸铜（$CuSO_4 \cdot 5H_2O$）、1 g 硒粉于研钵中研细，必须充分混合均匀。

（8）浓度为 50 g/L 的高锰酸钾溶液（$KMnO_4$）　称取 25 g 高锰酸钾溶于 500 mL 无离子水，贮于棕色瓶中。

（9）硫酸溶液（1 ∶ 1）

（10）还原铁粉　磨细通过 0.149 mm 孔径筛。

（11）辛醇

4. 操作步骤

（1）称样　称取通过 0.25 mm 孔径筛的风干试样 0.5～1 g(精确到 0.000 1 g)。

（2）消煮

①不包括硝态氮和亚硝态氮的消煮　将供试土样送入干燥的消化管底部，加入 2.0 g 加速剂，加水约 2 mL 湿润试样，再加 8 mL 浓硫酸，摇匀。将消化管置于控温消煮炉上，用小火加热，待管内反应缓和时（10～15 min），加强火力至 375 ℃。待消煮液和土粒全部变为灰白稍带绿色后，再继续消煮 1 h，冷却，待蒸馏。在消煮试样的同时，做两份空白试验。

②包括硝态氮和亚硝态氮的消煮　将试样送入干燥的消化管底部，加 1 mL 高锰酸钾溶液，轻轻摇动消化管，缓慢加入 2 mL 1 ∶ 1 硫酸溶液，不断转动消化管，放置 5 min 后，再加入 1 滴辛醇。通过长颈漏斗将 0.5 g±0.01 g 还原铁粉送入消化管底部，瓶口盖上弯颈漏斗，转动消化管，使铁粉与酸接触，待剧烈反应停止时（约 5 min），将消化管置于控温消煮炉上缓慢加热 45 min。停止加热，待消化管冷却后，加 2.0 g 加速剂和 8 mL 浓硫酸，摇匀。按上述①

的步骤，消煮至试液完全变为黄绿色，再继续消煮 1 h，冷却，待蒸馏。在消煮试样的同时，做两份空白试验。

(3)氨的蒸馏和滴定　蒸馏前先检查定氮仪，并空蒸 0.5 h 洗净管道。待消煮液冷却后，向消化管内加入约 60 mL 水，摇匀，置于定氮仪上。于三角瓶中加入 25 mL 20 g/L 硼酸-指示剂混合液，将三角瓶置于定氮仪冷凝器的承接管下，管口插入硼酸溶液中，以免吸收不完全。然后向消化管内缓慢加入 35 mL 400 g/L 氢氧化钠溶液，蒸馏 5 min，用少量的水洗涤冷凝管的末端，洗液收入三角瓶内。

用 0.01 mol/L 盐酸标准溶液滴定馏出液，由蓝绿色至刚变为红紫色。记录所用酸标准溶液的体积。空白测定所用酸标准溶液的体积，一般不得超过 0.40 mL。

5. 结果计算

$$土壤全氮(N,g/kg)=\frac{c\cdot(V-V_0)\times0.014}{m}\times1\,000$$

式中：V 为滴定试液时所用酸标准溶液的体积(mL)；V_0 为滴定空白时所用酸标准溶液的体积(mL)；c 为酸标准溶液的浓度(mol/L)；0.014 为氮原子毫摩尔质量；m 为风干试样质量(g)；1 000 为换算成每千克含量的系数。

(三)土壤全磷的测定(钼锑抗比色法)

1. 材料方法

土壤样品与氢氧化钠熔融，使土壤中含磷矿物及有机磷化合物全部转化为可溶性的正磷酸盐，用水和稀硫酸溶解熔块，在规定条件下样品溶液与钼锑抗显色剂反应，生成磷钼蓝，其颜色的深浅与磷的含量成正比，通过分光光度法定量测定。

2. 仪器设备

(1)分光光度计(要求包括 700 nm 波长)。

(2)高温电炉：可升温至 1 200 ℃，温度可调。

(3)镍(或银)坩埚：容量≥30 mL。

(4)移液管(5 mL、10 mL、15 mL、20 mL)。

3. 试剂

(1)氢氧化钠

(2)无水乙醇

(3)浓度为 100 g/L 的碳酸钠溶液　称取 10.0 g 无水碳酸钠溶于水，稀释至 100 mL。

(4)浓度为 50 mL/L 的硫酸溶液　吸取 5 mL 浓硫酸缓缓加入 90 mL 水中，冷却后加水至 100 mL。

(5)浓度为 3 mol/L 的硫酸溶液　量取 160 mL 浓硫酸缓缓加入盛有约 800 mL 水的大烧杯中，不断搅拌，冷却后，稀释至 1 L。

(6)二硝基酚指示剂　称取 0.2 g 2,6-二硝基酚溶于 100 mL 水中。

(7)5 g/L 酒石酸锑钾溶液　称取 0.5 g 酒石酸锑钾溶于 100 mL 水中。

(8)硫酸钼锑贮备液　量取 126 mL 浓硫酸，缓慢加入 400 mL 水中，不断搅拌，冷却。另称取钼酸铵 10.0 g 溶于温度约 60 ℃的 300 mL 水中，冷却。然后将硫酸溶液缓慢倒入钼酸铵溶液中。再加入 5 g/L 酒石酸锑钾溶液 100 mL,冷却后,加水稀释至 1 L,摇匀,贮于棕色瓶中。

(9)钼锑抗显色剂　称取 1.5 g 抗坏血酸溶于 100 mL 钼锑贮备液中。此溶液有效期不长,用时现配。

(10)磷标准贮备液(浓度为 100 μg/mL)　称取经 105 ℃烘干 2 h 的磷酸二氢钾(优级纯)0.439 0 g,用水溶解后,加入 5 mL 浓硫酸,然后加水定容至 1 L。该溶液放入冰箱可长期保存。

(11)磷标准溶液(浓度为 5 μg/mL)　吸取 5.00 mL 磷标准贮备液于 100 mL 容量瓶中,加水定容。该溶液用时现配。

4. 操作步骤

称取过 0.149 mm 孔径筛的风干试样 0.25 g,精确到 0.000 1 g,小心放入镍(或银)坩埚底部,切勿黏在壁上。加入无水乙醇 3～4 滴,润湿样品,在样品上平铺 2.0 g 氢氧化钠。将坩埚放入高温电炉,升温。当温度升至 400 ℃左右时,切断电源,暂停 15 min。然后继续升温至 720 ℃,并保持 15 min,取出稍冷。加入约 80 ℃的水 10 mL,待熔块溶解后无损转入 100 mL 容量瓶,同时用 3 mol/L 硫酸溶液 10 mL 和水多次洗坩埚,洗涤液也一并移入容量瓶。冷却,定容。用无磷定性滤纸干过滤或离心澄清。同时做空白试验。

吸取待测样品溶液 2～10 mL(含磷 0.04～1.0 μg)于 50 mL 容量瓶中,用水稀释至约 30 mL。加入二硝基酚指示剂 2～3 滴,并用 100 g/L 碳酸钠溶液或 5%硫酸溶液调节溶液至呈微黄色。加入 5 mL 钼锑抗显色剂,摇匀,加水定容。在室温 20 ℃以上条件下,放置 30 min。显色的样品溶液在分光光度计上,于 700 nm 处,用 1 cm 光径比色皿进行比色测定。

校准曲线绘制:分别吸取 5 μg/mL 磷标准溶液 0、1.00 mL、2.00 mL、3.00 mL、4.00 mL、5.00 mL、6.00 mL 于 50 mL 容量瓶中,同时加入二硝基酚指示剂 2～3 滴,并用 100 g/L 碳酸钠溶液或 5%硫酸溶液调节溶液至呈微黄色,准确加入 5.00 mL 钼锑抗显色剂,加水定容,即得含磷量分别为 0.0、0.1 μg/mL、0.2 μg/mL、0.3 μg/mL、0.4 μg/mL、0.5 μg/mL、0.6 μg/mL 的系列溶液。于 20 ℃以上温度放置 30 min 后,以磷含量为零的系列溶液调节仪器零点,在波长 700 nm 处测定其吸光度,绘制校准曲线或计算回归方程。

5. 结果计算

$$全磷(P,g/kg)=\frac{c \cdot V \cdot D}{m \times 10^6} \times 1\,000$$

式中:c 为查校准曲线或求回归方程而得测定液中 P 的质量浓度(μg/mL);V 为显色时溶液定容的体积(mL),本试验为 50;D 为分取倍数,熔融后定容体积/显色时分取的体积,本试验为 100/(5～10);10^6 和 1 000 为分别将 μg 换算成 g 和将 g 换算为 kg 的系数;m 为风干试样质量(g)。

平行测定结果以算术平均值表示,保留小数点后两位。

四、重点和难点

土壤大量元素测定原理、程序及步骤。

五、实例

草地土壤样品中全磷含量的测定

1. 土壤样品制备

取风干土壤样品 2 kg，用四分法缩分至 250 g，过 0.149 mm 的孔筛，混匀，装入自封袋，密封，保存备用。

2. 配备试剂

见本实习的试剂配制。

3. 土壤试样测定

称取 0.25 g(精确至 0.000 1 g)试样放置于坩埚底部，切勿黏在壁上。加入无水乙醇 3～4 滴，润湿样品，在样品上平铺 2.0 g 氢氧化钠。将坩埚放入高温电炉，升温。当温度升至 400 ℃左右时，切断电源，暂停 15 min。然后继续升温至 720 ℃，并保持 15 min，取出稍冷。加入约 80 ℃的水 10 mL，待熔块溶解后无损转入 100 mL 容量瓶，同时用 3 mol/L 硫酸溶液 10 mL 和水多次洗坩埚，洗涤液也一并移入容量瓶。冷却，定容。用无磷定性滤纸干过滤或离心澄清。

吸取待测样品溶液 10 mL(含磷 25 μg)于 50 mL 容量瓶中，用水稀释至约 30 mL。加入二硝基酚指示剂 2～3 滴，并用 100 g/L 碳酸钠溶液或 5%硫酸溶液调节溶液至呈微黄色。加入 5 mL 钼锑抗显色剂，摇匀，加水定容。在室温 20 ℃以上条件下，放置 30 min。显色的样品溶液在分光光度计上，于 700 nm 处，用 1 cm 光径比色皿进行比色测定。

4. 绘制标准曲线

见本实习。

5. 结果表示与计算

将查校准曲线或求回归方程而得测定液中 P 的质量浓度代入下列公式：

$$\text{全磷}(\mathrm{P,g/kg})=\frac{c\cdot V\cdot D}{m\times 10^{6}}\times 1\,000$$

$$\text{全磷含量}=\frac{0.23(\mu\mathrm{g/mL})\times 50\times 10}{0.25\times 10^{6}}\times 1\,000=0.46(\mathrm{g/kg})$$

六、思考题

1. 土样消煮时为什么必须严格控制温度和时间？

2. 土壤中的氮有哪些形态？其相互关系如何？测定时应注意什么问题？

七、参考文献

[1] 鲍士旦．土壤农化分析[M]. 3 版．北京：中国农业出版社，2005.

[2] 全国农业技术推广服务中心．土壤分析技术规范[M]. 2 版．北京：中国农业出版社，2006.

[3] 查同刚．土壤理化分析[M]. 北京：中国林业出版社，2017.

[4] 李桂花,叶小兰,吕子古,等. 元素分析仪和全自动凯氏定氮仪测定土壤全氮之比较[J]. 中国土壤与肥料,2015(3):111-115.

作者:荆晶莹
单位:中国农业大学

实习十三　草地土壤速效养分氮、磷、钾测定

一、背景

草地土壤中能被植物直接吸收或在短期内能转化为植物吸收的养分，叫速效养分，也叫有效养分。养分总量中速效养分虽然只占很少部分，但它是反映土壤养分供应能力的重要指标。因此测定草地土壤中速效养分，可作为科学合理施肥的参考。

二、目的

了解和掌握草地土壤速效养分氮、磷、钾元素的测定原理及方法。

三、实习内容与步骤

（一）土壤速效养分氮的测定

土壤对植物的氮素供应量决定植物收获后残留于土壤剖面中的无机氮量和植物生长期间通过矿化作用所释放出的矿化氮量。因此，测定土壤有效氮的方法包括测定无机态氮（初始无机氮）和可矿化态氮两类。在一定的土壤、气候条件下，无机氮量（NO_3^-—N、NH_4^+—N）可作为土壤氮素供应能力的指标。土壤无机态氮的测定目前使用较多的是使用连续流动分析仪进行测定。此外，本节重点介绍碱解氮的测定方法——碱解蒸馏法，该方法具有简便、快速、稳定性好、实用性强等优点。

1. 土壤无机态氮的测定（连续流动分析仪法）

（1）材料方法　用 1 mol/L KCl 溶液作为测定土壤中硝态氮和铵态氮的通用浸提剂，进行统一浸提。在浸提过程中，不仅能浸提出土壤溶液中的硝态氮，而且还能代换出吸附在土壤胶体上的铵离子。

（2）仪器设备　连续流动分析仪。

（3）试剂　配制 1 mol/L KCl 溶液：称取 75 g KCl 溶解于 1 L 水中。

（4）操作步骤　称取新鲜土样 5.00 g，置于 150 mL 三角瓶（塑料瓶）中。用量筒量取 1 mol/L KCl 溶液 50 mL，倒入装有土样的三角瓶（塑料瓶）中。20～25 ℃条件下使用转速为 180 r/min 的振荡机振荡 1 h。过滤，滤液作为待测液。将标准曲线由高到低倒入标准曲线杯中。将样品倒入样品杯中，注意用待测液将其润洗 2 次，按次序放置样品杯于测样盘中，上机测定。

标准储备液的配制：

①1 000 mg/L NO_3^-—N 标准储备液　称取 7.218 0 g 干燥过的 KNO_3，溶解后定容至 1 L。使用时将此溶液稀释至 50 mg/L。

②1 000 mg/L NH_4^+—N 标准储备液　称取 4.717 0 g 干燥过的$(NH_4)_2SO_4$，溶解后定容

至 1 L。使用时将此溶液稀释至 50 mg/L。

标准曲线配制：用 50 mg/L NO_3^-—N 标准液和 50 mg/L NH_4^+—N 标准液配制标准曲线。标准曲线同时含有 NO_3^-—N 和 NH_4^+—N，浓度均为 0、0.25 mg/L、0.5 mg/L、1 mg/L、2 mg/L、3 mg/L、4 mg/L、5 mg/L，使用 50 mL 容量瓶定容。

(5)结果计算

$$硝(铵)态氮含量(\mu g/g)=\frac{c\times(V-V_0)}{m/(1+H)}$$

式中：c 为浸提液体积(mL)；V 为机器测得溶液浓度(mg/L)；V_0 为空白样品浓度(mg/L)；m 为鲜土质量(g)；H 为土壤含水量。

2. 碱解氮的测定(碱解蒸馏法)

(1)材料方法　在扩散皿中，用 NaOH 水解土壤，使易水解态氮(潜在有效氮)碱解转化为 NH_3，NH_3 扩散后为 HB_3O_3 所吸收。HB_3O_3 吸收液中的 NH_3 再用标准酸滴定，由此计算土壤中碱解氮的含量。

(2)仪器设备　定氮蒸馏仪、扩散皿、半微量滴定管、恒温箱等。

(3)试剂

①NaOH 溶液　c(NaOH)=4 mol/L。称取 160 g 化学纯 NaOH 溶于水，冷却后稀释至 1 L。

②硼酸溶液(2%)　称取 20 g 硼酸溶液于 60 ℃蒸馏水中，冷却后稀释至 1 L。

③定氮混合指示剂　分别取 0.1 g 甲基红和 0.5 g 溴甲酚绿，溶于 100 mL 95%的酒精中，研磨后调节 pH 至 4.5。

④盐酸溶液　c(HCl)=0.01 mol/L。吸取 8.3 mL 浓 HCl 于盛有 80 mL 蒸馏水的烧杯中，冷却后定容至 100 mL，然后吸取 10 mL 该溶液定容至 1 L，然后用 0.1 mol/L 硼酸标准溶液标定。

⑤锌铁粉　称取 10 g 锌粉和 50 g $FeSO_4\cdot 7H_2O$ 共同磨细，通过 0.25 mm 筛孔，贮于棕色瓶中备用(易氧化，只能保存 7 d)。

⑥液体石蜡油

(4)操作步骤　称取 1～5 g 过 2 mm 筛孔的风干土样(有机质含量高的样品称 0.5～1 g，精确至 0.001 g)。加还原剂锌铁粉 1.2 g，置于小烧杯中，拌匀后倒入定氮蒸馏室，并用少量蒸馏水冲洗壁上面的样品，加 4 mol/L NaOH 溶液 12 mL，液体石蜡油 1 mL(防止发泡)，使蒸馏室内总体积达 50 mL 左右，此时剩余碱的浓度约为 1 mol/L。然后吸取 10 mL 2%的硼酸溶液放入 150 mL 三角瓶中，置于冷凝管的承接管下，将管口浸入硼酸溶液中，以防氨损失。接着进行通气蒸馏，待三角瓶中溶液颜色由红变蓝时计时，继续蒸馏 10 min，并调节蒸汽大小，使三角瓶中溶液体积在 50 mL 左右，用少量蒸馏水冲洗浸入硼酸溶液中的承接管下端。取出后用 0.01 mol/L 的盐酸滴定，颜色由蓝变至微红色即为终点。空白试验除不加土样外，其他均与样品操作方法相同。

(5)结果计算

$$土壤碱解氮(mg/kg)=\frac{c\times(V-V_0)\times 14}{m}\times 1\ 000$$

式中：V 为滴定样品消耗盐酸的体积(mL)；V_0 为滴定空白消耗盐酸的体积(mL)；c 为盐酸的

摩尔浓度(*mol*/L);*m* 为风干土样质量(g);14 为氮原子的毫摩尔质量。

两次平行测定结果允许绝对相差为 5 mg/kg。

(6)注意事项

①由于碱性胶液碱性很强,在涂胶液和恒温扩散时,必须特别细心,慎防污染内室。

②用硼酸溶液吸收氨时,温度不宜超过 40 ℃,温度过高,影响硼酸对氨的吸收。

(二)土壤速效养分磷的测定

1. 中性和石灰性土壤速效磷的测定(碳酸氢钠法)

(1)材料方法　石灰性土壤由于大量游离碳酸钙存在,一般用碳酸盐的碱溶液提取。由于碳酸根的同离子效应,碳酸盐的碱溶液降低了碳酸钙的溶解度,也就降低了溶液中钙的浓度,这样就有利于磷酸钙盐的提取。

(2)仪器设备　分析天平、小漏斗、大漏斗、三角瓶(50 mL 和 100 mL)、容量瓶(50 mL 和 100 mL)、移液管(5 mL 和 10 mL)、电炉、分光光度计。

(3)试剂

①0.5 mol/L 碳酸氢钠浸提液　称取化学纯碳酸氢钠 42.0 g 溶于 800 mL 水中,以 0.5 mol/L 氢氧化钠调节 pH 至 8.5,定容至 1 L 容量瓶中,贮存于试剂瓶中备用。

②磷标准溶液　准确称取 105 ℃烘干 2～3 h 的分析纯磷酸二氢钾 0.219 5 g 于小烧杯中,以少量水溶解,将溶液全部洗入 1 L 容量瓶中(加 5 mL 浓硫酸防长霉菌,可使溶液长期保存),用水定容至刻度,充分摇匀,此溶液即为含 50 mg/L 的磷基准溶液。吸取 50 mL 此溶液稀释至 500 mL,即为 5 mg/L 的磷标准溶液(此溶液不能长期保存)。比色时按标准曲线系列配制。

③硫酸钼锑贮存液　称取分析纯钼酸铵 10 g,溶于约 60 ℃的 450 mL 蒸馏水中,冷却至室温;缓缓注入 153 mL 浓硫酸,边加边搅拌。再加入 100 mL 0.5%酒石酸氧锑钾溶液,用蒸馏水定容至 1 L,充分摇匀,贮于棕色试剂瓶中。

④钼锑抗混合显色剂　在 100 mL 钼锑贮存液中,加入 1.5 g 抗坏血酸,此试剂有效期 24 h,宜用前配制。

(4)操作步骤

①称取通过 2 mm 孔径筛的风干土样 2.5 g(精确到 0.001 g)于 200 mL 三角瓶中,准确加入 0.5 mol/L 碳酸氢钠浸提液 50 mL,再加一小角勺无磷活性炭,塞紧瓶塞,在振荡机上振荡 30 min(振荡机转速 150～180 r/min),立即用无磷滤纸过滤,滤液承接于 150 mL 三角瓶中。

②吸取滤液 10 mL(含磷量高时吸取 2.5～5 mL;同时应补加 0.5 mol/L 碳酸氢钠溶液至 10 mL)于 50 mL 量瓶中,加硫酸钼锑抗混合显色剂 5 mL 充分摇匀,排出二氧化碳后加水定容至刻度,再充分摇匀。

③放置 30 min 后,在分光光度计上比色(波长 880 nm)。

④磷标准曲线绘制:分别吸取 5 mg/L 磷标准溶液 0、1 mL、2 mL、3 mL、4 mL、5 mL 于 50 mL 容量瓶中,每一容量瓶即为 0、0.1 mg/L、0.2 mg/L、0.3 mg/L、0.4 mg/L、0.5 mg/L 磷,再逐个加入 0.5 mol/L 碳酸氢钠溶液 10 mL 和硫酸钼锑抗混合显色剂 5 mL,定容至刻度,然后同待测液一样进行比色,绘制标准曲线。

(5)结果计算

$$土壤速效磷含量(mg/kg)=\frac{c\times V\times 分取倍数}{m}$$

式中：c 为从工作曲线上查得的比色液磷浓度(μg/mL)；V 为显色液体积(50 mL)；m 为称取土样重量(g)；分取倍数为试样提取液体积/显色时分取体积，本试验为 50/10。

(6)注意事项

①本方法所规定的酸度及钼酸铵浓度下，钼锑抗法显色以 20～40 ℃为宜，如室温低于 20 ℃，可放置在 30～40 ℃烘箱中保温 30 min，取出冷却后比色。

②如果土壤有效磷含量较高，应减少浸提液的吸样量，并加浸提剂补足至 10.00 mL 后显色，以保持显色时溶液的酸度。计算时按所取浸提液的分取倍数计算。

2. 酸性土壤速效磷的测定(NH_4F-HCl 法)

(1)材料方法　酸性土壤中的磷主要是以 Fe-P，A1-P 的形态存在，利用氟离子在酸性溶液中络合 Fe^{3+} 和 Al^{3+} 的能力，可使这类土壤中比较活性的磷酸铁铝盐被陆续活化释放出来，同时部分稀酸的作用，也能溶解出部分活性较大的 Ca-P 中的磷，然后用钼锑抗比色法进行测定。

(2)仪器设备　往复式振荡机，分光光度计或光电比色计，塑料杯。

(3)试剂

①1 mol/L NH_4F　称取 37 g NH_4F 溶于水中，稀释定容至 1 L。

②0.5 mol/L HCl　20.2 mL 浓盐酸用蒸馏水稀释至 1 L，贮于塑料瓶中。

③浸提液　分别吸取 1 mol/L NH_4F 溶液 15 mL 和 0.5 mol/L 盐酸浴液 25 mL，加入 460 mL 蒸馏水中，此溶液即为 0.03 mol/L NH_4F—0.025 mol/L HCl 溶液。

④钼酸铵试剂　溶解钼酸铵$(NH_4)_6MoO_{24}\cdot 4H_2O$ 15 g 于 350 mL 蒸馏水中，徐徐加入 10 mol/L HCl 350 mL，并搅动，冷却后，加水稀释至 1 L，贮于棕色瓶中。

⑤氯化亚锡甘油溶液　溶解 2.5 g $SnCl_2\cdot 2H_2O$ 于 10 mL 浓盐酸中，待 $SnCl_2$ 全部溶解，溶液透明后再加化学纯甘油 90 mL，混匀，贮存于棕色瓶中。

⑥磷标准溶液[c(P)=50 μg/mL]　吸取 50 μg/mL 磷溶液 50 mL 于 250 mL 容量瓶中，加水稀释定容，即得 10 μg/mL 磷标准溶液。

(4)操作步骤　称取 1.0 g 土样，放入 20 mL 刻度管中。加入浸提液 7 mL，加塞振荡 10 min。用无磷干滤纸过滤。若滤液不澄清，可再次过滤。吸取滤液 2 mL，加蒸馏水 6 mL 和钼酸铵试剂 2 mL，混匀后，加氯化亚锡甘油溶液 1 滴，再混匀。在 5～15 min 内，在分光光度计上用 700 nm 波长进行比色。

绘制标准曲线：分别准确吸取 10 μg/mL 磷标准溶液 2.5 mL、5 mL、10 mL、15 mL、20 mL、25 mL，放入 50 mL 容量瓶中，定容，配成 0.5 μg/mL、1 μg/mL、2 μg/mL、3 μg/mL、4 μg/mL、5 μg/mL 系列磷标准溶液。分别吸取系列磷标准溶液各 2 mL，加水 6 mL 和钼试剂 2 mL，再加 1 滴氯化亚锡甘油溶液进行显色，绘制标准曲线。

(5)结果计算

$$土壤有效磷含量(mg/kg)=\frac{c\times 10\times 7}{m\times 2\times 10^3}\times 1\,000$$

式中:c 为从标准曲线上查得磷的质量浓度(μg/mL);m 为风干土质量(g);10 为显色时定容体积(mL);7 为浸提剂的体积(mL);2 为吸取滤液的体积(mL);10^3 为将 μg 换算成 mg 的换算系数;1 000 为换算成每千克含磷量的系数。

(三)土壤速效养分钾的测定(火焰光度法)

1. 材料方法

以乙酸铵溶液为提取剂,铵离子将土壤胶体吸附的钾离子交换出来。提取液用火焰光度计直接测定。

2. 仪器设备

往复式振荡机,火焰光度计,塑料瓶。

3. 试剂

(1)1 mol/L 乙酸铵溶液　称取 77.08 g 乙酸铵溶于 1 L 水中,用稀乙酸或氨水(1∶1)调节 pH 为 7.0,用水稀释至 1 L。该溶液不宜久放。

(2)100 μg/mL 钾标准溶液　称取经 110 ℃烘 2 h 的氯化钾 0.190 7 g,用水溶解后定容至 1 L,贮于塑料瓶中。

4. 操作步骤

称取通过 2 mm 孔径筛的风干试样 5 g 于 200 mL 塑料瓶中,加入 50 mL 乙酸铵溶液,盖紧瓶塞,摇匀,在 20～25 ℃下,150～180 r/min 振荡 30 min,干过滤。以乙酸铵溶液调节仪器零点,滤液直接在火焰光度计上测定。同时做空白试验。

校准曲线的绘制:分别吸取 100 μg/mL 钾标准溶液 0、3 mL、6 mL、9 mL、12 mL、15 mL 于 50 mL 容量瓶中,用乙酸铵溶液定容,即为浓度 0、6 μg/mL、12 μg/mL、18 μg/mL、24 μg/mL、30 μg/mL 的钾标准系列溶液。同样品用火焰光度计测定,绘制校准曲线或求回归方程。

5. 结果计算

$$\text{速效钾(K,mg /kg)}=\frac{c\times V\times D}{m\times 10^3}\times 1\,000$$

式中:c 为查校准曲线或求回归方程而得测定液中 K 的质量浓度(μg/mL);V 为加入浸提剂体积,50 mL;D 为稀释倍数,若不稀释则 $D=1$;10^3 为将 μg 换算成 mg 的系数;1 000 为将 g 换算为 kg 的系数;m 为风干试样质量(g)。

6. 注意事项

(1)含乙酸铵的钾标准溶液不能久放,以免长霉影响测定结果。

(2)若样品含量过高需要稀释时,应采用乙酸铵浸提剂稀释定容,以消除基体效应。

四、重点和难点

土壤速效养分的测定原理、程序及步骤。

五、思考题

1. 测定土壤速效磷时,哪些因素影响分析结果?

2. 简述火焰光度法测定速效钾的基本原理。

六、实例

草地土壤中有效磷含量的测定——碳酸氢钠法

1. 土壤样品制备

取风干土壤样品 2 kg,用四分法缩分至 250 g,过 2 mm 的孔筛,混匀,装入自封袋,密封,保存备用。

2. 配备试剂

见本实习的试剂配制。

3. 土壤试样测定

(1)称取土样 2.5 g(精确到 0.001 g)于 200 mL 三角瓶中,准确加入 0.5 mol/L 碳酸氢钠浸提液 50 mL,再加一小角勺无磷活性炭,塞紧瓶塞,在振荡机上振荡 30 min(振荡机速率每分钟 150~180 次),立即用无磷滤纸过滤,滤液承接于 150 mL 三角瓶中。同时做两个空白。

(2)吸取滤液 10 mL 于 50 mL 量瓶中,加硫酸钼锑抗混合显色剂 5 mL 充分摇匀,排出二氧化碳后加水定容至刻度,再充分摇匀。

(3)放置 30 min 后,在分光光度计上比色(波长 880 nm),比色时须同时做空白测定。

4. 绘制标准曲线

见本实习。

5. 结果表示与计算

将查校准曲线或求回归方程而得测定液中 P 的质量浓度代入下列公式:

$$\text{土壤速效磷含量(mg/kg)} = \frac{c \times V \times \text{分取倍数}}{m}$$

$$\text{样品土壤速效磷含量} = \frac{0.056\ \mu\text{g/mL} \times 50\ \text{mL} \times 5}{2.5\ \text{g}} = 5.61(\text{mg/kg})$$

七、参考文献

[1] 鲍士旦. 土壤农化分析[M]. 3 版. 北京:中国农业出版社,2005.

[2] 全国农业技术推广服务中心. 土壤分析技术规范[M]. 2 版. 北京:中国农业出版社,2006.

[3] 查同刚. 土壤理化分析[M]. 北京:中国林业出版社,2017.

作者:荆晶莹

单位:中国农业大学

实习十四　草地土壤养分利用率测定

一、背景

草地土壤肥力和养分利用率是保障初级生产力和草原可持续发展的基础。测定草地土壤养分利用率，首先要知道植物产量和养分累积量。本实验将介绍植物全氮、全磷的测定方法，根据土壤有效养分含量，进而计算出土壤养分利用率。

二、目的

掌握植物氮、磷测定及土壤养分利用率的计算方法。

三、实习内容与步骤

(一)植物全氮的测定

1. 材料方法

全自动凯氏定氮仪测全氮含量，方便、精确度高，已经成为实验中最常用的方法。其原理是使铵盐经 NaOH 吸收后转变成氨，经蒸馏，用硼酸吸收，硼酸中吸收的氨可直接用标准酸滴定，以甲基红-溴甲酚绿混合指示剂标示终点。

2. 仪器设备

控温消煮炉、消煮管(或开氏瓶)、弯颈小漏斗。

3. 试剂

(1)浓硫酸　$c(H_2SO_4)=1.84$ g/mL。

(2)H_2O_2　$c(H_2O_2)=300$ g/L。

4. 操作步骤

称取烘干、磨碎(过 0.25 mm 筛)植物样品 0.3～0.5 g，置于消煮管中。先滴入少些水湿润样品，然后加 5 mL 浓硫酸，轻轻摇匀(最好放置过夜)。瓶口放一弯颈小漏斗，在电炉上先温火消煮，待 H_2SO_4 分解冒大量白烟后再升高温度，当溶液呈均匀的棕黑色时取下，稍冷后加 10 滴 H_2O_2。摇匀，再加热至微沸，消煮约 5 min，取下，稍冷后，重复加 H_2O_2 5～10 滴，再消煮。如此重复共 3～5 次，每次添加 H_2O_2 量应逐次减少，消煮到溶液呈无色或清亮后，再加热约 5 min，以除尽剩余的 H_2O_2，(否则会影响比色测定)。取下，冷却。用少量水冲洗弯颈漏斗，洗液流入开氏瓶。将消煮液无损地洗入 100 mL 容量瓶中，用水定容，摇匀后测定。

溶液中的氮的测定方法见实习十二中的土壤全氮测定方法。

(二)植物全磷的测定

1. 材料方法

植物待测液中磷的定量分析采用铝锑抗比色法，待测液在一定酸度和三价锑离子存在下，其中的磷酸与钼酸铵形成锑磷钼混合杂多酸，其在常温下易被抗坏血酸还原为磷钼蓝，形成蓝色溶液的深浅与磷含量成正比，用比色法测定磷的含量。

2. 仪器设备

样品粉碎机、电子分析天平(精确至0.000 1 g)、紫外-可见分光光度计、马弗炉、电热干燥箱、可调温电炉等。

3. 试剂

(1)盐酸(1∶1水溶液)、硝酸、高氯酸。

(2)钒钼酸铵显色剂：称取偏钒酸铵1.25 g，加水200 mL，加热溶解，冷却后再加入硝酸250 mL，另称取钼酸铵25 g，加水400 mL，加热溶解，在冷却的条件下，将两种溶液混合，用水定容至1 L。避光保存，若生成沉淀，则不能继续使用。

(3)磷标准贮备液(50 μg/mL)：将磷酸二氢钾在105 ℃干燥1 h，在干燥器中冷却后称取0.219 5 g，溶解于水，定量转入1 L容量瓶中，加入硝酸3 mL，用水稀释至指定刻度，摇匀。置于聚乙烯瓶中4 ℃下可贮存1个月。

4. 操作步骤

(1)取牧草试样250 g，粉碎后过0.42 mm的孔筛，混匀，装入样品瓶中，密闭，保存备用。

(2)试样的分解：称取试样2～5 g(精确至0.000 1 g)于坩埚内，在电炉上小心炭化至无烟，再放入马弗炉内，在550 ℃条件下灼烧3 h。取出冷却，在盛灰坩埚中加入盐酸溶液10 mL和浓硝酸数滴，小心煮沸10 min，将此溶液转入100 mL容量瓶内，冷却降至室温，用蒸馏水稀释至刻度，摇匀，为试样分解液(V)。

(3)标准曲线的绘制：准确移取磷酸标准液，分别取0、1 mL、2 mL、4 mL、8 mL、16 mL于50 mL容量瓶中，各加钒钼酸铵显色剂10 mL，用水稀释至刻度，摇匀，常温下放置10 min以上，以0溶液为参比，用1 cm比色皿，在400 nm波长下，用分光光度计测定各溶液的吸光度。以磷含量为横坐标，吸光度为纵坐标绘制标准曲线。

(4)试样的测定：准确移取试样分解液1～10 mL(V_1)于50 mL容量瓶中，加入钒钼酸铵显色剂10 mL，用水稀释至刻度，摇匀，常温下放置10 min以上，用1 cm比色皿，在400 nm波长下，用分光光度计测定各溶液的吸光度，在工作曲线上计算试样分解液的磷含量(m_1)。每个试样取两个重复平行测定。

溶液中磷的测定方法见实习十二中的土壤全磷测定方法。

(三)土壤养分利用率的计算

土壤氮素利用率＝植物地上部吸氮量/土壤有效氮含量×100%

土壤磷素利用率＝植物地上部吸磷量/土壤有效磷含量×100%

式中植物吸氮(磷)量为地上部生物量和氮(磷)浓度的乘积。

四、重点和难点

植物氮、磷含量测定步骤及方法。

五、实例

大针茅氮素利用效率测定

1. 土壤样品制备

取风干土壤样品 2 kg,用四分法缩分至 250 g,过 2 mm 的孔筛,混匀,装入自封袋,密封,保存备用。

2. 配备试剂

见本实习试剂配制。

3. 土壤试样测定

称取烘干、磨碎(过 0.25 mm 筛)植物样品 0.5 g,置于消煮管中。先滴入少些水湿润样品,然后加 5 mL 浓硫酸,轻轻摇匀(最好放置过夜)。瓶口放一弯颈小漏斗,在电炉上先温火消煮,待 H_2SO_4 分解冒大量白烟后再升高温度,当溶液呈均匀的棕黑色时取下,稍冷后加 10 滴 H_2O_2。摇匀,再加热至微沸,消煮约 5 min,取下,稍冷后,重复加 H_2O_2 5～10 滴,再消煮。如此重复共 3～5 次,每次添加 H_2O_2 量应逐次减少,消煮到溶液呈无色或清亮后,再加热约 5 min,以除尽剩余的 H_2O_2(否则会影响比色测定)。取下,冷却。用少量水冲洗弯颈漏斗,洗液流入开氏瓶。将消煮液无损地洗入 100 mL 容量瓶中,用水定容,摇匀后测定。

溶液中的氮的测定方法见实习十二土壤全氮测定方法。

4. 结果表示与计算

植物吸氮量＝植物含氮量(%)×生物量(g/m^2)×10 000/(100×1 000)＝17%×23(g/m^2)×10 000/(100×1 000)＝4 kg/km^2

根据所测得土壤有效氮含量(方法见实习十三),将数据代入以下公式计算氮素利用效率。

土壤氮素利用率＝植物地上部吸氮量/土壤有效氮含量×100%

六、思考题

主要牧草中氮、磷的一般含量是多少?测定的样品前处理是如何进行的?

七、参考文献

[1] 查同刚 . 土壤理化分析[M]. 北京:中国林业出版社,2017.

[2]全国工业标准化技术委员会,饲料中总磷的测定 分光光度法:GB/T 6437—2018[S]. 北京:中国标准出版社,2018.

[3] 沙清 . 土壤养分利用率的研究[J]. 陕西农业科学,2012(5):72-76.

作者:荆晶莹

单位:中国农业大学

实习十五　草地土壤动物多样性调查

一、背景

草地土壤动物作为草地生态系统的重要组成部分，有改善土壤理化性质、监测环境变化以及维持和提高草地生产力的作用。其中，啮齿动物、土壤线虫以及食粪性昆虫对草地生态系统中的物质循环、能量流动以及信息传递起着重要作用。

啮齿动物通常是指哺乳纲中啮齿目和兔型目的物种，是种类最多、分布范围最广的哺乳动物。随着草地退化，草原鼠害日趋严重，啮齿动物种群过度增长或爆发，导致植被或土壤原有结构与功能发生改变，进而影响草地生态系统的生物生产过程。线虫是一种体型细长(1 mm左右)的白色或半透明无节动物，大多线性，放大呈纺锤状，从中部向两端渐细。它的生长生殖过程参与有机质分解和养分循环过程，对于维持土壤生态系统稳定具有重要意义。同时，土壤线虫对环境变化反应敏感，是最重要的评价土壤质量变化的敏感指示生物之一。食粪性动物对粪便中所含物质的快速降解起到关键性作用，在草地土壤中，食粪性昆虫对哺乳动物粪便的分解能力很强。

学习和掌握啮齿动物、土壤线虫以及食粪性昆虫多样性的调查方法对于放牧制度优化，草地保护、管理、合理利用起着重要的作用。

二、目的

通过学习啮齿动物、线虫以及食粪性昆虫多样性的调查方法，学生可以深入了解草地土壤动物的分类及分布，同时掌握 Simpson 和 Shannon-Wiener 多样性指数在草地土壤动物中的应用。

三、实习内容与步骤

(一)啮齿动物多样性调查

1. 材料

天然或人工草地。

2. 仪器设备

捕鼠夹、相同规格的捕笼、新鲜花生、PIT 整套设备(包括芯片、注射器、阅读器)。

3. 测定内容与步骤

(1)一般采用夹日法或标志重捕法对啮齿动物进行捕获，根据不同的啮齿动物的食性喜好，选择合适的诱饵，一般为新鲜的花生。

①夹日法　一夹日是指一个鼠夹捕鼠一昼夜，通常以 100 夹日作为统计单位，其计算公式为

$$P=\frac{n}{N\times h}\times 100\%$$

式中：P 为夹日捕获率；n 为捕获鼠数；N 为鼠夹数；h 为捕鼠昼夜数。

一般夹日法：鼠夹排为一行（又称夹线法），夹距 5 m，行距不小于 50 m，连捕 2 至数昼夜，再换样方，即夜晚放置鼠夹，每日早晚各检查一次，2d 后移动夹子。为了防止丢失鼠夹，也可晚上放夹，次日早晨收回，所以又称夹夜法。

定面积夹日法：25～50 个鼠夹排列成一条直线，夹距 5 m，行距 20～50 m，并排 4 行，这样 100 个夹子共占地 1～10 hm^2，组成一单元，下午放夹，每日清晨检查一次。

②标志重捕法　根据试验地情况选择合适的布笼方式。

布笼方式一般采用棋盘式或同心圆式。

棋盘式布笼：将捕鼠笼在待调查地段按行、列布成方阵，笼距依据不同鼠种设置，如田鼠一般为 10～15 m，姬鼠和仓鼠一般为 10 m，笼数最好有 100 个，将捕笼位置定好坐标后，进行预诱，即敞开笼门，让鼠自由进出鼠笼，取食诱饵，不捉捕，使鼠适应捕鼠笼。预诱 2～3 d，之后进行捕捉。

同心圆式布笼：一个样地由数个同心圆组成，圆心选择巢区集中区域一点，同心圆半径依据不同鼠种设置，如沙鼠一般设置 3～4 个同心圆，由圆心开始，同心圆半径为 2 m、6 m、12 m、18 m 等，每个同心圆上等距离设置笼子，由内到外为 6 个、12 个、18 个、24 个等。

(2)每天上午、下午各查笼一次，将所捕获的啮齿动物装入布袋中，记录其种名、性别、体重、繁殖状况及捕获位置。

(3)用切趾法或 PTI 标签注射法进行标记。

①切趾法　切去鼠前后足的不同趾来表示该鼠的号数。如个位数字用右后脚趾表示，十位数字用左后脚趾表示，百位数字用右前脚趾表示，千位数字用左前脚趾表示。鼠的后脚有 5 趾，可由内向外（即由拇趾至小趾）每切去 1 趾代表号数 1～5，切去内侧 2 趾（即拇趾和食趾）为 6，切去食趾和中趾为 7，切去中趾和无名趾为 8，切去小趾和拇趾为 9。鼠的前脚多为 4 趾，由内向外每切去 1 趾代表号数 1～4，切去内侧 2 趾为 5，切去由内向外第二和第三趾为 6，切去第三和第四趾为 7，切去第一和第三趾为 8，切去第二和第四趾为 9。前趾和后趾都不切为零。在开始进行调查前应绘制一张全部四足每一脚趾都有数字的图，方便根据图中所列数字进行计算。做标志时，用大小适当的布袋套住鼠笼笼门，提起活门，驱鼠进入袋内，用手捏住袋口，并将其连续折叠，以防鼠从袋口逃出。先称量体重（布袋和鼠的总质量减去布袋的质量），然后隔着布袋将鼠捏住，打开袋口，站在啮齿动物后方位置，用一只镊子将鼠后腿夹住拉出袋口，先将鼠趾消毒，再切趾、编号（齐趾根切去）。

②PIT 标签注射法　根据不同的啮齿动物的特性选择合适的注射位置进行芯片注射，注射前对啮齿动物和注射器进行消毒，注射后用酒精对注射口进行消毒处理，避免伤口感染，待其行为稳定后，用手指触摸表皮检测标签是否成功注入皮下，并用专用阅读器进行扫描确认标签编码后将其放回原捕获点。

标志重捕工作需由两人协作进行。一人控制鼠，另一人负责标志。在最后用镊子将鼠的尾根夹住，使鼠腹面向上，用另一只手持镊子轻轻拉肛前皮肤，如发现有两处开孔即为雌体，否则为雄体。逐项记录鼠的种别、性别、标志号、捕获日期、笼子号数、体重等。标志完毕，立即就地释放。

注意事项：选择的区域必须随机，不能有太多的主观选择；对生物的标记不能对其正常生命活动及其行为产生任何干扰；标记不会在短时间内损坏，也不会对此生物再次被捕捉产生任何影响；重捕的空间与方法必须同上次一样；标记个体与自然个体的混合所需时间需要正确估计；对生物的标记不能对它的捕食者有吸引性。

(4)连续观察 4 d 左右。

4. 结果记录

根据调查者采用的方法，将啮齿动物的野外调查信息填入记录表(表 1-15-1)。

表 1-15-1　野外调查信息记录表

调查日期	调查地点	样点编号	样点面积	种名	数量	总数

Simpson 多样性指数 $D=1-\sum_{i=1}^{s}p_i^2$

Shannon-Wiener 多样性指数 $H=-\sum_{i=1}^{s}p_i\ln p_i$

式中：$p_i=n_i/N$；N 为所有种的个体总数；n_i 为第 i 种的个体数。

(二)线虫多样性调查

1. 材料

天然或人工草地。

2. 仪器设备

不同规格的环刀、漏斗、橡皮管、弹簧夹、铁丝网、纱网、不锈钢筛盘、浅盘。

3. 测定内容与步骤

(1)利用特制的环刀对土壤进行分层取样后进行分离　分离方法一般采用离心悬浮法、贝尔曼漏斗法、贝尔曼浅盘法。

①离心悬浮法　将 30 g 供试土样放在离心管内，加约 100 mL 水并充分小心搅匀，置于离心机内以 2 000 r/min 离心 5 min，弃去上清液，加进配好的 800 g/L 蔗糖溶液搅匀，再次以 2 000 r/min 离心 5 min，将上清液注进预先装水的烧杯里，用 300 目、400 目、500 目网筛套在一起，将烧杯内的水倒入筛网，并用水冲洗，最后将三个筛网里的线虫分别洗到带平行横纹的塑料培养皿中，置于立体解剖镜下计数。

②贝尔曼漏斗法　在口径为 20 cm 的塑料漏斗末端接一段橡皮管，在橡皮管后端用弹簧夹夹紧，在漏斗内放置一层铁丝网，其上放置两层纱网，并在上面放一层线虫滤纸，把 100 g 土样均匀铺在滤纸上，加水至浸没土壤。置于 20 ℃室温条件下分离。分别在经过 24 h、36 h、48 h 后，打开夹子，放出橡皮管内的水于小烧杯中，然后同离心悬浮法一样，用三个套在一起的筛网过筛，冲洗，收集，计数。

③贝尔曼浅盘法　将 10 目的不锈钢筛盘放入配套的浅盘中，在筛盘上放置两层纱网，再放一层线虫滤纸，然后把 100 g 土样均匀铺在滤纸上，加水至浸没土壤。置于 20 ℃室温条件下分离。分别在经过 24 h、36 h、48 h 后，收集浅盘中的水，然后同离心悬浮法一样，用三个套

在一起的筛网过筛，冲洗，收集，计数。

(2)鉴定计数　将分离出来的线虫，在 60 ℃的水中杀死，沉淀，去掉上清液，装在 10 mL 的玻璃瓶中，再用 2%～4%的福尔马林固定液进行固定，把分离出的线虫标本放在显微镜下观察计数，统计每个样本中线虫的数量，且在显微镜下观察线虫的体形，角质层结构，头部、尾部、消化系统和生殖系统等内外部结构和形态特征，根据《中国土壤动物检索图鉴》和《植物线虫分类学(第 2 版)》将每条线虫鉴定到属。

4. 结果记录

结果记录与多样性计算方法同啮齿动物。

(三)食粪性昆虫多样性调查

1. 材料

天然或人工草地。

2. 仪器设备

新鲜牛粪、尼龙袋(网眼直径 0.1 cm)、塑料桶、70%酒精、铁丝架(网眼直径 5 cm)、75%酒精、滤网(网眼直径 0.1 cm)。

3. 测定内容与步骤

利用陷阱法收集食粪昆虫。

(1)在放牧地收集新鲜牛粪，搅拌均匀后，将牛粪装入网眼直径为 0.1 cm 的尼龙袋中。

(2)在实验地上埋 1 个塑料桶，桶内盛有 200 mL 70%酒精溶液，桶沿与地面平齐，桶上架有网眼直径为 5 cm 的铁丝架，将装有新鲜牛粪的尼龙袋放置在铁架上。每隔 1d 时间换 1 次牛粪。

(3)用网眼直径为 0.1 cm 的滤网对桶内昆虫进行捞取并注意添加酒精。

(4)将收集到的食粪昆虫保存在 75%的酒精中，分类鉴定到种并计数。

4. 结果记录

结果表示与计算同啮齿动物。

四、重点和难点

1. 啮齿动物、线虫以及食粪性昆虫多样性调查方法。
2. 啮齿动物、线虫以及食粪性昆虫的分类鉴定及识别，PIT 芯片的注射方法。

五、思考题

1. 啮齿动物不同调查方法的优缺点是什么？
2. 画图表示剪趾法的数量表达。

六、参考文献

[1]毛培胜．草地学实验与实习指导[M]．北京：中国农业出版社，2019.
[2]魏学红，马素洁．啮齿动物实验实习指导[M]．北京：中国农业大学出版社，2020.
[3]刘荣堂，武晓东．草地保护学　第 1 分册：草地啮齿动物学[M]．北京：中国农业出版

社，2011.

［4］刘任涛．土壤动物生态学研究方法：实验设计、数据处理与论文写作［M］．北京：科学出版社，2016.

［5］楚彬，花立民，周延山，等．被动式电子标签在监测高原鼢鼠种群生态变化中的应用［J］．草原与草坪，2016，36(3)：7-11. DOI：10.13817/j.cnki.cyycp.2016.03.002

［6］毛小芳，李辉信，陈小云，等．土壤线虫三种分离方法效率比较［J］．生态学杂志，2004(3)：149-151.

［7］樊三龙，方红，高传部，等．北方草地牛粪中金龟子的多样性［J］．生态学报，2012，32(13)：4207-4214.

作者：左诗宁　黄顶
单位：中国农业大学

实习十六　草地土壤微生物多样性测定

一、背景

草地土壤微生物多样性对草地生态系统养分循环、土壤肥力和生产力等功能的维持具有重要作用(刘安榕等,2018;李婷婷等,2020)。而且,土壤微生物对外界环境的变化反应敏感,其中,微生物多样性常作为指示土壤健康状况的灵敏性指标,其可较早地指示草地生态环境和生态系统功能的变化(李婷婷等,2020;苟燕妮等,2015)。因此,草地土壤微生物多样性的测定有利于明确草地土壤的健康状况,对草地生态系统的生产实践管理具有重要意义。

目前土壤微生物多样性测定的方法以 Illumina MiSeq 高通量测序使用最为广泛,该方法基于微生物基因组的特征(如细菌的 16S rDNA,真菌的 ITS 等)进行测序和分类。首先将测序对象的 DNA 打断成小片段 DNA,随后在片段 DNA 两端加上特定接头序列,构建单链 DNA 文库(图 1-12-1a);通过桥式 PCR 扩增放大信号值(图 1-12-1b);最后利用 3′-OH 被化学保护和荧光标记的 dNTP 碱基进行边合成边测序:标记的 dNTP 每次循环只能在序列上加一个碱基,通过激发荧光的缓冲液激发荧光,使用光学仪器记录每次循环的荧光信号后去除荧光信号和化学保护基团,恢复 3′-OH 黏性进行下一次循环,随后通过计算机将每次循环收集到的信号转化成测序信息(图 1-16-1c)。该方法具有测序成本低、准确性高、速度快等优点(徐晓丽等,2018)。

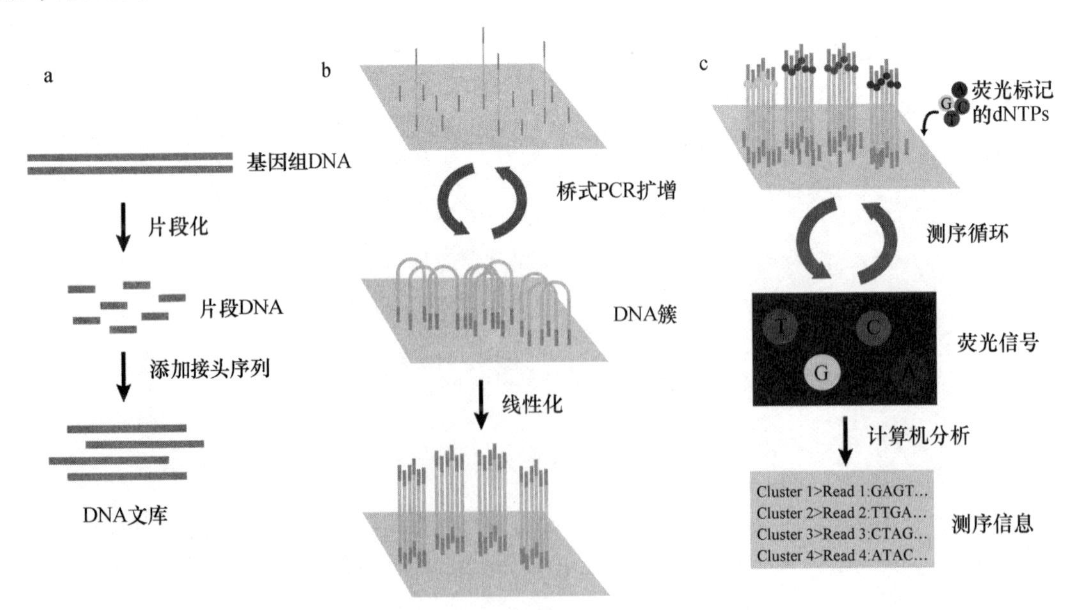

图 1-16-1　土壤微生物群落 Illumina 测序原理

a. DNA 文库构建　b. 桥式 PCR 扩增,产生 DNA 簇　c. 测序

二、目的

学生通过学习草地土壤微生物多样性测定方法，掌握土壤微生物 Illumina 测序、操作分类单元(operational taxonomic units，OTU)聚类分析和物种分类学分析技能，具备独立测定和分析土壤微生物多样性的能力。

三、实习内容与步骤

(一)材料

1. 测试材料

−80 ℃保存的新鲜土壤样品。

2. 试剂

(1)不同浓度琼脂糖凝胶

①1%琼脂糖凝胶　首先称取 242 g Tris 碱和 32.7 g $Na_2EDTA \cdot 2H_2O$ 于 1 L 烧杯中，随后加入约 600 mL 去离子水充分搅拌溶解，再加入 57.1 mL 醋酸，充分搅拌后将其定容至 1 L 得到 50×TAE 溶液，稀释 50 倍即得 1×TAE 溶液。随后称取 m_1 g 琼脂糖，加入 $100 \times m_1$ mL 的 1×TAE 即得 1%琼脂糖凝胶。

②2%琼脂糖凝胶　称取 m_2 g 琼脂糖，加入 $50 \times m_2$ mL 的 1×TAE。

(2)DNA 提取相关试剂　由 DNA 抽提试剂盒提供。DNA 抽提试剂盒可选择 E. Z. N. A.® Soil DNA Kit(Omega Bio-Tek，美国)、FastDNA® Spin Kit for Soil(MP Biomedicals，美国)、DNeasy® PowerSoil® Pro Kit(QIAGEN，美国)或其他可实现土壤 DNA 提取的试剂盒。

(3)PCR 扩增相关试剂　①5×Fast Pfu Buffer(TransGen，中国)；②Fast Pfu DNA 聚合酶(TransGen，中国)；③2.5 mmol/L dNTPs；④5 μmol/L 的上、下游引物；⑤BSA。

(4)PCR 产物纯化相关试剂　使用 AxyPrep DNA 凝胶回收试剂盒(Axygen，美国)。

(5)建库相关试剂　使用 NEXTFLEX® Rapid DNA-Seq Kit 建库试剂盒(Bioo Scientific，美国)。

(6)Illumina 测序相关试剂　使用 MiSeq Reagent Kit v3/NovaSeq Reagent Kits 测序试剂盒(Illumina，美国)。

(二)仪器设备

移液器、小型离心机、高速台式冷冻离心机、超微量分光光度计、酶标仪、旋涡混合器、粉碎研磨仪、MP 研磨仪、微型荧光计、磁力架、电泳仪、PCR 仪、测序仪。

(三)测定内容

对土壤微生物进行测序，使用 UPARSE 软件(http://drive5.com/uparse/，version 7.1)划分土壤微生物的操作分类单元(operational taxonomic units，OTU)，利用微生物扩增子数据库对 OTUs 进行物种分类注释(苟燕妮等，2015)。

（四）操作步骤

1. 基因组DNA提取

根据DNA抽提试剂盒（以E. Z. N. A.® Soil DNA Kit为例）说明书进行微生物群落总DNA抽提，每个土壤样本均提取3次。具体提取步骤如下：

（1）添加500 mg磁珠、0.5 g样品和1 mL SLX- Mlus Buffer到2 mL离心管中，粉碎研磨仪45 Hz振荡250 s；

（2）加入100 μL DS Buffer，颠倒混匀；

（3）70 ℃孵育10 min，95 ℃孵育2 min；

（4）室温13 000 r/min，离心5 min；

（5）转移800 μL上清至新的2 mL离心管中，加入270 μL P2 Buffer以及100 μL HTR Reagent；

（6）颠倒混匀，−20 ℃孵育5 min；

（7）室温13 000 r/min离心5 min；

（8）转移上清至新2 mL离心管，加入等量XP5 Buffer及40 μL磁珠，上下颠倒混匀8 min；

（9）磁力架吸附，弃去残液，取下管子，加入500 μL XP5 Buffer，混匀；

（10）磁力架吸附，弃去残液，取下管子，加入600 μL PHB，混匀；

（11）磁力架吸附，弃去残液，取下管子，加入600 μL SPW Wash Buffer，混匀；

（12）磁力架吸附，弃去残液，取下管子，加入600 μL SPW Wash Buffer，混匀；

（13）磁力架吸附，弃去残液，室温13 000 r/min，离心10 s；

（14）磁力架吸附，用移液枪弃去残液，室温静置8 min；

（15）加入100 μL Elution Buffer，混匀，静置5 min；

（16）磁力架吸附，转移上清至新的1.5 mL离心管，得到总DNA。

2. 基因组DNA检测

使用1%的琼脂糖凝胶于5 V/cm电压的电泳仪下电泳20 min检测DNA的提取质量；使用NanoDrop 2000测定DNA浓度和纯度，要求核酸质量≥50 ng，浓度≥1 ng/μL，体积≥50 μL，OD260/280＝1.8～2.0，样品澄清无色，无黏稠，无不溶解物。

3. PCR扩增

（1）引物设计　按指定测序区域，合成带有barcode的特异引物。例如，使用515F（5′-GTGCCAGCMGCCGCGGTAA-3′）和806R（5′-GGACTACHVGGGTWTCTAAT-3′）扩增细菌16S rRNA基因（Caporaso et al.，2012），使用ITS1F（5′-CTTGGTCATTTAGAGGAAGTAA-3′）和ITS2-2043R（5′-GCTGCGTTCTTCATCGATGC-3′）扩增真菌ITS基因（Ghannoum et al.，2010）。

（2）PCR反应体系　5×Fast Pfu Buffer 4 μL，2.5 mmol/L dNTPs 2 μL，5 μmol/L上、下游引物各0.8 μL，Fast Pfu DNA聚合酶0.4 μL，BSA 0.2 μL，模板DNA 10 ng，加ddH_2O至20 μL。

（3）PCR扩增程序　①95 ℃ 3 min进行模板DNA预变性；②随后95 ℃变性30 s、55 ℃退火30 s、72 ℃延伸30 s，循环30次；③循环结束后72 ℃ 10 min，后10 ℃保存PCR产物。

4. PCR产物纯化及定量

(1)PCR产物纯化　将每个样本的3个PCR产物混合后使用2 %琼脂糖凝胶回收产物，随后利用AxyPrep DNA凝胶回收试剂盒(Axygen，美国)进行回收产物纯化，具体纯化步骤为：

①在紫外灯下切下含有目的DNA的琼脂糖凝胶，用纸巾吸尽凝胶表面液体并切碎。计算凝胶重量，该重量作为一个凝胶体积(100 mg=100 μL体积)。

②加入3个凝胶体积的Buffer DE-A，于75 ℃下加热间断混合，直至凝胶完全融化。

③加0.5个Buffer DE-B，混合均匀。

④吸取步骤③中的混合液，转移到DNA制备管中，10 000 r/min离心1 min，弃滤液。

⑤将制备管置回2 mL离心管，加500 μL Buffer W1，12 000 r/min离心30 s，弃滤液。

⑥将制备管置回2 mL离心管，加700 μL Buffer W2，12 000 r/min离心30 s，弃滤液，以同样的方法用700 μL Buffer W2洗涤一次，12 000 r/min离心1 min。

⑦将制备管置回2 mL离心管，12 000 r/min离心1 min。

⑧将制备管置于洁净的1.5 mL离心管中，在制备膜中央加25～30 μL去离子水，室温静置1 min，12 000 r/min离心1 min洗脱DNA。

(2)PCR产物定量　参照电泳初步定量结果，使用Quantus™微型荧光计(Promega，美国)对回收产物进行检测定量，随后按照每个土壤样本的测序量要求，进行相应比例的混合。

5. Miseq文库构建

使用NEXTFLEX® Rapid DNA-Seq Kit建库试剂盒(Axygen，美国)进行建库，具体流程为：①接头链接；②使用磁珠筛选去除接头自连片段；③利用PCR扩增进行文库模板的富集；④磁珠回收PCR产物得到最终的文库。

6. Illumina测序

利用Illumina公司的Miseq PE300/NovaSeq PE250平台进行测序，具体流程如下：

(1)DNA片段的一端与引物碱基互补，固定在芯片上；

(2)另一端随机与附近的另外一个引物互补，形成“桥(bridge)”；

(3)PCR扩增，产生DNA簇；

(4)DNA扩增子线性化成为单链。

(5)加入改造过的DNA聚合酶和带有4种荧光标记的dNTP，每次循环只合成一个碱基；

(6)用激光扫描反应板表面，读取每条模板序列第一轮反应所聚合上去的核苷酸种类；

(7)将带有荧光和化学保护的基团化学切割，恢复3′-OH端黏性，继续聚合第二个核苷酸；

(8)统计每轮收集到的荧光信号结果，通过计算机分析获知模板DNA片段的序列。

7. 数据分析

(1)数据优化　使用Fastp(Chen et al.，2018)(https://github.com/OpenGene/fastp，version 0.20.0)软件对原始测序序列进行质控，使用Flash(Magoč et al.，2011)(http://www.cbcb.umd.edu/software/flash，version 1.2.7)软件进行拼接，要求如下：

①过滤reads尾部质量值20以下的碱基，设置50 bp的窗口，如果窗口内的平均质量值低于20，从窗口开始截去后端碱基，过滤质控后50 bp以下的reads，去除含N碱基的reads；

②根据PE reads之间的overlap关系，将成对reads拼接(merge)成一条序列，最小

overlap 长度为 10 bp；

③拼接序列的 overlap 区允许的最大错配比率为 0.2，筛选不符合序列；

④根据序列首尾两端的 barcode 和引物区分样品，并调整序列方向，barcode 允许的错配数为 0，最大引物错配数为 2。

(2)OTU 聚类　使用 UPARSE 软件(http://drive5.com/uparse/, version 7.1)，根据 97%的相似度对序列进行 OTU 聚类(苟燕妮等，2015；徐晓丽等，2018)，具体流程如下：

①对优化序列提取非重复序列，去除没有重复的单序列；

②按照 97%相似性对非重复序列(不含单序列)进行 OTU 聚类，在聚类过程中去除嵌合体，得到 OTU 代表序列；

③将所有优化序列 map 至 OTU 代表序列，选出与 OTU 代表序列相似性在 97%以上的序列，生成 OTU 表格。

(3)分类学分析　根据所测微生物类群选择不同微生物扩增子数据库(表 1-16-1)(参考文献 9～13)，设置 70%的比对阈值对 OTU 序列进行物种分类注释，并分别在域(domain)、界(kingdom)、门(phylum)、纲(class)、目(order)、科(family)、属(genus)、种(species)各个分类水平统计样本的群落组成。

表 1-16-1　微生物扩增子数据库

微生物类群	数据库
细菌和古菌 16 S 核糖体	Silva(Release128 http://www.arb-silva.de)
	RDP(Release 11.1 http://rdp.cme.msu.edu/)
	Greengene(Release 13.5 http://greengenes.secondgenome.com/)
真菌 18 S 核糖体	Silva(Release128 http://www.arb-silva.de)
真菌 ITS	Unite(Release 7.0https://unite.ut.ee/)
丛枝菌根真菌	MaarjAM(version 0.8.1,http://www.maarjam.botany.ut.ee/)

(五)结果记录

OTU 序列数统计表(表 1-16-2)和 OTU 分类学综合信息表(表 1-16-3)如下。

表 1-16-2　OTU 序列数统计表

OTU ID	A	B	C
OTU 1			
OTU 2			
OTU 3			
…			

注：第 1 列为 OTU 编号；A、B、C 列为各样本对应的每个 OTU 的丰度(序列数)。

表 1-16-3　OTU 分类学综合信息表

OTU ID	A	B	C	Taxonomy
OTU 1				
OTU 2				
OTU 3				
…				

注：第 1 列为 OTU 编号；A、B、C 列为各样本对应的每个 OTU 的丰度（序列数）或相对丰度（序列数除以该样品的测序总序列数）；Taxonomy 列拉开可查看分类学系谱信息（对应域、界、门、纲、目、科、属、种等的物种名）。各级分类水平以“；”隔开，分类学名称前的单个字母为分类等级的首字母缩写，以“—”隔开。分类学数据库中会出现一些分类学谱系中的中间等级没有科学名称，以 norank 作为标记。分类学比对后根据置信度阈值的筛选，会有某些分类谱系低于置信阈值，没有得到分类信息，在统计时以 unclassified 作为没有分类信息的标记。

四、重点和难点

1. 合成引物接头的设计。
2. 微生物扩增子数据库的选择。
3. OTU 聚类阈值以及分类学阈值的差异。
4. UPARSE 的使用。

五、实例

1. 调查地

调查地位于内蒙古锡林郭勒盟乌拉盖管理区蒙草贺斯格乌拉草原生态系统研究院（45°59′N，119°11′E）。草地类型为低地草甸草原，植物群落以羊草（*Leymus chinensis*）、披碱草（*Elymus dahuricus*）、大针茅（*Stipa grandis*）、斜茎黄芪（*Astragalus adsurgens*）为主，土壤类型以草甸土为主（包乌云等，2018）。调查地海拔、地形、地貌、地势等水热条件基本一致，采样点可代表该地区的植被和土壤特征。

2. 材料

土钻、2 mm 筛网、塑料盆、无菌可封口聚乙烯袋、冰盒、记号笔、标签纸。

3. 取样

于 2021 年 7 月植物生物量最大和土壤微生物活性最高时期进行采样。采样前去除地面覆盖物，包括植物、凋落物和可见土壤动物等。使用直径 5 cm 的土钻在每个 1 m×1 m 样方中按五点取样法采集表层（深度 0～10 cm）土壤样品，去除植物残体、土壤动物和石块等非土壤组成部分，混匀过 2 mm 筛，将其装入带有标签的无菌可封口聚乙烯袋中作为该样方的土壤混合样品。标签应记明编号、采集地点、地形、土壤名称、时间、深度、采集人等信息，采集完后将钻眼填平。

4. 运输和保存

土壤采集完后应尽快使用冰盒将其运输至实验室－80 ℃冰箱中保存。

5. 土壤微生物多样性测定

土壤微生物多样性的测定如上文所述，测定结果示例见表 1-16-4（真菌）和表 1-16-5（细菌）。

表 1-16-4 真菌 OTU 分类学综合信息表

OTU ID	A	B	C	Taxonomy							
				Domain	Kingdom	Phylum	Class	Order	Family	Genus	Species
OTU 4343	0.007 89	0.001 27	0.011 62	d_Eukaryota	k_Fungi	p_Ascomycota	c_Dothideomycetes	o_Tubeufiales	f_Tubeufiaceae	g_Titaea	s_Titaea_maxilliformis
OTU 2682	0.003 35	0.000 38	0.000 03	d_Eukaryota	k_Fungi	p_Ascomycota	c_Dothideomycetes	o_Pleosporales	f_Phaeosphaeriaceae	g_Paraphoma	s_Paraphoma_chrysanthemicola
OTU 4254	0.002 27	0.000 62	0.000 19	d_Eukaryota	k_Fungi	p_Ascomycota	c_Dothideomycetes	o_Pleosporales	f_Phaeosphaeriaceae	g_Phaeosphaeria	s_Phaeosphaeria_sp
OTU2672	0.002 03	0.001 59	0	d_Eukaryota	k_Fungi	p_Ascomycota	c_Sordariomycetes	o_Magnaporthales	f_Magnaporthaceae	g_unclassified_f_Magnaporthaceae	s_unclassified_f_Magnaporthaceae
OTU5038	0.002 43	0.000 14	0.000 08	d_Eukaryota	k_Fungi	p_Ascomycota	c_Sordariomycetes	o_Hypocreales	f_Nectriaceae	g_Gibberella	s_Gibberella_intricans
…	…	…	…	…	…	…	…	…	…	…	…

注:第 1 列为 OTU 编号;A、B、C 列为各样本对应的每个 OTU 的相对丰度(序列数除以该样品的测序总序列数);Taxonomy 列对应域(Domain)、界(Kingdom)、门(Phylum)、纲(Class)、目(Order)、科(Family)、属(Genus)、种(Species)等的物种名。分类学名称前的单个字母为分类等级的首字母缩写,以"_"隔开。分类学数据库中会出现一些分类学谱系中的中间等级没有科学名称,以 norank 作为标记。分类学比对后根据置信度阈值的筛选,会有某些分类谱系低于置信阈值,没有得到分类信息,在统计时以 unclassified 作为没有分类信息的标记。未能分离培养的微生物以 uncultured 作为标记。

表 1-16-5　细菌 OTU 分类学综合信息表

OTU ID	A	B	C	Taxonomy							
				Domain	Kingdom	Phylum	Class	Order	Family	Genus	Species
OTU 2641	0	0.000 04	0	d_Bacteria	k_norank_d_Bacteria	p_Cyanobacteria	c_Cyanobacteriia	o_Chloroplast	f_norank_o_Chloroplast	g_norank_f_norank_o_Chloroplast	s_unclassified_g_norank_f_norank_o_Chloroplast
OTU 554	0.000 41	0.000 45	0.000 04	d_Bacteria	k_norank_d_Bacteria	p_Acidobacteriota	c_Acidobacteriae	o_Bryobacterales	f_Bryobacteraceae	g_Bryobacter	s_unclassified_g_Bryobacter
OTU 6300	0.001 64	0.000 45	0.000 29	d_Bacteria	k_norank_d_Bacteria	p_Proteobacteria	c_Gammaproteobacteria	o_Burkholderiales	f_Nitrosomonadaceae	g_MND1	s_unclassified_g_MND1
OTU 9918	0.000 08	0.000 04	0.000 04	d_Bacteria	k_norank_d_Bacteria	p_Proteobacteria	c_Alphaproteobacteria	o_Sphingomonadales	f_Sphingomonadaceae	g_Sphingobium	s_Sphingobium_rhizovicinum
OTU 7915	0.000 70	0.000 57	0.000 53	d_Bacteria	k_norank_d_Bacteria	p_Actinobacteriota	c_Actinobacteria	o_Propionibacteriales	f_Nocardioidaceae	g_Aeromicrobium	s_uncultured_bacterium_g_Aeromicrobium
…	…	…	…	…	…	…	…	…	…	…	…

注：第 1 列为 OTU 编号；A、B、C 列为各样本对应的每个 OTU 的相对丰度（序列数除以该样品的测序总序列数）；Taxonomy 列对应域（Domain）、界（Kingdom）、门（Phylum）、纲（Class）、目（Order）、科（Family）、属（Genus）、种（Species）等的物种名。分类学名称前的单个字母为分类等级的首字母缩写，以“_”隔开。分类学数据库中会出现一些分类学谱系中的中间等级没有科学名称，以 norank 作为标记。分类学比对后根据置信度阈值的筛选，会有某些分类谱系低于置信阈值，没有得到分类信息，在统计时以 unclassified 作为没有分类信息的标记。未能分离培养的微生物以 uncultured 作为标记。

六、思考题

1. Illumina 测序原理是什么？
2. 如何保证提取 DNA 的质量？
3. 进行 PCR 扩增时，是否循环次数越多越好？

七、参考文献

[1]包乌云，邢旗，张健，等．乌拉盖草原植物群落多样性现状．草原与草业，2018，30(3)：13-20.

[2]刘安榕，杨腾，徐炜，等．青藏高原高寒草地地下生物多样性：进展、问题与展望．生物多样性，2018，26(9)：972-987.

[3]李婷婷，张西美．全球变化背景下内蒙古草原土壤微生物多样性维持机制研究进展．生物多样性，2020，28(6)：749-758.

[4]苟燕妮，南志标．放牧对草地土壤微生物的影响．草业学报，2015，24(10)：194-205.

[5]徐晓丽，林娟，鄢仁祥．基因芯片与高通量测序技术的原理与应用的比较．中国生物化学与分子生物学报，2018，34(11)：1166-1174.

[6]Caporaso J G，Lauber C L，Walters W A，et al. Ultra-high-throughput microbial community analysis on the Illumina HiSeq and MiSeq platforms. The ISME Journal，2012，6(8)：1621-1624.

[7]Ghannoum M A，Jurevic R J，Mukherjee P K，et al. Characterization of the oral fungal microbiome(mycobiome)in healthy individuals. PLoS Pathogens，2010，6(1)：e1000713.

[8]Chen S，Zhou Y，Chen Y，et al. Fastp：an ultra-fast all-in-one FASTQ preprocessor. Bioinformatics，2018，34(17)：i884-890.

[9]Magoč T，Salzberg S L. FLASH：Fast length adjustment of short reads to improve genome assemblies. Bioinformatics，2011，27(21)：2957-2963.

[10]Quast C，Pruesse E，Yilmaz P，et al. The SILVA ribosomal RNA gene database project：improved data processing and web-based tools. Nucleic Acids Research，2012，41(D1)：590-596.

[11]Cole J R，Wang Q，Cardenas E，et al. The ribosomal database project：improved alignments and new tools for rRNA analysis. Nucleic Acids Research，2009，37：141-145.

[12]DeSantis T Z，Hugenholtz P，Larsen N，et al. Greengenes，a chimera-checked 16S rRNA gene database and workbench compatible with ARB. Applied and Environmental Microbiology，2006，72(7)：5069-5072.

[13]Koljalg U，Nilsson R H，Abarenkov K，et al. Towards a unified paradigm for sequence-based identification of fungi. Molecular Ecology，2013，22(21)：5271-5277.

[14]Öpik M，Vanatoa A，Vanatoa E，et al. The online database MaarjAM reveals global and ecosystemic distribution patterns in arbuscular mycorrhizal fungi(Glomeromycota). New Phytologist，2010，188(1)：223-241.

作者：陈文青　张君红
单位：西北农林科技大学

实习十七　草地土壤微生物量碳(氮)测定

一、背景

土壤微生物是土壤生态系统中的重要组成部分，直接参与土壤形成、有机质积累与矿化分解、植物养分转化等生物化学过程，在土壤物质循环和能量流动中起着重要的主导作用。土壤微生物量(SMB)是指土壤中除活的植物体外体积小于 5×10^3 μm^3 的生物总量，它是土壤养分的储存库和植物生长可利用养分的重要来源(徐慧博等，2018)。

土壤微生物量碳(氮)[SMBC(SMBN)]是土壤微生物量的主要组成部分，能促进土壤养分的有效化，而且其周转快、对土壤环境变化非常敏感，能够快速反应环境因子、土地利用方式和气候变化，越来越多的研究选用土壤微生物量碳(氮)来评价微生物活性和土壤环境质量(徐慧博等，2018；胡婵娟等，2011)。

二、目的

认识土壤微生物量碳(氮)对土壤生态系统的重要性，学习土壤微生物量碳(氮)的测定原理，并通过实际操作掌握测定土壤微生物量碳(氮)的方法，具备草地土壤生态学研究中的样本采集、数据处理等操作技能。

三、实习内容与步骤

(一)实验原理

氯仿熏蒸-K_2SO_4 浸提法(Fumigation-extraction，FE)具有简便、快速、一次提取可同时测定微生物碳(氮)等优点，已成为国内外最常用的测定土壤微生物量碳(氮)的方法，该方法利用氯仿熏蒸新鲜土壤，破坏土壤中微生物的细胞膜，使细胞发生裂解，释放微生物量碳(氮)并利用 0.5 mol/L K_2SO_4 溶液进行提取(孙凯等，2013)。测定浸提液中的有机碳(氮)含量，便可根据公式计算土壤微生物量碳(氮)：

土壤微生物量碳(氮)=[熏蒸土壤提取液中有机碳(氮)含量－未熏蒸土壤提取液中有机碳(氮)含量]/ k

式中：k 为熏蒸提取法提取液的有机碳(氮)增量换算为土壤微生物量碳(氮)所采用的转换系数(吴金水等，2006)。

(二)材料和试剂

1. 土壤

根据实验目的采集土壤样本，立即处理或保存于 4 ℃ 冰箱中。测定前仔细去除新鲜土壤中的可见植物残体(如根、茎、叶)、土壤动物(如蚯蚓)、杂质(如石子)等,过 2 mm 土筛并混匀。如果土壤过湿无法过筛,应在室内适当风干,并经常翻动,以避免局部干燥导致微生物死亡。如果土壤过于干燥,用蒸馏水调节土壤含水量至田间持水量的 50%左右。将土壤置于密封的塑料桶内,在(25±1)℃下预培养 7~15 d,桶内要放入 2 个分别盛有适量蒸馏水和 1 mol/L NaOH 溶液的小烧杯,蒸馏水用于保持土壤湿度,NaOH 溶液用于吸收土壤呼吸产生的 CO_2。经预培养的土壤应立即分析,或置于 4 ℃下保存,分析前在上述条件下至少再培养 24 h。

2. 试剂

(1)熏蒸用　无醇氯仿:市售氯仿一般含有少量乙醇作为稳定剂,使用前必须去除乙醇。将氯仿与蒸馏水或去离子水按照 1∶2 的体积比倒入分液漏斗,充分振荡使其混匀,静置至分层,缓缓放出下层氯仿,重复 3 次。将得到的无醇氯仿倒入棕色试剂瓶中,加入无水氯化钙干燥 24 h,置于阴凉通风处。注意:氯仿具有致癌作用,所有操作必须在通风橱中进行。

1 mol/L NaOH 溶液:称取 40.00 g 氢氧化钠用蒸馏水溶解,定容至 1 L。

(2)浸提用　0.5 mol/L K_2SO_4 溶液:称取 87.13 g 分析纯硫酸钾溶解于蒸馏水中,定容至 1 L。

(3)测定有机碳含量用　六偏磷酸钠溶液(5%,pH=2.0):称取 50.00 g 分析纯六偏磷酸钠溶于蒸馏水,定容至 1 L,用分析纯浓磷酸调节 pH 为 2.0。注意:六偏磷酸钠溶解速度很慢,应提前配制。

过硫酸钾溶液(2%):称取 20.00 g 分析纯过硫酸钾溶于蒸馏水,定容至 1 L。注意:过硫酸钾溶液易被氧化,应避光存放,且使用期最多为 7 d。

磷酸溶液(21%):量取 37 mL 85%分析纯浓磷酸与 188 mL 蒸馏水混合。

1 000 mgC/L 邻苯二甲酸氢钾标准溶液:称取 2.125 4 g 分析纯邻苯二甲酸氢钾(称量前先经 105 ℃烘 2~3 h),溶于蒸馏水,定容至 1 L。

(4)测定氮含量用　400 g/L NaOH 溶液:称取 400.00 g 氢氧化钠加蒸馏水溶解,定容至 1 L。

20 g/L H_3BO_4 溶液:称取 20.00 g 硼酸加蒸馏水溶解,定容至 1 L。

0.02 mol/L H_2SO_4 标准溶液:准确移取 5.56 mL 浓硫酸缓缓注入 800 mL 蒸馏水中,定容至 1 L,配制成浓度为 0.1 mol/L H_2SO_4 标准溶液,按照 GB/T 601—2016 对其进行标定。将此溶液用水稀释 5 倍得到 0.02 mol/L H_2SO_4 标准溶液。

指示剂:称取 0.100 0 g 甲基红($C_{15}H_{15}N_3O_2$)和 0.500 0 g 溴甲酚绿指示剂($C_{21}H_{14}BrO_5S$)放入研钵中,加入 100 mL 95%乙醇研磨溶解。

(三)仪器设备

电子天平(感量 0.000 1 g 和 0.01 g)、真空干燥器、真空泵、往复式振荡机、碳-自动分析仪(Phoenix 8000)、凯氏定氮仪、远红外消煮炉、摇床(25 ℃,300 r/min)、通风橱、烧杯(50 mL)、三角瓶(150 mL)、玻璃珠(事先在通风橱中用丙酮清洗并在 105 ℃下烘干)、离心管(80 mL)、滴定管(25 mL)、移液管(2 mL、5 mL、50 mL)、中速定量滤纸、弯颈小漏斗、消化管。

(四)测定内容

测定氯仿熏蒸和未经氯仿熏蒸土壤浸提液中的有机碳(氮)含量,通过转换系数计算得出土壤微生物量碳(氮)。

（五）操作步骤

1. 土壤熏蒸

准备 4 个烧杯，其中一个称取 12.50 g 新鲜土壤，另一烧杯倒入约 25 mL 无醇氯仿并放入少量防暴沸玻璃珠，剩余两烧杯分别盛有少量蒸馏水(保持湿度)和 1 mol/ L NaOH 溶液(吸收 CO_2)。将 4 个烧杯放入真空干燥器内，盖上干燥器盖子，涂抹少量凡士林进行密封，用真空泵抽真空(−0.07 MPa)使氯仿沸腾 3～5 min。关闭干燥器阀门，盖上黑布，于(25±1)℃黑暗条件下熏蒸 24 h。同时，另外称取一份 12.50 g 新鲜土壤于另一干燥器中重复操作，但不放盛有氯仿的烧杯，作为对照土壤。

熏蒸结束后，打开干燥器阀门(应听到空气进入的声音，否则需重做)，取出装有水、NaOH 溶液和无醇氯仿(氯仿可倒回瓶中重复利用)的小烧杯，清洁干燥器，反复抽真空 5～6 次(每次 3 min，且每次抽真空后完全打开干燥器盖子)，直到土壤无氯仿味道为止。熏蒸后的土壤不宜久放，应尽快浸提。

2. 土壤浸提

取出上述已熏蒸和未熏蒸土壤，分别全部转移到 80 mL 离心管中，每个离心管中注入 50 mL 0.5 mol/L K_2SO_4 溶液(土水比为 1 g : 4 mL)，盖紧瓶盖，在往复振荡器中振荡 30 min (300 r/min)，离心 5 min，用中速定量滤纸过滤浸提液到三角瓶中。过滤完成后，立即对浸提液进行分析，如不能立即分析，则用保鲜膜封口(防止污染和挥发)，放入 −20 ℃冰箱保存，且取出解冻后要先完全混匀再进行分析。

3. 土壤浸提液有机碳(氮)的测定

(1)有机碳的测定　测量并记录浸提液体积，取出 10 mL 土壤浸提液于 40 mL 样品瓶中，加入 10 mL 六偏磷酸钠溶液，使浸提液中的沉淀($CaSO_4$ 和 K_2SO_4)全部溶解。如浓度过高则稀释 10～20 倍，并且在公式中计入稀释倍数。

采用碳-自动分析仪(Phoenix 8000)测定样液有机碳含量。具体过程为：首先在样液中通入高纯度氮气 5 ～10 min，以除去溶解在浸提液中的部分 CO_2，再令样液进入无机碳排除管进一步去掉残留的 CO_2，随后样液进入紫外氧化管，在紫外灯以及过硫酸钾溶液和磷酸溶液的作用下，浸提液中的有机碳全部氧化为 CO_2 并释放出来，产生的 CO_2 经一系列纯化后由红外检测器进行测定。载气为高纯度氮气。已熏蒸和未熏蒸土壤浸提液均进行以上操作。详细步骤参见仪器使用说明。

工作曲线：分别吸取 0、2.0 mL、4.0 mL、6.0 mL、8.0 mL、10.0 mL 邻苯二甲酸氢钾标准溶液于 100 mL 容量瓶中，用双蒸水或去离子水定容，即得碳含量为 0、20 mg、40 mg、60 mg、80 mg、100 mg/L 的系列标准碳溶液。分别吸取 10 mL 上述不同浓度标准碳溶液重复上述操作(Wu et al.，1990)。

(2)有机氮的测定　测量并记录浸提液体积，取出 10 mL 浸提液于 250 mL 消化管中，并加入 0.100 g 硫酸铜(作催化剂)、5 mL 浓硫酸，管口放一弯颈小漏斗，将消化管置于通风橱内远红外消煮炉的加热孔中进行消煮，至溶液变清后再回流 3 h。按说明书检查凯氏定氮仪，空蒸 15 min 清洗管道。消化结束后，冷却，接在蒸馏装置上。取一个三角瓶，倒入 25 mL 20 g/L H_3BO_4 吸收液，滴入 3 滴指示剂，置于冷凝管的下端，并使冷凝管浸在三角瓶液面以下。向消化管缓缓加入 35 mL 400 g/L 氢氧化钠溶液，蒸馏 5 min，用少量蒸馏水冲洗冷凝管下端（洗入三角瓶中），用 0.02 mol/L H_2SO_4 标准液滴定，溶液由蓝色变为酒红色时即为终点，记下消耗 H_2SO_4 标准溶液的毫升数（陈立新，2005）。

这个方法的主要原理是用浓 H_2SO_4 消煮，借助催化剂氧化有机质并使有机氮转化为氨进入溶液，最后用 H_2SO_4 标准溶液滴定蒸馏出来的氨。

（六）结果计算

1. 有机碳测定结果记录及计算

根据标准碳溶液测定结果拟合工作曲线，并将土壤浸提液测定结果代入曲线，分别计算得到已熏蒸土壤和未熏蒸土壤浸提液中的有机碳含量，利用下式求出土壤微生物量碳：

$$B_C = \frac{(E_1 - E_0) \times V \times F}{m \times k} \times 1\,000$$

式中：B_C 为土壤微生物量碳（g/kg）；E_1 为代入曲线后求得已熏蒸土壤浸提液中的有机碳含量（mg/L）；E_0 为代入曲线后求得未熏蒸土壤浸提液中的有机碳含量（mg/L）；V 为已熏蒸土壤浸提液总体积（L）；m 为土壤样品烘干重，即 12.50 g；F 为土壤水分系数；k 为转换系数，取值 0.45。

2. 有机氮测定结果记录及计算

利用下式求出土壤浸提液中氮的含量（g/mL）：

$$N = \frac{(V_1 - V_0) \times c \times 0.014}{V_2}$$

式中：N 为土壤浸提液中氮的含量；V_1 为 H_2SO_4 标准溶液滴定已熏蒸土壤浸提液的消耗量（mL）；V_0 为 H_2SO_4 标准溶液滴定未熏蒸土壤浸提液的消耗量（mL）；c 为 H_2SO_4 标准溶液的摩尔浓度（0.02 mol/L）；0.014 为氮原子的毫摩尔质量（g/mmol）；V_2 为用于测定的浸提液体积（10 mL）。

再利用下式计算土壤微生物量氮：

$$B_N = \frac{(N_1 - N_0) \times V \times F}{m \times k} \times 1\,000$$

式中：B_N为土壤微生物量氮（g/kg）；N_1 为已熏蒸土壤浸提液中的有机氮含量（mg/L）；N_0 为未熏蒸土壤浸提液中的有机氮含量（mg/L）；V 为已熏蒸土壤浸提液总体积（L）；m 为土壤样品烘干重，即 12.50 g；F 为土壤水分系数；k 为转换系数，取值 0.54。

四、重点和难点

1. 理解氯仿熏蒸-K_2SO_4 浸提法提取土壤有机碳（氮）的基本原理，把握土壤微生物碳（氮）测定的重要性和科学意义。

2. 掌握从土壤采集与处理到进行熏蒸、提取、有机碳（氮）测定的基本操作，提升实践能力。

五、实例

1. 实习内容

关山草原土壤微生物量碳(氮)的测定。

2. 实习地点

陕西省宝鸡市陇县西南部关山草原(106°34′23″E,34°43′17″N),海拔在 2 200 m 左右,属暖温带大陆性季风气候,全年平均降水量在 650～700 mm 之间,拥有近 9.2 万 hm^2 的天然林地、草地,大部分草地类型为高山草甸草原,土层覆盖较薄(杨烁,2019)。调查地植物群落中常见草种有草地早熟禾(*Poa pratensis* L.)、白三叶(*Trifolium repens* L.)、路边青(*Geum aleppicum* Jacq.)、车前(*Plantago asiatica* L.)、委陵菜(*Potentilla chinensis* Ser.)等,植物群落的总体盖度高达 80%以上。

3. 实习过程

(1)材料准备　剪刀、塑料盆、土钻(直径 5 cm)、2 mm 土筛、塑封袋、记号笔、冰盒、1 m×1 m 样方。

(2)采样　于 2021 年 7 月植物生物量最大和土壤微生物活性最高时期进行采样。选取地势平坦、植物群落典型的地点放置样方,剪去样方内植物地上部分,去除地面覆盖物,采用五点取样法,用土钻取表层土壤(深度 0～10 cm)倒入塑料盆内,去除植物残体、土壤动物、石块等非土壤组成部分,混匀后过 2 mm 土筛,保存于自封袋内,并标记采集地点、时间、样品编号、取土深度等信息。采集完成后清洁塑料盆,将剩余土回填。在海拔一致、坡向相同的区域内重复 5 个样方。

(3)运输、保存及测定　检查所有土壤样品标记,将其置于冰盒内并带回实验室 4 ℃冰箱内保存,于一周内按照本实习操作完成土壤微生物量碳(氮)测定。

六、思考题

1. 测定过程中有哪些注意事项会影响到测定结果?
2. 凯氏定氮法测定土壤浸提液的氮含量有什么优缺点?

七、参考文献

[1]徐慧博,乔红娟,雷茵茹. 森林土壤微生物生物量研究进展[J]. 安徽农业科学,2018,46(19):19-21.

[2]胡婵娟,刘国华,吴雅琼. 土壤微生物生物量及多样性测定方法评述[J]. 生态环境学报,2011,20(Z1):1161-1167.

[3]唐玉姝,魏朝富,颜廷梅,等. 土壤质量生物学指标研究进展[J]. 土壤,2007(2):157-163.

[4]孙凯,刘娟,凌婉婷. 土壤微生物量测定方法及其利弊分析[J]. 土壤通报,2013,44(4):1010-1016.

[5]吴金水,林启美,黄巧云,等. 土壤微生物量测定方法及其应用[M]. 北京:气象出版社,2006.

[6]陈立新．土壤实验实习教程[M]．哈尔滨：东北林业大学出版社，2005.

[7]宁夏化学分析测试协会．团体标准 土壤微生物量氮的测定：T/NAIA 0001—2020.[S]，2010.

[8]杨烁．不同类型草地地上生物量的估测[D]．杨陵：西北农林科技大学，2019.

[9] Wu J，Joergensen R G，Birgit Pommerening R，et al. Measurement of soil microbial biomass C by fumigation-extraction-an automated procedure [J]. Soil Biol. & Biochem.，1990，22：1167-1169.

作者：陈文青　何佳

学校：西北农林科技大学

实习十八　草地土壤测土配方施肥设计

一、背景

我国农业不合理施肥已导致较为严重的环境污染，已造成农田土壤酸化（Guo et al，2010），土壤重金属离子富集（Bai et al，2015；Tian et al.，2016）等问题。过量施肥导致肥料极易挥发和流失，难以到达植物根部，不利于植物吸收利用，导致肥料利用率较低。此外，不合理施肥妨碍植物对其他营养元素的吸收，引起植物缺素症（Tian et al.，2021）。因此，科学合理使用化肥，在保障植物生产的同时，兼顾环境友好，已成为我国现代绿色农业发展的必然趋势。

测土配方施肥是以土壤测试和肥料田间试验为基础，根据植物对土壤养分的需求规律、土壤养分的供应能力和施肥效应，提出相应的肥料施用数量、时期和方法的一套施肥技术体系（张福锁，2011）。测土配方施肥是兼顾土壤、植物与肥料的互作过程，以最小养分律、养分归还学说、同等重要律、不可替代率、因子综合作用律和肥料效应报酬递减率等理论为依据，确定肥料的施入种类、总量和比例。该体系能够最大限度发挥肥料的增产效应，能够实现“产前定肥”的目标（谢勇等，2012）。

在草地生产中，以目标产量法较为常见，其原理是：用牧草目标产量的养分吸收量减去土壤养分供给量，差额部分通过施肥进行补足，使得牧草目标产量所需要的养分与土壤、肥料供应的养分之间达到平衡。

二、目的

测土配方施肥是以土壤测试和肥料田间试验为基础，根据牧草需肥规律、土壤供肥能力和肥料效应，在合理施用有机肥料的基础上，提出氮、磷、钾及中、微量元素等肥料的施用数量、施用时期和施用方法。测土配方施肥技术的核心是调节和解决牧草需肥与土壤供肥之间的矛盾，有针对性地补充牧草所需的营养元素，做到因缺补缺，实现各种养分的平衡供应，满足牧草生长需要。

学生通过野外采样及室内分析试验，了解测土配方施肥的各个环节，加深对测土配方施肥的理解，掌握测土配方施肥的实践技能。

三、实习内容与步骤

（一）材料

土钻，牧草和土壤养分测试材料详见本教材土壤养分管理、草地植被管理测定方法。

（二）仪器设备

全自动凯氏定氮仪（840，FOSS公司，丹麦），紫外分光光度计（752，上海菁华仪器公司），消煮炉(FOSS公司,丹麦)。

(三)测定内容

1. 土壤养分测试

土壤养分测试是制定肥料配方的重要依据之一。随着我国牧草产业的不断升级,高产牧草品种不断涌现,施肥数量和种类发生了较大变化,土壤养分分布也发生了明显改变。通过开展土壤养分(包括大、中、微量元素)测试,了解土壤供肥能力的基本状况。

2. 田间试验

田间试验是获得牧草最佳施肥量、施肥时期、施肥方法的根本途径,也是筛选、验证土壤养分测试技术、建立施肥指标体系的基本环节。通过田间试验,掌握不同牧草品种的优化施肥量、基肥和追肥的分配比例、施肥时期及施肥方法,获得土壤养分校正系数、土壤供肥量、牧草需肥参数和肥料利用率等基本数据,构建牧草施肥模型,为施肥配方提供依据。

3. 计算推荐施肥量

通过总结田间试验结果、土壤养分特征,结合气候、地貌、耕作制度等方面情况,根据不同品种牧草的目标产量,提出相应的推荐施肥量。

(四)操作步骤

1. 划定分区,收集资料

将自然环境条件相似,土壤肥力差异较小,生产内容基本相同的区域划为同一配方施肥区。收集该地区的土壤普查资料、已有试验结果、农牧民生产技术水平、肥料施用现状、牧草产量等方面资料。

2. 田间土壤养分测试

根据配方施肥实施方案,布置相应的田间试验,以获得有关的配方施肥参数。采集土壤样品进行分析测试,获得足够的田间土壤养分的数据。土壤样品的采集要有代表性,采集时首先在地图上标记出采集的地点,采集深度 0～30 cm。将土壤样品带回实验室,分析土壤氮、磷、钾等元素,充分了解土壤肥力的基本情况。

3. 配方设计

土壤肥料需要量的计算公式为:

$$\text{肥料需要量}=\frac{\text{目标产量养分吸收量}-\text{土壤养分供应量}}{\text{肥料养分含量}\times\text{肥料当季利用率}}$$

式中:

$$\text{目标产量养分吸收量}(\mathrm{kg/hm^2})=\text{目标产量}(\mathrm{kg/hm^2})\times\text{牧草养分含量}(\%)$$

$$\text{土壤养分供应量}(\mathrm{kg/hm^2})=\text{土壤质量}(\mathrm{kg})\times\text{土壤速效养分测定值}(\mathrm{mg/kg})\times\text{校正系数}$$

$$\text{土壤质量}(\mathrm{kg})=\text{土地面积}(\mathrm{hm^2})\times\text{土层厚度}(\mathrm{m})\times\text{土壤容重}(\mathrm{g/cm^3})$$

$$\text{校正系数}=\frac{\text{空白田产量}\times\text{牧草单位产量养分吸收量}}{\text{土壤质量}\times\text{土壤速效养分测定值}}$$

肥料当季利用率通过田间试验获得,计算公式为:

$$\text{某元素肥料当季利用率}=\frac{\text{施肥区该元素植物吸收量}-\text{空白区该元素植物吸收量}}{\text{施入肥料中该元素总量}}\times 100\%$$

4. 校正试验

为确保肥料配方的准确性，最大限度地减少配方肥批量生产和大面积应用中存在的风险，在每个施肥分区单元设置配方施肥、习惯施肥和空白不施肥三个处理，以当地主要牧草栽培品种为研究对象，对比配方施肥的增产效果，校验施肥参数，验证并完善肥料配方。

5. 配方加工及推广

配方落实到农户田间是普及测土配方施肥技术的关键环节。目前不同地区有不同的模式，其中最主要的模式为：市场化运作、工厂化加工和网络化经营。该种模式能够有效解决农牧民科技素质低、土地经营规模小和生产技术落后等方面问题。

通过示范让农牧民看到实际效果，才能使测土配方施肥技术真正落实到田间。要利用一切措施向农牧民传授科学施肥的方法、技术和模式，同时还要加强对各级农业技术推广人员、肥料生产企业、肥料经销商的系统培训，逐步建立技术人员和肥料商持证上岗制度。此外，还需要重点开展田间试验、土壤养分测试、肥料配制以及数据处理等方面的创新研究工作，不断提升草地测土配方施肥技术水平。

（五）结果记录

根据田间试验方案，在每个小区采用样方法或样线法采集土壤和鲜草样品。草样置于烘箱内，105 ℃杀青半小时后，65 ℃连续烘干 48 h 至恒重。使用电子天平称量干草质量，单位换算为 kg/hm^2。记录土壤容重、土壤速效养分测定值、施肥区与空白区植物元素吸收量。根据肥料需要量方程，计算推荐施肥量。

四、重点和难点

1. 测定土壤速效氮、速效磷和速效钾含量。
2. 根据肥料需要量方程计算推荐施肥量。

五、实例

紫花苜蓿（*Medicago sativa* L.）是全球温带气候区广为栽培的牧草品种，素有“牧草之王”的美誉。我国苜蓿栽培面积已达 200 万 hm^2 以上，随着农牧业结构调整，“粮改饲”等相关政策的实施，种植面积将进一步扩大。河北省坝上地区位于我国农牧交错带，苜蓿产业发展潜力较大。该区域苜蓿生产过程中存在不施肥或盲目施肥等问题。此外，关于苜蓿生产的测土配方施肥研究还较为匮乏。通过前期预实验，已获得田间植物、土壤基本数据：土壤有效磷约为 6.2 mg/kg，土壤磷素供应量为 123 kg/hm^2，过磷酸钙中磷含量为 20%，磷肥当季利用率为 23%，紫花苜蓿磷含量为 3.2%。现计划目标产量为 4 000 kg/hm^2，根据目标产量计算磷肥需要量。

$$\text{目标产量磷素吸收量}(kg/hm^2)=\text{目标产量}(kg/hm^2)\times\text{牧草磷含量}$$

$$\text{目标产量磷素吸收量}(kg/hm^2)=4\ 000\times0.032=128$$

$$\text{磷肥需要量}=\frac{\text{目标产量磷素吸收量}-\text{土壤磷素供应量}}{\text{肥料磷素含量}\times\text{磷肥当季利用率}}$$

$$\text{磷肥需要量}=\frac{128-123}{0.2\times0.23}=108.70\ kg/hm^2$$

六、思考题

1. 如何实现田间土壤有效养分快速测定?
2. 如何根据肥料需要量公式计算肥料推荐量?

七、参考文献

[1]谢勇,孙洪仁,张新全,等. 坝上地区紫花苜蓿氮、磷、钾肥料效应与推荐施肥量[J]. 中国草地学报,2012,34,52-57.

[2]张福锁. 测土配方施肥技术[M]. 北京:中国农业大学出版社,2011.

[3]Bai W,Guo D,Tian Q,et al. Differential responses of grasses and forbs led to marked reduction in below-ground productivity in temperate steppe following chronic N deposition [J]. Journal of Ecology,2015,103,1570-1579.

[4]Guo J H,Liu X J,Zhang Y,et al.Significant acidification in major Chinese croplands [J].Science,2010,327,1008-1010.

[5]Tian Q,Liu N,Bai W,et al. A novel soil manganese mechanism drives plant species loss with increased nitrogen deposition in a temperate steppe[J]. Ecology,2016,97,65-74.

[6]Tian Q,Lu P,Ma P,et al. Processes at the soil - root interface determine the different responses of nutrient limitation and metal toxicity in forbs and grasses to nitrogen enrichment[J]. Journal of Ecology,2021,109,927-938.

作 者:杨鑫 杨英 张飞 鲁国庆
单位:宁夏大学

第二部分　草地植被管理

实习一　草地植物生活型及分枝类型
实习二　草地植被四度一量的测定
实习三　草地植物地下生物量的测定
实习四　草地植物生长模型
实习五　草地种子库、芽库测定
实习六　牧草适口性评价
实习七　草地植物粗蛋白、粗脂肪、粗纤维等营养成分测定
实习八　草地植物体外消化率测定
实习九　草地植被放牧演替
实习十　草地植物酮类、烃类、萜类活性物质测定
实习十一　草地植物化感物质测定
实习十二　草地植物内生真菌测定
实习十三　草地有毒有害植物的识别及其防除
实习十四　草地植被病害诊断及防治
实习十五　草地植被虫害调查及防治
实习十六　草地啮齿动物调查及防治
实习十七　退化草地补播、划破草皮改良
实习十八　草地改良培育效果调查

实习一　草地植物生活型及分枝类型

一、背景

植物的生活型是植物与环境相互影响且长期适应的株体形态、寿命和分异类型。草地植物分枝（分蘖）类型十分多样，不同分枝类型的草地植物在生产中的利用价值和用途也不同。多年生草本植物的生长发育，以及经过不断刈割或放牧利用后的枝条再生都与枝条形成方式有关。分蘖就是植物从地表或地下茎节、根颈、根蘖上的腋芽形成新枝条的过程。分蘖一般在春季和夏季时期进行，并且消耗大部分的营养物质，是植物适应各种生境的重要原因之一。根据新枝形成的特点，可将饲用植物分为根茎型、根蘖型、疏丛型、密丛型、根茎疏丛型、匍匐型、轴根型、粗壮须根型和鳞茎型等类型。

二、目的

学生在实习中，选择并采集不同分枝类型的植物，通过细致观察、描述和分枝类型模式图的绘制，了解植物种群习性及多年生草类植物的枝条形成规律与特点，识别草地常见植物的生活型与分枝类型，加深对植物生活型和分枝类型在维持草地草产量、植物多样性及草地植物群落稳定性方面的作用的理解，提高对草地植物生活型及分枝类型重要性的认识。

三、实习内容与步骤

（一）材料

天然草地（物种丰富度较高的草地）。

（二）仪器设备

铁锹、钢卷尺、塑料样品袋、采集杖、标本夹、标本纸等。

（三）测定内容

选择典型的不同分枝类型的草地植物，记录生活型，采挖地下部分，细致观察、描述并绘制分枝类型模式图。

（四）操作步骤

1. 野外工作

在牧草标本采集地或选定地区上，采集植物样本。挖掘植物地下营养器官，挖掘时应尽量细心，以防损伤或弄断根系。有些植物的地下营养器官入土较深，如根蘖型草类，需要深挖。将挖取的植物用水冲洗掉根部的泥土或杂质，以备晾干后压制标本或制作浸液原色标本，并对照所附主要栽培牧草分枝类型参考资料，仔细观察不同分枝类型的特征特性，分别识别登记。

2. 植物的生活型的识别

在生态学上，植物的生活型是指植物由于长期生活在相同的气候环境条件下，在形态、结构和生活习性上所表现出相似的外貌特征。通常，对外界环境条件适应能力相似和要求相近的植物，可被归为同一生活型。

划分植物生活型的方法很多，从草地饲用植物的特点出发，学习丹麦植物生态学家 Raunkiaer 的生活型分类法。这类生活型分类法依据植物在不利生长季节内，其芽和枝鞘受到保护的方式和程度进行分类，这种分类法所取形态特征具有重要的生态适应意义，而且形态特征也容易识别和野外应用，还可对不同地区的植物进行比较分析。Raunkiaer 按越冬休眠芽位置与适应特性，将高等植物分成高位芽植物、地上芽植物、地面芽植物、地下芽植物、一年生植物五大生活型类群。

(1)高位芽植物　高大乔木、灌木和热带高草，如乔木和大灌木，其休眠芽或枝梢位于地面 25 cm 以上。依高度又可分为五个亚类：大高位芽植物（高度＞30 m 的大乔木）、中高位芽植物（高 8～30 m 的中乔木）、小高位芽植物（高 2～8 m 的小乔木和灌木）、矮高位芽植物（高 2 m 以下的灌木及小灌木）和攀缘植物（无高度限制）。

(2)地上芽植物　为芽紧贴地面或稍出土表的平卧植物或低矮灌木，一般休眠芽不高于 25 cm。这类植物度过不良季节时，由于芽位于地表，冬季可被积雪覆盖保护，如灌木、半灌木、苔原植物和高寒植物。

(3)地面芽植物　更新芽位于近地面的土层内，因而需要依赖于枯枝落叶或者积雪保护更新芽，这类植物地上部分度过不良季节或冬季时全部枯死，休眠芽多位于地表，温带多年生草本大多属此类。

(4)隐芽植物　更新芽在不利季节完全隐藏在地下土壤中或水中，冬季地上部分和一部分地下部分死亡。又可分为三个亚类：地下芽植物（更新芽处于地表以下一定深度的土层中，主要有鳞茎、块茎类和根茎类多年生草本植物）；沼生植物（更新芽在水下泥土中）；水生植物（更新芽在水中）。

(5)一年生植物　当年完成生命周期，以种子方式过冬，所有其他部分的器官全部枯死。

3. 植物分枝类型的识别

多年生草类枝条形成的类型（分蘖类型）及其枝条的形成过程与放牧、刈割利用后牧草的再生密切相关，也关系到牧草的越冬与更新。多年生草类植物的枝条大多从地表或地下茎节、根颈、根蘖上形成枝条，枝条形成（分蘖）类型主要有根茎型、疏丛型、密丛型、根茎疏丛型、匍匐型、轴根型、根蘖型、粗壮须根型、鳞茎型、块茎型等。

(1)根茎型草类　这类植物不仅具有垂直于地面生长的地上茎和枝条，而且还具有地下横走的根状茎。根状茎是茎的一种变态类型，也有明显的节和节间，叶退化为膜质鳞片状，顶芽和腋芽明显，并可发育成地上枝。根状茎还可产生新的根状茎，依次扩展更新，可形成根茎网和大量地上枝条，往往能在一处形成连片的草丛。

(2)疏丛型草类　疏丛型植物在位于地表下 1～5 cm 深处具有短粗的茎节，即分蘖节，枝条从分蘖节上以锐角的形式伸出地面，形成株丛。这类植物虽能形成草皮，但株丛与株丛之间缺少联系，放牧过重时易形成许多小草丘。

(3)密丛型草类　密丛型草类的分蘖节位于地表面或地表附近，节间非常短，由分蘖节上生出的枝条彼此紧贴，几乎垂直地向上生长，因而形成了稠密的株丛。株丛的直径随年龄而增加，成年株丛的中心开始衰老死亡，往往形成“秃顶”的株丛。密丛型植物生长缓慢，但耐牧性强。

(4)根茎疏丛型草类　这类草的分蘖节位于地表之下，形成的株丛为疏丛型，同时株丛也具有短根茎，短根茎生长发育后可产生新的株丛，株丛与株丛之间由短根茎相连，形成稠密的网状。这类植物是根茎型和疏丛型的混合类型，草皮富有弹性，耐践踏，也不易形成草丘。

(5)匍匐型草类　这类草可形成匍匐于地面的匍匐枝，匍匐枝的节间较直立枝长，节上可生有叶、芽和不定根，与整体分离后能长成新的植株。此类植物多见于潮湿生境，适宜放牧利用。

(6)轴根型(根颈型)草类　这类草具有垂直且粗壮的主根，主根上长出粗细不一的侧根。茎的底部加粗部分与根融合区称为根颈，根颈上有更新芽，芽生长形成新的枝条。放牧或刈割后，根颈上的芽和枝条上的芽均能长成新枝条。

(7)根蘖型草类　这类草具有垂直的短根，一般在 5～30 cm，在垂直的短根上又可长出水平根，水平根上生有不定根，并可产生更新芽，生长发育后伸出地面形成新的枝条。

(8)粗壮须根型草类　此类植物无明显向下生长的主根，具有短的根茎或强的分枝侧根，其根系在形态上与禾草的根系类似，即须根系，但根通常比较粗壮。

(9)鳞茎型草类　此类植物在土壤表层以下 5～20 cm 处形成鳞茎，鳞茎实质为变态的地下茎和叶，其茎缩短呈盘状，特称“鳞茎盘”，其上着生密集的鳞叶及芽。鳞茎上的主根死亡早，靠茎生出不定根吸收营养，这种根每年不断更新，是一种特殊的营养贮藏器官和繁殖器官。

(10)块茎型草类　块茎是地下茎末端形成膨大而不规则的块状，是适于贮存养料和越冬的变态茎。块茎的表面有许多芽眼，一般作螺旋状排列，芽眼内有 2～3 个腋芽，仅其中一个腋芽容易萌发，能长出新枝。块茎也是特殊的营养更新及繁殖器官。

(五)结果记录

根据课堂讲授或教材中的有关知识，对采集或现有的标本进行生活型和分枝类型的识别和记录，并绘制分枝类型模式图。

(六)注意事项

采挖植物应尽量细心，以防损伤或弄断根系，保证包括地上枝条、花和果实，尤其是保证根茎、分蘖节、鳞茎等地下贮藏或营养繁殖器官的完整性。植物采挖时要注意对草地的保护，防止对草地植被的破坏，可进行小面积、典型有代表性株丛采挖，并及时回填土壤。另外，对重要的资源植物或濒危的植物禁止采挖。

四、重点和难点

1. 分蘖类型识别要点的掌握。
2. 采挖的技术与操作要领。

五、实例

1. 实习内容

天祝高山草原高寒草甸常见植物分蘖类型的识别。

2. 实习地点

实习点位于甘肃省天祝藏族自治县抓喜秀龙乡(N 37°11′,E 102°46′),境内海拔从 2 950 m 至海拔 4 300 m 的马牙雪山,年降水量为 415 mm,植物生长季为 120～140 d。草地植被有高寒草甸、灌丛草甸、高寒草原、山地草甸等。

3. 实习过程

(1)材料准备　铁锹、钢卷尺、塑料样品袋、采集杖、标本夹、标本纸等。

(2)采挖　在牧草标本采集地或选定地区上,采集植物样本。仔细观察不同分枝类型的特征特性,分别识别登记。具体测定方法依照上述操作步骤。

(3)抓喜秀龙草地植物主要分枝类型的识别

根茎型:沿沟草(*Catabrosa aquatica*);疏丛型:垂穗披碱草(*Elymus nutans*);密丛型:紫花针茅(*Stipa purpurea*);根茎疏丛型:矮嵩草(*Kobrosia humilis*);匍匐型:蕨麻(*Potentilla anserina*);轴根型:黄花棘豆(*Oxytropis ochrocephala*);根蘖型:刺儿菜(*Cirsium setosum*);粗壮须根型:高原毛茛(*Ranunculus tanguticus*);鳞茎型:高山韭(*Allium sikkimense*);块茎型:甘露子(*Stachys sieboldii*)。

六、思考题

1. 认识不同草地植物的分蘖类型对草地利用、管理实践有何重要指导意义?
2. 请用表格对比总结根茎型、根蘖型、疏丛型、密丛型、轴根型的识别要点。

七、参考文献

[1]任继周,等. 草业科学研究方法[M]. 北京:中国农业出版社,1998.
[2]甘肃农业大学. 草原学与牧草学实验实习指导书. 兰州:甘肃教育出版社,1991.

作者:曹文侠
单位:甘肃农业大学

实习二　草地植被四度一量的测定

一、背景

植物群落数量特征的测定是植物群落定量分析的基础(姜恕等,1986),草地生物量是反映草地生产能力的基本指标。研究草地植被群落特征、草地生物量等对了解草地生态状况具有重要意义。天然草原野外调查通常采用四度一量的方法测定群落数量特征以确定生物量和草地类型。四度一量包括盖度(C)、频度(F)、高度(H)、密度(D)和地上生物量(P)。盖度是指植物群落总体或各个种的地上部分的垂直投影面积与取样面积之比的百分数,在一定程度上反映了植物利用环境及影响环境的程度。其大小不取决于植株的数目,而是决定于植株的生物学特性。频度是种在群落中分布的均匀程度的数量指标,是指群落中某种植物出现的样方数占整个样方的百分比。高度是草地群落生态学调查中最基本的指标之一,其大小可以反映植物的长势情况。密度是单位面积中某种植物的平均株数(任继周等,1998)。地上生物量是指在样方框内出现的所有植物地上部分的重量,一般采用收获法来获取。

通过对草地植物群落盖度、频度、高度、密度与地上生物量等群落特征的调查,明确草地群落优势种,对于评价草地群落生物多样性、群落结构、草地生产力及其稳定性具有重要实际意义。

二、目的

通过本实习使学生掌握草地植被调查的样地设置、样方布局和测定等技能。掌握群落数量特征的测定方法,加深对草地群落基本特征的了解,学会草地群落生态学研究中的数据采集、数据整理等基本技能,提高分析问题及解决实际问题的能力。

三、实习内容与步骤

(一)材料

天然草地。

(二)仪器设备

样方框(1 m×1 m、0.5 m×0.5 m)、样圆(0.1 m^2)、钢针、钢卷尺、剪刀、电子秤 1 台(精度 0.001 g)、样品袋、标签、烘箱、瓷盘、计算器、野外调查表格、记录表等。

(三)测定内容

分种测定植物的盖度(C)、频度(F)、高度(H)、密度(D)和地上生物量(P)。

(四)操作步骤

1. 样地选择

样地通常选择种分布均匀,地形、土壤等环境条件一致的典型地段,不选择被人、畜和啮齿动物过度干扰和破坏的地段，不选择两个群落的过渡地带。平地上的样地选在最平坦的地段；山地选在高度、坡度和坡向适中的地段；具有灌丛的样地，除其他条件外，选择灌丛郁蔽度中等的地段（任继周等，1998）。

样地的大小、形状和数目取决于所研究群落的性质和所预期的数据种类，可根据最小群落面积原则结合具体情况而定。样地数目多少取决于群落结构复杂程度，根据统计检验理论，取样数目越多，代表性越强，但为节省人力和时间，考察时每类群落根据实际情况可选择 3～5 个样地，所有样地按照顺序进行编号。

2. 盖度的测定

可采用目测法（有经验的专业人员采用）或针刺法进行。采用针刺法测定时，将 1 m×1 m 样方框划分为 100 个小格子，将其随机放置于测定样地若干次，用钢针依次在每个小格子相同位置（或交叉点）垂直向下刺入土壤（接触土壤）（图 2-2-1a），记录钢针触碰到的植物（Yang Haijun et al，2012）。计算各种草的盖度及群落的总盖度。完成表 2-2-1。

植物的盖度 C＝某种植物的触针次数/测点总数×100％

群落总盖度 U＝各分物种盖度之和

表 2-2-1　植被特征——盖度的测定

取样地点：　　　　草地类型：　　　　测定时间：

样方面积（m²）：　　　　样方数量：　　　　观测人：

<table>
<tr><th>样方编号</th><th>植物名称</th><th>网格交点触碰次数</th><th>网格交点总数</th><th>盖度/％</th></tr>
<tr><td rowspan="4"></td><td></td><td></td><td></td><td></td></tr>
<tr><td></td><td></td><td></td><td></td></tr>
<tr><td>…</td><td></td><td></td><td></td></tr>
<tr><td colspan="4">该样方内群落总盖度/％</td></tr>
<tr><td rowspan="8"></td><td></td><td></td><td></td><td></td></tr>
<tr><td></td><td></td><td></td><td></td></tr>
<tr><td>…</td><td></td><td></td><td></td></tr>
<tr><td colspan="4">该样方内群落总盖度/％</td></tr>
<tr><td></td><td></td><td></td><td></td></tr>
<tr><td></td><td></td><td></td><td></td></tr>
<tr><td>…</td><td></td><td></td><td></td></tr>
<tr><td colspan="4">该样方内群落总盖度/％</td></tr>
<tr><td>…</td><td></td><td></td><td></td><td></td></tr>
</table>

3. 频度的测定

频度采用样圆法测定（图 2-2-1b），在样地内随机抛掷样圆（0.1 m²）50 次，记录每次样圆内存在的植物种，计算各种植物的频度，完成表 2-2-2。

某种植物的频度 F＝含某种草的样圆数/样圆总数×100％

表 2-2-2　植被特征——频度的测定

取样地点：　　　　测定时间：

草地类型：　　　　观测人：

样地编号	植物名称	某植物在投掷样圆内出现的次数	投掷样圆总数	频度/%
	…			
	…			
	…			
…				

4. 高度的测定

高度(H)的测定用钢卷尺。在样地随机放置 1 m×1 m 样方框若干，在样方内随机选取各植物种 10 株以上，测定自然高度，取平均值(图 2-2-1c)，完成表 2-2-3。

表 2-2-3　植被特征——高度的测定

取样地点：　　　　草地类型：　　　　测定时间：

样方面积(m^2)：　　　　样方数量：　　　　测定人：

样方编号	植物种类	测定次数及高度/cm										平均高度/cm
		1	2	3	4	5	6	7	8	9	10	
	…											
	…											
	…											
	…											
…												

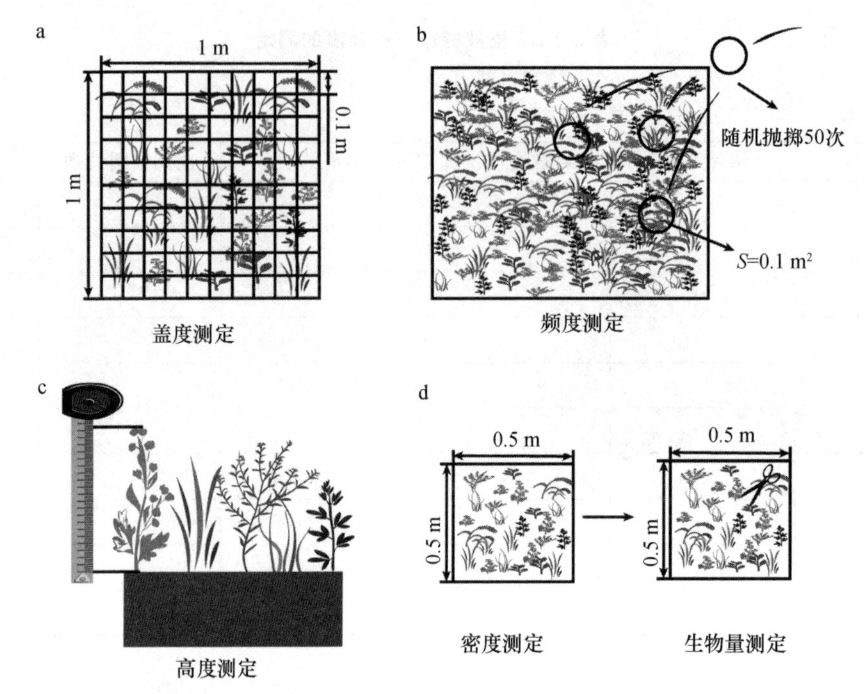

图 2-2-1　草地植被四度一量的测定

5. 密度和地上生物量的测定

在测定样地随机放置 0.5 m×0.5 m 样方框(图 2-2-1d)若干，记录样方内植物类型及株数(或株丛数)，完成表 2-2-4；然后按照植物种分别齐地面刈割后收集，置于烘箱中，65 ℃烘干至恒重，冷却后，称植物干重。样方重复 5 次以上，分别计算密度和地上生物量，取平均值，完成表 2-2-5。

$$密度\ D(株数/m^2)=样方中某种植物的株数/样方面积$$
$$地上生物量\ P(g/m^2)=某种植物的干重/样方面积$$

表 2-2-4　植被特征——密度的测定

取样地点：　　　　草地类型：　　　　测定时间：

样方面积(m^2)：　　　　样方数目：　　　　测定人：

样方编号	植株名称	株数	密度/(株数/m^2)
	…		
	…		
	…		
…			

表 2-2-5　植被特征——地上生物量的测定

取样地点：　草地类型：　测定时间：

样方面积(m^2)：　样方数目：　观测人：

样方编号	植物名称	鲜重/g	干重/g	地上生物量/(g/m^2)
	…			
	总生物量/(g/m^2)			
	…			
	总生物量/(g/m^2)			
	…			
	总生物量/(g/m^2)			
…				

6. 结果记录

完成植被群落特征汇总表 2-2-6。

表 2-2-6　植被群落特征汇总表

取样地点：　观测时间：

草地类型：　观测人：

样地编号	植物种类	密度/(株数/m^2)	高度/cm	盖度/%	频度/%	地上生物量/(g/m^2)
	…					
	…					
	…					
…						

四、重点和难点

1. 取样地的选择。
2. 样地的大小、形状和数目的确定。

五、实例

1. 实习内容

关山草原四度一量的测定，包括植物的盖度（C）、频度（F）、高度（H）、密度（D）和地上生物量（P）。

2. 实习地点

关山草原位于陕西省宝鸡市陇县西南部（106°34′23″ E，34°43′17″N）。地处暖温带大陆性季风气候区，大部分草地类型为高山草甸草原，平均海拔为 2 200 m 左右，年均降水量 650～700 mm。调查地植物群落常见草种有草地早熟禾（*Poa pratensis* L.）、白三叶（*Trifolium repens* L.）、路边青（*Geum aleppicum* Jacq.）、车前（*Plantago asiatica* L.）等。

3. 实习过程

（1）材料准备　样方框（1 m×1 m、0.5 m×0.5 m）、样圆（0.1 m^2）、钢针、钢卷尺、剪刀、电子秤 1 台（精度 0.001 g）、样品袋、标签、烘箱、瓷盘、计算器、野外调查表格、记录表等。

（2）采样　调查地选择物种分布均匀，地形、土壤等环境条件一致，地势平坦开阔的典型地段；在海拔一致、坡向相同的区域内重复 3 个样方。测定植物盖度采用针刺法，结果示例见表 2-2-7a；测定频度采用样圆法，结果示例见表 2-2-7b；植物高度用钢卷尺进行测量，示例见表 2-2-7c；密度测定通过样方内植物株数测定，示例见表 2-2-7d；地上生物量测定通过植物干重测定，示例见表 2-2-7e；植被群落特征汇总表见表 2-2-7f。具体测定方法依照上述操作步骤。

表 2-2-7a　植被特征——盖度的测定

取样地点：关山草原　　草地类型：高山草甸　　测定时间：2021.09

样方面积（m^2）：1　　样方数量：3　　观测人：

样方编号	植物名称	网格交点触碰次数	网格交点总数	盖度/%
1	白三叶	34	100	34
	路边青	15	100	15
	蒲公英	18	100	18
	地榆	11	100	11
	车前	6	100	6
	委陵菜	8	100	8
	该样方内群落总盖度（%）：92			
2	路边青	15	100	15
	白三叶	26	100	26
	地榆	13	100	13
	蒲公英	14	100	14
	车前	14	100	14
	香附子	10	100	10
	该样方内群落总盖度（%）：92			

续表 2-2-7a

样方编号	植物名称	网格交点触碰次数	网格交点总数	盖度/%
3	路边青	10	100	10
	白三叶	38	100	38
	地榆	0	100	0
	委陵菜	7	100	7
	车前	7	100	7
	蛇莓	25	100	25
	该样方内群落总盖度(%):87			

表 2-2-7b 植被特征——频度的测定

取样地点:关山草原　　测定时间:2021.09

草地类型:高山草甸　　观测人:

植物名称	某植物在投掷样圆内出现的次数	投掷样圆总数	频度/%
白三叶	26	50	52
路边青	18	50	36
蒲公英	15	50	30
地榆	9	50	18
车前	6	50	12
委陵菜	3	50	6
香附子	10	50	20
蛇莓	10	50	20

表 2-2-7c 植被特征——高度的测定

取样地点:关山草原　　草地类型:高山草甸　　测定时间:2021.09

样方面积(m^2):1　　样方数量:3　　测定人:

样方编号	植物种类	测定次数及高度/cm										平均高度/cm
		1	2	3	4	5	6	7	8	9	10	
1	白三叶	14	16	25	16	19	12	20	23	24	18	18.7
	路边青	18	24	42	35	38	41	28	30	28	31	31.5
	蒲公英	16	15	9	17	16	8	12	6	16	8	12.3
	地榆	28	30	35	33	40	34	38	41	43	39	36.1
	车前	6	6	8	5	9	7	4	5	8	10	6.8
	委陵菜	20	16	29	21	15	23	19	20	32	19	21.4

续表 2-2-7c

样方编号	植物种类	测定次数及高度/cm										平均高度/cm
		1	2	3	4	5	6	7	8	9	10	
2	路边青	21	25	36	23	37	19	25	30	34	28	27.8
	白三叶	17	11	16	21	18	12	11	29	23	21	17.9
	地榆	35	22	13	29	35	32	11	29	23	21	25.0
	蒲公英	9	12	15	23	13	14	8	15	19	21	14.9
	车前	9	8	2	6	6	10	5	9	5	7	6.7
	香附子	20	13	15	18	19	21	15	12	23	10	16.6
3	路边青	21	20	28	36	19	26	23	39	33	26	27.1
	白三叶	13	17	13	29	15	19	12	26	22	19	18.5
	地榆	23	27	32	34	34	42	39	28	35	42	33.6
	委陵菜	11	15	18	23	27	31	26	23	29	34	23.7
	车前	3	12	14	7	11	5	8	10	11	12	9.3
	蛇莓	24	28	31	33	31	36	34	43	20	48	32.8

表 2-2-7d 植被特征——密度的测定

取样地点:关山草原　　草地类型:高山草甸　　测定时间:2021.09

样方面积(m^2):0.25　　样方数目:3　　观测人:

样方编号	植株名称	株数	密度/(株数/m^2)
1	白三叶	3	12
	路边青	3	12
	蒲公英	2	8
	地榆	2	8
	车前	1	4
	委陵菜	1	4
2	路边青	2	8
	地榆	4	16
	白三叶	4	16
	蒲公英	1	4
	车前	2	8
	香附子	1	4

续表 2-2-7d

样方编号	植株名称	株数	密度/(株数/m^2)
3	路边青	4	16
	地榆	0	0
	白三叶	3	12
	委陵菜	2	8
	车前	2	8
	蛇莓	1	4

表 2-2-7e　植被特征——地上生物量的测定

取样地点:关山草原　　草地类型:高山草甸　　测定时间:2021.09

样方面积(m^2):0.25　　样方数目:3　　观测人:

样方编号	植物名称	鲜重/g	干重/g	地上生物量/(g/m^2)
1	白三叶	10	0.88	3.52
	路边青	8	0.79	3.16
	蒲公英	5	0.56	2.24
	地榆	6	0.6	2.4
	车前	2	0.24	0.96
	委陵菜	14	1.31	5.24
	总生物量(g/m^2):17.52			
2	路边青	8	0.94	3.76
	白三叶	5	0.56	2.24
	地榆	14	1.34	5.36
	蒲公英	2	0.18	0.72
	车前	2	0.22	0.88
	香附子	5	0.42	1.68
	总生物量(g/m^2):14.64			
3	路边青	10	0.92	3.68
	白三叶	6	0.64	2.56
	地榆	3	0.35	1.4
	委陵菜	8	0.67	2.68
	车前	2	0.18	0.72
	蛇莓	7	0.62	2.48
	总生物量(g/m^2):13.52			

表 2-2-7f　植被群落特征汇总表

取样地点：关山草原　　观测时间：2021.09

草地类型：高山草甸　　观测人：

植物种类	密度/（株数/m^2）	高度/cm	盖度%	频度/%	地上生物量/（g/m^2）
白三叶	13.3	18.4	32.7	52	2.77
路边青	12	28.8	13.3	36	3.53
蒲公英	6	13.6	16	30	1.48
地榆	12	31.6	12	18	3.05
车前	6.7	7.6	9	12	0.85
委陵菜	6	22.6	7.5	6	3.96
香附子	4	16.6	10	20	1.68
蛇莓	4	32.8	25	20	2.48

六、思考题

1. 在样方面积和样方数量设置时，是不是取样面积越大越好，取样重复越多越好？

2. 本实验中盖度测定时采用的针刺法，适合群落总盖度较大的草甸或草原类型，对植被过于稀疏的荒漠草地，是否适宜？

七、参考文献

[1]姜恕，等．草地生态研究方法[M]. 北京：农业出版社，1986.

[2] 任继周，等．草业科学研究方法[M]. 北京：中国农业出版社，1998.

[3] Haijun Yang，Lin Jiang，et al. Diversity-dependent stability under mowing and nutrient addition：evidence from a 7-year grassland experiment[J]. Ecology Letters，2012，15：619-626.

作者：陈文青　董政宏　张君红

单位：西北农林科技大学

实习三　草地植物地下生物量的测定

一、背景

生物量是草地生态系统中最重要的数量性状之一，与高度、盖度、密度、频度共同作为草地群落的主要调查指标，草地植物地下生物量是指存在于草地植被地表下的草本根系和根茎生物量的总和。草地植被根系与根茎是草地植被碳蓄积的重要组成部分，准确测定草地植物地下生物量是研究草地碳源与碳汇的基础。同时，草地植物的根系还具有贮藏营养物质、供给营养和水分、支撑植物等基本功能，对于地上生物量的形成乃至对整个植物的生长发育都起着重要的作用，参与并调控草地生态系统的物质循环和能量流动。

常见的草地植物地下生物量的测定方法主要包括“壕沟法”与“根钻”或“土钻法”，学习草地植物地下生物量的测定有助于了解草地第一生产力，为更深层次研究草地生态变化机理做好基础工作。

二、目的

通过草地植物地下生物量的测定与分析，掌握壕沟法以及根钻、土钻法调查植被地下根系与根茎的主要数量特征，掌握活根与死根的辨别方法。并了解内生长土芯法和微根区管法测定土壤根系生物量的方法，达到加深认识草地植物生长情况的目的。

三、实习内容与步骤

(一)实验材料及工具

铁锹、小铲、根钻(直径 7 cm 或 10 cm)、土钻(直径 4 cm)、卷尺(2 m)、土壤分散剂、10%酒精或 4%福尔马林稀释溶液、2,3,5-氯化三苯基四氮唑(TTC)、塑料袋/自封袋、牛皮纸信封、烧杯、多种孔径网筛、天平、剪刀、镊子、电热烘箱、防水记号笔、登记表格。

(二)操作步骤

草地植物地下生物量通常分层次取样，按照土壤层次分别计算地下生物量。

1. 根系土壤样品取样方法

(1)壕沟法　以草地群落样方调查后的样方为中心，使用铁锹挖掘土壤，形成“回”字形的剖面，中间部分为样方需要调查生物量的土壤，四周为方便作业的“壕沟”，需要挖掘的剖面大小一般为 100 cm×100 cm，深度一般为 100 cm[需要确定草地植被类型，如植被为浅根(须根)植被，则深度一般为 50 cm 以下，若植被根系为深根(轴根)型，则深度应达到 1 m 或更深；牧草低矮、密度大、分布均匀的天然草地剖面大小为 20 cm×20 cm；牧草高大、密度小、分布不均匀的天然草地或人工草地剖面大小为 50 cm×50 cm 以上]，重复三次。在土壤剖面的垂直方向进行深度标记，一般以 5 cm 或 10 cm 作为一个土壤层次，使用小铲进行每一层土块的取样，将取下的土块尽数装入塑料袋或自封袋内暂时封装，使用记号笔标记信息。此方法可以获得相对准确的地下生物量数据，但存在所需人力较多、工作量较大、作业效率大幅缩减、对草地破坏性大等缺点。

（2）土钻/根钻法　一般使用直径为 4 cm 的土钻或 7～10 cm 的根钻，按照土钻和根钻上的刻度进行每层土块取样。4 cm 土钻于植被较为均匀的草地上重复取样 10～15 次，7～10 cm 的根钻重复 5～10 次。使用土钻或根钻的优势在于省时省工，对草地的破坏程度较小，但准确度比壕沟法较差。

（3）内生长土芯法　内生长土芯法（ingrowth soil core）是目前普遍应用的一种测定根系生物量的方法。这种方法是将装满过筛无根土的网袋放入事先挖好的坑中，周围再用无根土填满。也可以事先将坑挖好后，直接放入土壤模子，再放入网袋，然后用无根土将其填满，周围缝隙也用无根土填满，最后将模子抽出。土芯埋入后，以一定的时间间隔从土壤中取出，取出前要切断土芯与周围根的连接。与壕沟法和土钻、根钻法相比，内生长土芯法土芯的处理相对容易，要处理的土量远小于钻土芯法要处理的量。并且，由于网袋埋入时填充的是无根土，因此可准确地判断活根和死根的生物量，但是此法的缺点也是显而易见的。首先，网袋的存在使网袋内外的环境条件产生差异，使实验结果的代表性降低；其次，死根在土壤中的分解必然要增加。因此，用此法得到的结果可能会低估了根的年生物量。

（4）微根区管法　微根区管法（minirhizotron）是当今根系研究中最先进的方法。此法能对根的分枝、根的伸长速率、根的长度和死亡进行长时间定量监测，更重要的是能对根的分解进行观察。它将根系生物量研究的最小目标缩小到每一个具体的根的分枝，这是其他传统的研究方法不可比拟的。微根区管法需要使用摄像机和计算机等数字化设备，同时还需要数根透明的观察管，管的长度为 250 mm，外径为 22 mm，将它们在实验地点随机放置，其中上部的 36 mm 露出地表，并将其与地表面成 60°角埋入土壤中。管中放入摄像机探头，探测根生长的情况。通过数据线可将根部的图像传输到监视器上进行实时的观察，并用计算机自动控制探头姿态和运动方向。此方法最重要的是对图像进行分析，图像分析的过程可以从大量的图片中提取有用的信息。局限性在于图像分析由人工进行，比较费时，且劳动强度较大，并且还会因处理图像的人的专业技能差异而导致结果不同。

2. 根系清洗

（1）干选法　用小刀、针、镊子、刷子等工具直接将根从土壤中挑选出来的方法，也可将根系样品放入斜置的网筛上干筛。干选法适宜于生长在沙壤土或沙土上的牧草根量的研究，比湿洗法省时省工，但细根损失较多。

（2）湿洗法　是用水冲洗将根从土壤中分离出来的方法，过程较为繁杂。土壤分散剂是促进土壤分散的药剂，常用的土壤分散剂有焦磷酸盐（0.27%）、六偏磷酸钠（1%）、氯化钠（0.5%）、次氯酸钠（0.8%）、草酸（1%）、过氧化氢（3%～5%）等。用加入过氧化氢的水浸泡根系数小时后，能使黑色的根氧化为浅色，影响区分老根与新根的精度。对于富含碳酸钙的黏土，用 3%～5%的盐酸也能取得良好的效果。冲洗过程：首先将土壤-根系样品在容器里浸泡 12～24 h，必要时加入土壤分散剂。拣出明显的粗根和非根物质后，再用双层纱布包住土壤-根系样品在流水中冲洗。但必须注意不能过多地隔纱布挤压、搓捏样品，以免有些细根粘在纱布上不易取下而影响测定结果。此外，也可直接在筛子上用喷头或喷水器进行冲洗。初步冲洗干净的根样用网筛过滤，一般筛孔为 0.5 mm，如果根十分细小，则可用 0.2 mm 筛孔的网筛。更好的方法是将网筛从大到小重叠起来使用。第一层的筛孔为 1 mm，分离粗大的根、硬土粒和石块等；第二层为 0.5 mm，以分离较细的根和大的沙粒；第三层为 0.25 mm，主要阻拦大量的细根；第四层为 0.15 mm，用以收集非常细小的根。

3. 根系的保存

在不便立即冲洗或分离的情况下，一般选择将根系样品妥善保存，一般使用 10％的酒精或 4％的福尔马林稀释液保存，也可在 0 ～－2 ℃条件下冷冻保存。

4. 活根与死根的辨别与分离

(1)肉眼辨别法　根据根的形态解剖特征，肉眼从外表上主观判断的方法。一般清洗干净的活根呈白色、乳白色或表皮为褐色，根的截面仍为白色或浅色；而死根颜色变深，多萎缩、干枯。这一方法的局限性在于较为费时。

(2)比重法　由于死根和半分解状态的死根失去水分，比重较小，应用这一特点在实践中可用悬浮分离法区别死根与活根。将捡出的明显较大的活根和死根的剩余根样，放入盛水的烧杯中加以搅拌，静置数分钟，漂浮在水面的根为死根，悬浮在水中和沉在容器底部的为活根，沉在容器底部的黑褐色屑状物是半分解的死根。这一方法优点在于简单易行，但准确性也较差。

(3)染色法　常用的药剂为 2,3,5-氯化三苯基四氮唑，简称 TTC。TTC 的染色程度受温度、pH、溶液浓度和处理时间的影响。温度 30～35 ℃为宜，pH 6.5～7.5 为最适，浓度一般为 0.3％～1.0％，处理时间 8～24 h。具体方法是先将冲洗干净的根样剪成 2 cm 的小段，然后每 10 g 鲜重作为一个样本，放入培养皿中，加入 80 mL 已知浓度的 TTC 溶液，放入 30 ℃的恒温箱中，在黑暗条件下染色约 12 h。样品取出后，用蒸馏水将药液冲洗干净，用镊子分离着色与未着色两部分，着色的部分即为活根，未着色部分为死根。

5. 烘干称重

将洗净并分离的根系样品装入牛皮纸信封内，信封可用记号笔标记信息，尽快放入烘箱中，温度设定为 65 ℃恒温烘干至恒重，使用天平称重，将称量数据填入登记表(表 2-3-1)。

表 2-3-1　草地植物地下生物量调查登记表

样方编号:__________　　　　______年______月______日　　　　记录人:__________

编号	土壤深度/cm	总鲜重/g	活根干重/g	死根干重/g	备注
	0～10				
	10～20				
	20～30				
	30～50				
	50～70				
	70～100				

6. 结果分析与图表绘制

根据调查登记表记录的数据，分析样地间的统计学差异，绘制地下生物量图表。

四、重点和难点

1. 重点

草地植物地下生物量的测定方法和操作步骤。

2. 难点

鉴定根系为死根和活根，如需对根系进行植物学分类，则需要将地上部分进行留茬鉴别，并需要一定的植物分类学等相关知识。

五、实例

参考阳维宗等(2021)对若尔盖草本沼泽草地群落的地下生物量研究方法。

1. 根系取样

地下生物量采用壕沟法取样，取样体积为 30 cm×30 cm×15 cm。地下部分在剪取地上部分之后，利用 25 cm×25 cm 样方进行取样，取样体积为 25 cm×25 cm×50 cm，每 10 cm 为 1 层，分别为 0～10、10～20、20～30、30～40 和 40～50 cm，共 5 层，现场进行装存，并送往实验室低温保存。

2. 根系清洗

室内处理时，将其置于 0.25 mm 筛子，用清水冲洗，去除泥土等杂物，直至分离出根系。

3. 根系分离

利用镊子对洗净后的根系依据颜色、韧性和外形等特征进行分选，去除死根，保留活根，并采用游标卡尺结合目测的方法，对根系进行分类，分类标准为粗根＞ 2 mm、细根＜ 2 mm。分类完成后，置于通风口风干，去除根系表面水分，并按分类标准分别装至信封。然后将信封放入 70 ℃的烘箱烘 48 h 至恒重，利用电子天平测定其干重(精确到 0.000 1 g)，并计算不同土层的粗根、细根生物量(g/m^2)。

六、思考题

1. 如何提高草地地下生物量测定的准确性？
2. 如何辨别根系为死根还是活根？

七、参考文献

[1] 王紫，蒋志荣，赵锦梅，等．中国草本植物地下生物量研究进展[J]. 现代园艺，2017(15)：20-22.

[2]胡中民，樊江文，钟华平，等．中国草地地下生物量研究进展[J]. 生态学杂志，2005(9)：1095-1101.

[3]任继周．草业科学研究方法[M]. 北京：中国农业出版社，1998.

[4] 宇万太，于永强．植物地下生物量研究进展[J]. 应用生态学报，2001(6)：927-932.

[5]毛培胜．草地学实验与实习指导[M]. 北京：中国农业出版社，2019.

[6]阳维宗，马骁，杨文，等．若尔盖草本沼泽生物量季节动态、根系周转及碳氮磷储量[J].生态学杂志，2021，40(5)：1285-1292.

[7]周寿荣．草地生态学[M]．北京：农业出版社，1996.

作者：周冀琼

单位：四川农业大学

实习四　草地植物生长模型

一、背景

为定量化研究植物的生长规律，从20世纪60年代中期开始，研究人员就开始了植物生长的模拟研究。所建立的模型通过对植物生理生态过程的模拟，能够预测不同环境条件下生长的植物的某些综合指标，如作物的产量、牧草的生物量，叶面积指数动态，器官的生物量、数量等，在植物形态结构和环境因素的时空变异对植物生长的影响等方面进行了简化处理(徐照丽等，2016)。这类模型与专家系统结合，对农业生产等领域具有重要的指导意义。近年来由植物学、农学、生态学、数学、计算机图形学等诸多学科交叉而迅速发展起来的虚拟植物模型，则具有满足这类需求的潜力；一般而言，生理生态模型具有容易获取参数、对计算机性能要求不高等优点，适宜于产量预测、土地生产力评价等方面的应用；而植物生长模型的参数较复杂、对计算机性能要求较高，在空间分辨率要求高、与植物形态结构相关的领域应用更具有优势，在精确农业、生态系统物能流空间规律研究、植物生长状况遥感监测、园林设计、虚拟教学等众多领域具有广阔的应用前景。

二、目的

学会研究植株的生长和形态结构特点，掌握构建准确描述草地植物生长的功能-结构模型的技能，具备建立草地植物功能-结构模型 GreenLab-Tobacco，并对模型进行初步校验的能力。

三、实习内容与步骤

(一)材料

草地早熟禾(张瑞麟等，2005)，一种冷季型草坪草，我国大部分地区用其建设绿化和观赏草坪，匍匐茎是其养分的储藏库，在返青时可以促进植株的生长，且其上节处还可萌发不定根进而生成新的植株，因此匍匐茎在植株生态上具有重要作用，是草地早熟禾的重要器官，对其生长过程的数字化对草地早熟禾的生长和繁殖研究都具有重要意义。

(二)仪器设备

试验在温室中进行，并且供应有足量的水、肥和光照。模型需要计算机构建，运用一种现代用于高速计算的电子计算机，可以进行数值计算，又可以进行逻辑计算，还具有存储记忆功能。是能够按照程序运行，自动、高速处理海量数据的现代化智能电子设备。匍匐茎的长度直接使用软尺测量。匍匐茎直径使用高精度数显卡尺测量。

（三）测定内容

匍匐茎的生长机理：匍匐茎生长过程可以分解为长度和直径的生长过程，因此，在建立生长模型时，分别研究长度、直径与生长时间的关系，即可建立其生长模型（尹莹莹，2015）。

（四）操作步骤

在平面直角坐标系中，设定 x 轴为生长时间 t(d)，y 轴为匍匐茎长度 l(cm)，由描点法得到匍匐茎的生长曲线；根据试验数据，使用描点法绘制茎直径的生长曲线，设定 x 轴为生长时间 t(d)，y 轴为匍匐茎的直径 d(cm)。为检验所建立的模型是否能正确描述草地早熟禾匍匐茎的生长过程，使用国际通用的均方根误差（RMSE）统计方法对模型进行验证。

（五）结果记录

表 2-4-1　植物生长模型结果记录表

样地	茎长 l/cm	茎直径 d/cm	茎生长时间 t/d

根据试验数据，设定 x 轴为茎生长时间 t(d)，y 轴为茎的直径 d(cm)或茎长 d(cm)，使用描点法绘制茎直径与茎长的生长曲线，如图 2-4-1 和图 2-4-2 所示。

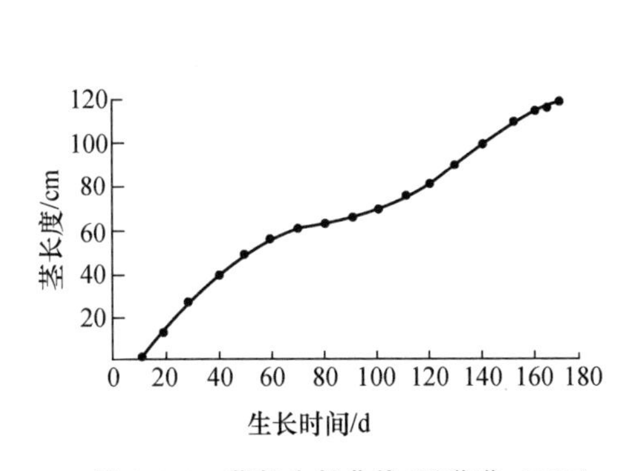

图 2-4-1　茎长生长曲线（尹莹莹，2015）

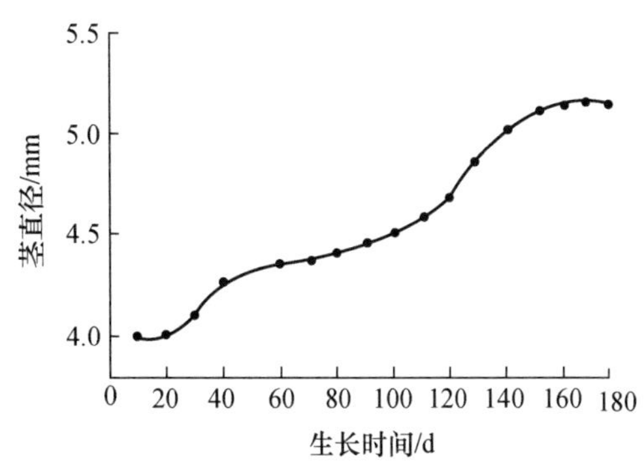

图 2-4-2　茎直径生长曲线（尹莹莹，2015）

四、重点和难点

本实验所采集的数据均为植物某个瞬时状态的数值，要想建立植物在整个生长阶段的模型需要进行数据的多次测定，所测时间范围应覆盖全部生育期。此外，外界因素如降雨、温度、光照等对草地植物的生长有直接影响，应尽可能避免长时间降雨或干旱后测量而造成的误差。

五、实例

耿瑞平等(2004)基于状态空间的虚拟植物结构生长模型将虚拟植物作为一个系统,分生组织视为系统的输入,植物生长视为状态矢量在空间的运动轨迹。该模型在虚拟植物形态结构生成方法上,以及寻找建立植物形态结构与生长机理的关系上做了有益探索,提供了植物生长动态模拟方法,极具实际应用价值与前景。理论分析与计算表明,该模型符合植物的生长规律,易于调节;形象直观,且物理意义明确。应用该模型同样可以探索外部环境对植物生长的影响,如将水肥等因素以控制量对其进行模拟,以期实现虚拟植物生长环境综合模拟。该文对单轴分枝的茎生长进行了分析,对于其余分枝形式如合轴分枝、假二叉分枝等,同样可以建立其基于状态空间的生长模型;由于植物的结构的对称性,以及生长过程的相似性,基于状态空间模型同样适用于对分枝生长的模拟。

六、思考题

1. 能否利用高通量植物三维表型的研究对草地植物表型特征模型进行判断?
2. 怎样更加有效客观地模拟真实植物的生长过程?

七、参考文献

[1]徐照丽,孙艳,吴茜,等. 烟草功能-结构模型 GreenLab-Tobacco 的构建[J]. 中国烟草学报,2016,22(3):52-59.

[2]张瑞麟,赵清,范敏,等. 我国草地早熟禾的研究进展[J]. 草业科学,2005(7):67-70.

[3]尹莹莹. 草地早熟禾匍匐茎数字化生长模型[J]. 江苏农业科学,2015(5):192-194.

[4]徐江,李艳,纪晶华. 统计学基础[M]. 2 版. 北京:机械工业出版社,2016.

[5]耿瑞平,涂序彦. 虚拟植物生长模型[J]. 计算机工程与应用,2004,40(14):6-8.

[6]尹莹莹. 草地早熟禾匍匐茎数字化生长模型[J]. 江苏农业科学,2015,43(5):192-194.

作者:郝俊 程巍

单位:贵州大学

实习五　草地种子库、芽库测定

一、背景

草地植物有两种方式更新种群，即幼苗和营养枝。前者来自种子库，后者来自芽库。种子库是有性繁殖的潜在来源，芽库是营养繁殖的潜在来源，二者共同组成了植物的繁殖库。芽库是植物营养繁殖的基础（赵凌平等，2015）。在一些植物群落中，土壤种子库在地上植物种群的建立、动态和遗传多样性方面起着至关重要的作用，在以多年生克隆植物为主的草地生态系统中，地上植被的季节变化和种群动态更依赖于芽库。种子库、芽库的特征、作用及其影响因子一直是植被生态学研究的热点问题，这些问题的探究对于预测植被演替、发展方向及植被管理具有重要指导意义。

二、目的

通过草地实习学会测量草地种子库与芽库的方法，掌握随机取样、收集植物种子与地下芽的技能，具备草地不同植物的芽与种子识别鉴定的能力。

三、实习内容与步骤

（一）材料

草坪土壤：土壤样品一般取自其生境，必须选取有代表性的土样。为了得到一个较为准确的估测数据，必须尽可能地增大取样器容量和取样数量。

芽库：是营养繁殖的潜在来源，是所有具有潜在进行营养繁殖能力的芽的集合。

种子库：植物种子成熟后最终都会落到地面上，其中只有很少数刚好落到合适的环境中而萌发，其他大部分种子因得不到适宜的条件而不能萌发。未萌发的种子中，一部分失去活力而死亡，另一部分具有休眠特性而得以保持活力，留在土壤中形成所谓的土壤种子库。

（二）仪器设备

解剖显微镜：基本结构包括镜体，其中装有几组不同放大倍数的物镜；镜体的上端安装着双目镜筒，其下端的密封金属壳中安装着五组棱镜组，镜体下面安装着一个大物镜，使目镜、棱镜、物镜组成一个完整的光学系统。物体经物镜作第一次放大后，由五角棱镜使物像正转，再经目镜作第二次放大，使在目镜中观察到正立的物像。在镜体架上还有粗调和微调手轮，用以调节焦距。双目镜筒上安装着目镜，目镜上有目镜调节圈，以调节两眼的不同视力。

（三）测定内容

测定不同植物的芽类型与种子特征：调查开展于 7 月下旬，在每个样地小区内随机选取一个种子库调查样方(25 cm×25 cm),取样深度为 25 cm。采样过程中将地下部分和地上植株一并挖取,并保持连接完整,以便后期对地下芽库进行物种鉴别。将样品置于塑料袋中带回实验室进行种子与芽的鉴定和计数。所有步骤均在 1 周内完成,避免植物样品损坏。

(四)操作步骤

芽库调查于每年 7 月进行,这时植物正处于营养生殖高峰期。在草地和放牧地随机设置面积为 50 m×50 m 的 5 个小区,每个小区之间至少间隔 50 m。芽库调查时,在每个小区内随机设置面积为 25 cm×25 cm 的 6 个样方,样方间隔至少 5 m。芽库调查采用单位面积挖掘取样法。取样深度 25 cm。取样时将样方内地上部分茎枝连同地下部分(根茎和根蘖等)一起挖出,用清水轻轻冲洗干净装入塑料袋带回实验室。注意保持地上植株与地下器官及全部营养芽的自然联系,以便鉴定与统计。参照 Harmony 等(2009)的方法进行芽库鉴定与统计。在解剖显微镜下,根据芽形态和芽所附着根系的形态鉴定芽库类型。不同类型的植物需要不同的鉴定技术:对于游击型植物,通过肉眼即可辨认根茎上、根蘖上和匍匐茎上的芽的类型和数量;而需要借助解剖镜来鉴定位于丛生型植物基部的分蘖芽和根颈芽的类型和数量。在大多数研究中,根据植物芽所在的器官库进一步将芽分为分蘖芽、根蘖芽、根茎芽和根颈芽 4 类,忽略不计偶尔出现的其他芽类型。

将采集来的土样分层处理,并借助于低温层积、适量高温或化学刺激等各种方法打破休眠,诱使种子萌发,通过鉴定和统计幼苗,检测出相应的种子数量。此法可以确切检测出具有活力的种子,从而确知种子库的实际规模,劳动量相对较小,对难打破休眠的种子不进行统计。

(五)结果记录

表 2-5-1 草地芽库结果记录表

样地	芽库类型	芽的数量	芽着生器官	发芽率/%

表 2-5-2 草地种子库结果记录表

样地	种子千粒重/g	种子数量	种子死亡率/%	种子休眠率/%

四、重点和难点

国内对杂草种子库的研究刚刚起步，主要对各类作物田杂草种子库的大小和结构组成进行调查，缺乏长期动态的研究；关于土壤种子库的扩散、种子库与防除策略之间的关系的研究比较薄弱，因此，对这方面的研究应投入大量精力进一步攻克。

五、实例

在陈心胜等(2018)对湿地植物繁殖库的研究中，发现了繁殖库主要分布在表层土壤中(0～10 cm)，物种组成及密度呈明显季节性变化。种子库密度一般高于地表群落，但芽库密度可能会低于地表群落，发现了地表群落更新和替代可能会受到芽库限制，繁殖库对水位、泥沙淤积、土壤含水量以及动物取食等湿地生境变化的响应。植物可通过调节繁殖库中种子和芽的产生、萌发、休眠和死亡等适应一定程度的湿地生境变化。在植被恢复的初期可通过引进种子库建立先锋植物群落，待群落稳定后再引进演替后期物种的繁殖体，加快植物群落的恢复进程。

六、思考题

1. 草原地下芽库大小与组成及其与地上植被之间的关联？
2. 草地芽库与种子库是否存在某种关联性？

七、参考文献

[1]赵凌平，王占彬，程积民．草地生态系统芽库研究进展[J]. 草业学报，2015，24(07)：172-179.

[2]陈心胜，蔡云鹤，王华静，等．湿地植物繁殖库的研究进展[J]. 农业现代化研究，2018，39(6)：953-960.

[3]Harmony J Dalgleish，David C Hartnett. The effects of fire frequency and grazing on tallgrass prairie productivity and plant composition are mediated through bud bank demography[J]．Plant Ecology，2009 (2)

作者：郝俊　程巍
单位：贵州大学

实习六　牧草适口性评价

一、背景

牧草适口性是评价草地牧草资源质量的基本资料。植物适口性与家畜的采食量密切相关。牧草适口性一方面受牧草本身的特性，如植株形态（绒毛、刺、株体高度）、化学成分（水分、挥发性物质、营养物质）、消化特性和频度等影响，另一方面，还受畜种、家畜年龄及其健康、生长、生产、饥饿程度和气候、季节等诸多因素的影响。一般情况下，无论何种家畜，总是优先选食那些味道较好、细嫩有营养的植物部分，而回避对其有害、异味和粗硬的低营养植株部分。牧草适口性评定通常以同一种家畜作标准，对不同种类、不同生育期和调制状态的牧草进行评定，可在一个生长周期或同一生长周期内发生极其剧烈的变化。

二、目的

通过对一个区域或一类牧草的适口性评价，掌握牧草适口性评价的基本原理和方法，将有助于生产管理者，在草地畜牧生产的时间、种间、空间上进行合理安排，服务于草地生产规划、管理、改良和合理利用的生产实践。

三、实习内容与步骤

（一）材料

栽培草地或天然草地中的饲用植物。

（二）仪器设备

计数器、样方框、钢卷尺、剪刀、手提秤或电子秤、记录表格。

（三）测定内容

学习草地植物适口性评价的基本原理、标准与方法，重点学习草地放牧调查法评价草地植物适口性质量的方法与步骤。

（四）操作步骤

1. 评定标准

草地植物对家畜的适口性可作数量和质量的评价。评价植物可食性可采用表 2-6-1 分级等级。

表 2-6-1　适口性评定表

分级	评级含义	方法
5,优	特别喜食的植物,往往首次从草丛中被挑食	1. 将供测牧草若干种放在实验动物面前,令动物自由选择;2. 访问有经验的专家、牧民;3. 现场观察 说明:因牧草种类繁多,仅用某一种方法不容易全面了解各种牧草,三种方法可以结合使用。
4,良	喜食的植物,但不从草群中挑食	
3,中	经常采食的植物,但不及前两类植物喜食	
2,低	不喜食,采食不多,前三种植物缺乏时才被采食	
1,劣	不愿采食,或只在不得已情况下偶尔采食	
0,不食	家畜根本不食的植物	

植物可全部被食或仅食其个别部分,也是牧草适口性评价的重要方面。这种被采食的程度可用字母 A～F 表示:A 指采食植物全部,不包括根;B 指采食植物的茎;C 指采食植物的叶片;D 指采食植物的花;E 指采食植物的果实;F 指采食植物的根、根茎和块根。

草地植物适口性的质量评价,可用间接调查法、直接观察法及草地放牧调查法来确定。

2. 间接调查法

为了得到可靠的调查资料和数据,应到多个点上调查多个生产管理者,如牧工、牧羊人、放牧员、挤奶工、技术员等,并查明是草地中的何种植物,哪种家畜,什么时候,在怎样的条件下,喜食程度如何等。由于一种植物往往有几个俗名,因此在调查时应携带植物标本、照片或对专门收集的植物进行访问,并将结果记入表 2-6-2。

表 2-6-2　草地植物适口性调查

植物名称		草地上各季内植物对家畜的适口性							干草中植物的适口性	备注
拉丁名	中名	牛				马	绵羊	其他家畜		
		春	夏	秋	冬					

注:对马、绵羊和其他家畜也像牛一样进行定期观察。

3. 直接观察法

在草地上直接观察植物适口性的方法,可得到比较详细的资料。具体做法是首先选出土壤、草群结构成分相同的草地地段为观察区。然后对同一地段对多种家畜进行采食情况的几次观察(早晨、正午、午后、傍晚等)。在草地群落中,当主要植物进入新的物候期时,各季节、各放牧周期等都应作观察,观察的资料记入表 2-6-3。

将草地中见到的植物,按次序区分为优势植物、常见植物、其余植物三类,并编制名录。以后该草地的所有表格均按照此植物名录为序,进行观察记载。

4. 草地放牧调查法

在草地群落中,同一时期不同牧草的适口性通常以家畜采食的相对口数(Mr)来反映。而相对口数受该种牧草在群落中的相对频度(Fr)、相对现存量(Er)的影响,且与其呈正比关系,用数学式表示为:

$$Mr = f_p \times Fr \times Er \tag{1}$$

式中：f_p 为适口性系数，用作比较不同牧草适口性的相对值，由式(1)导出：

$$f_p = \frac{Mr}{Fr \times Er} \tag{2}$$

式(2)表明，当两种牧草在群落中的相对频度和相对现存量相同时，家畜对任一牧草的相对采食口数越多，牧草的适口性就越高；当不同牧草具有相同的相对采食口数时，草群中的相对频度和现存量越高，则适口性越低。

表 2-6-3 草地植物适口性观测记载表

<table>
<tr><td colspan="5">观察地段：</td><td colspan="3">草地类型(指明植被、土壤、地形、年限等)：</td></tr>
<tr><td colspan="5">群落组成(主要植物种的大概含量)：</td><td colspan="3">畜群种类、年龄和数量：</td></tr>
<tr><td>植物名称</td><td colspan="5">第一次观察、月份、放牧次数</td><td rowspan="3">第二次及以后观察</td><td rowspan="3">备注</td></tr>
<tr><td></td><td rowspan="2">发育阶段</td><td colspan="4">适口性评价</td></tr>
<tr><td></td><td>早晨</td><td>午休前</td><td>午休后</td><td>傍晚</td></tr>
<tr><td></td><td></td><td></td><td></td><td></td><td></td><td></td><td></td></tr>
</table>

注：在备注栏中填入放牧时的天气状况(雨、阴、刮大风等)。

适口性系数虽然可作为牧草适口性的评价指标，但适口性系数只能反映某种牧草在被测时期与同期、同群落其他牧草的比较值。为将某种牧草全年的饲用价值通过适口性表征值反映出来，需要计算全年的饲用价值。可采用如下数学式：

$$Pu = \frac{t}{T} \sum f_p \tag{3}$$

式中：Pu 为适口价；t 为被测牧草在全年中参与组成放牧家畜日粮的时间单位(天、月、季)；T 为全年拟取的时间单位(365 天、12 个月、四季)；$\sum f_p$ 为被测牧草一年中参与放牧家畜日粮组成的适口性系数之和。

采用草地放牧调查法评价牧草适口性时，应尽可能选择植被清洁、完整、均匀、健康、近期无行人和家畜践踏放牧干扰的草地(面积视人力、试畜多少而定)作为样地，测定并计算各植物在群落中的平均相对频度(Fr)和现存量(Er)。根据同质相似原则，挑选一组发育良好，营养中上水平的试畜(草食家畜)。于归牧前赶入测试样区，跟群观察其中任一试畜的采食情况，看准采食口次数植物种类，在准备好的植物名录上用“正”字号计数，总计数量 400～1 000 次，计算试畜采食各种牧草的相对口次数(Mr)。

将上述计算数值分别代入式(2)和式(3)，求出每种牧草在测定时期内的适口性系数和适口价。依适口性指数，按表 2-6-4 对群落中各牧草的适口性做出评价结果。

表 2-6-4 牧草的适口性评价表

适口性指数	>5	3～5	1～3	0.5～1	0～0.5	0
评价结果	优	良	中	低	劣	不食

(五)结果记录

观测记录用表可参照表 2-6-5 至表 2-6-8。

表 2-6-5 牧草适口性测定——相对口数(Mr)记载表(年 月 日)

地点:________ 海拔:________m 样地号:________ 样地面积:________m^2

畜种:________ 畜群大小:________头(只) 测定持续时间:____时____分至____时____分

植物名称	被采食口次数(正号计数)	Mr/%
采食次数总和		

表 2-6-6 牧草适口性测定——相对频度(Fr)记载表(年 月 日)

地点:________ 海拔:________m 样地号:________ 样地面积:________m^2

植物名称	计数(正号)	Fr/%
投掷样圆总次数(N)		

表 2-6-7 牧草适口性测定——相对现存量(Er)记载表(年 月 日)

地点:________ 海拔:________m 样地面积:________m^2 样方面积:________m^2

植物名称	重复/(g/m^2)									Er/%
	1		2		3		平均			
	鲜重	风干	鲜重	风干	鲜重	风干	鲜重	含水/%	风干	
总风干重/(g/m^2)										

表 2-6-8 草地主要牧草对放牧家畜的适口性测定(年)

植物名称	Fr/%	月 日			月 日			月 日			月 日			$Pu=\frac{t}{T}\sum f_p$	备注
		Mr	Er	f_p	Mr	Er	f_p	Mr	Er	f_p	Mr	Er	f_p	$\sum f_p$ t/T Pu	
采食种类:							相对采食种类/%:								

四、重点和难点

重点:牧草适口性评价的基本原理。
难点:草地放牧调查法中的数据采集过程与计算方法。

五、实例

(一)实习内容

天祝高山草原常见牧草适口性评价。

(二)实习地点

实习点位于甘肃省天祝藏族自治县抓喜秀龙乡(N 37°11′,E 102°46′),境内海拔从 2 950 m 至海拔 4 300 m 的马牙雪山,年降水量为 415 mm,植物生长季为 120～140 d。草地植被有高寒草甸、灌丛草甸、高寒草原、山地草甸等。

(三)实习过程

(1)材料准备:计数器、样方框、钢卷尺、剪刀、手提秤或电子秤、记录表格。

(2)结合本地植物名录,调查本区域优势草地植物,拍摄照片或制作植物标本。对牧场管理者,牧工、技术员等草地畜牧业从业人员进行调查走访,了解主要饲用植物的分布与饲用价值,初步了解当地家畜对主要植物的采食情况,做好饲用价值评价的前期准备。

(3)选择近期放牧干扰较少的当地分布面积较大的典型草地,测定并计算优势植物在群落中的平均相对频度(Fr)和现存量(Er)。挑选一组发育良好、营养中上水平的试畜,于归牧前赶入测试样区,跟群观察其中任一试畜的采食情况,记录并计算试畜采食各种牧草的相对口次数(Mr)。

详细测定步骤与具体测定方法依照上述操作要求进行。

六、思考题

1. 为什么草地植物适口性评价,既要考虑家畜的种类、畜群的年龄、营养状况,还要考虑植物的发育阶段、植物茎秆的粗细、剩余重量等因素?

2. 适口性系数(f_p)与适口价(Pu)有何关系?

七、参考文献

[1]任继周. 草业科学研究方法[M]. 北京:中国农业出版社,1998.
[2]甘肃农业大学. 草原学与牧草学实验实习指导书[M]. 兰州:甘肃教育出版社,1991.

作者:曹文侠　王金兰
单位:甘肃农业大学

实习七　草地植物粗蛋白、粗脂肪、粗纤维等营养成分测定

Ⅰ　粗蛋白

一、背景

氮素代谢在植物的新陈代谢中占主导地位。植物组织中有机氮化物的含量随着植物的生理状况及环境条件的不同而发生变化。因此，测定植物组织中的氮含量对研究植物的氮素吸收、运输、代谢规律以及确定农产品的品质和营养价值等具有实际意义。蛋白质是生物体中最重要的物质基础之一，其含量能够反应植物生长状况，对指导农业生产实践有着重要的意义。此外，植物饲料是动物获取能量的重要来源之一，植物饲料中氮含量的高低，对动物生产性能有较大影响。因此，粗蛋白质作为植物中重要的营养成分，是衡量植物营养价值最为重要的指标之一，准确测定粗蛋白质含量是评价植物营养价值的前提和基础。

动植物组织中的总氮包括蛋白氮和非蛋白氮两大类。组成蛋白质的氮称为蛋白氮，其他一些小相对分子质量氮化合物包括氨基酸和酰胺，以及少量未被同化的无机氮称为非蛋白氮。非蛋白氮是可溶于三氯乙酸溶液的小分子化合物，因而可利用三氯乙酸在溶解非蛋白氮的同时，使大分子的蛋白质变性而沉淀出来，再分别对残渣（沉淀物）和溶液加以处理后，便可测定得到蛋白氮、非蛋白氮或总氮含量。生物体内的含氮化合物主要以有机态氮为主，因此，通常只需要测定总氮或蛋白氮含量。

植物全氮测定由消煮和检测两个步骤组成，消煮步骤最常用的方法有硫酸-硫酸铜-硫酸钾催化法和硫酸-过氧化氢法；检测方法主要有蒸馏法、比色法及燃烧法等。检测仪器最常用的是凯氏定氮仪，凯氏定氮法检测全氮的原理为蒸馏法，测定结果比较准确，缺点是操作烦琐，手工操作费时费力。连续流动分析仪（Flow Analyzer）检测全氮的原理为比色法，流动分析仪在分析实验室的应用，使复杂的手工操作简化成仪器的自动化检测，可以连续测试批量样品，分析速度快，节省人力、物力，准确度高。

二、目的

了解植物粗蛋白的测定原理；掌握测定粗蛋白含量的方法和注意事项；具备比较准确地测出粗蛋白含量的能力。

三、实习内容与步骤

1. 试剂配制

去离子水、95% 乙醇、98% 浓硫酸、混合指示剂、NaOH、$Na_2HPO_4 \cdot 12H_2O$、酒石酸钾钠、水杨酸钠、硝普钠、次氯酸钠、无水乙醚、盐酸、硼酸、凯氏定氮高效催化剂片（北京金元兴科

科技有限公司)等,所有的试剂均为分析纯。

所选样品使用旋风磨(1.0 mm 筛)进行粉碎并过 40 目筛。

FIAstar 5000 流动分析仪试剂配制:

(1)指示剂储备液　称取 1 g 混合指示剂,加入 10 mL 95% 的乙醇溶解后,加入 10 mL 0.01 mol/L NaOH 溶液混合均匀,再加入去离子水稀释至 200 mL。

(2)磷酸盐缓冲液　在 1 000 mL 去离子水中溶解 15.6 g 二水合磷酸二氢钠。

(3)氢氧化钠　在蒸馏水中溶解 80.0 g NaOH 稀释定容至 500 mL。

(4)指示剂溶液　取 10 mL 指示剂储备液加入 500 mL 容量瓶,加入 4 mL 磷酸盐缓冲液,用去离子水稀释定容,现配现用。

2. 仪器设备

电子天平、旋风磨、FOSS 2300 半自动凯氏定氮仪及其消煮炉装置、VarioMacro Elementar 大进样量元素分析仪、FIAstar 5000 流动分析仪(瑞士 Foss 公司)。

3. 操作步骤

(1)凯氏定氮法(GB/T 6432—2018)　称取 0.1～1 g 试样,置于消煮管中,加入 2 粒高效凯氏定氮催化剂片和 12 mL 硫酸,于 420 ℃条件下在消煮炉中消化 1 h。取出,待其冷却至室温后加入约 30 mL 蒸馏水。按照凯氏定氮仪的要求装好 40%氢氧化钠溶液、硼酸吸收液、盐酸标准滴定溶液和冷却水,根据仪器本身常量程序进行蒸馏和滴定,待溶液由蓝绿色变成浅红色时为滴定终点,记录消耗盐酸标准滴定溶液的体积,由此计算样品中粗蛋白质的含量。

(2)杜马斯燃烧法(GB/T 24318—2009)　称取约 40 mg 试样,置于锡箔纸中,并紧密包裹、压实,置于仪器自动进样器内。样品在 1 150 ℃高温的燃烧管中燃烧分解,生成的气体被净化、除杂并用氦气作为载气传送后,氮氧化物在 850 ℃的还原管内被还原、吸附,根据不同组分,分别依次通过 TCD 检测器被检测。在仪器中,根据样品的质量和校正曲线形成的检测信号,得出试样中氮元素的含量,乘以系数 6.25 计算样品中粗蛋白质的含量。

(3)连续流动分析仪比色法　采用硫酸-双氧水法消解。称取植物样品 0.300 0 g,加入 8 mL 的浓硫酸进行消解,然后用蒸馏水定容至 100 mL。按相同步骤同时做试剂空白试验,即不添加植物样品,只加入 8 mL 的浓硫酸进行消解后,用蒸馏水定容至 100 mL。

样品消解并转移定容至 100 mL 的容量瓶中,混合均匀后,作为待测样,直接上机进行测试。测试样品进入流路后反应,并在 590 nm 波长下测定其吸光度值。测试前,必须检查指示剂的吸光度值。以蒸馏水作参比,指示剂的吸光度应当被调整至 95～105 mAu。在 100 mL 容量瓶中先分别加入 0、2 mL、4 mL、6 mL、8 mL、10 mL 和 12 mL 质量浓度为 1 000 mg/L 的 NH_4^+-N 标准溶液,再用去离子水稀释定容至刻度,分别配制成质量浓度为 0、20 mg/L、40 mg/L、60 mg/L、80 mg/L、100 mg/L 和 120 mg/L 的标准溶液,上机测试后得到相应的吸光度值。以标准样品浓度作为横坐标,其相应的吸光度值作为纵坐标进行作图,即得到标准曲线,标准曲线为二次曲线。

4. 注意事项

(1)样品应是均匀的。固体样品应预先研细混匀,液体样品应振摇或搅拌均匀。

(2)样品放入定氮瓶内时,不要黏附颈上。万一黏附可用少量水冲下,以免被检样消化不完全,结果偏低。

(3)消化时如不容易呈透明溶液,可将凯氏瓶放冷后,慢慢加入 30%过氧化氢(H_2O_2)2～3 mL,促使氧化。

(4)在整个消化过程中,不要用强火。保持和缓的沸腾,使火力集中在凯氏瓶底部,以免附在壁上的蛋白质在无硫酸存在的情况下,使氮有损失。

(5)如硫酸缺少,过多的硫酸钾会引起氨的损失,这样会形成硫酸氢钾,而不与氨作用。因此,当硫酸过多地被消耗或样品中脂肪含量过高时,要增加硫酸的量。

(6)加入硫酸钾的作用为增加溶液的沸点,硫酸铜为催化剂,硫酸铜在蒸馏时作碱性反应的指示剂。

(7)混合指示剂在碱性溶液中呈绿色,在中性溶液中呈灰色,在酸性溶液中呈红色。如果没有溴甲酚绿,可单独使用 0.1%甲基红乙醇溶液。

(8)氨是否完全蒸馏出来,可用 pH 试纸试馏出液是否为碱性。

(9)防止强碱引起灼伤、腐蚀衣物或污染仪器设备和台面。

(10)使用完毕,切记关好电源和冷却水源,以防止发生相关事故。

四、思考题

1. 凯氏定氮法的基本原理是什么?说明它在测定植物粗蛋白时有什么缺点?应如何克服?

2. 何为消化?植物组织的消化液除可用于定氮外,还有什么用途?

3. 总结本实验“对照”的设置,各自意义何在?

五、参考文献

[1]蓝亿阳,姜丹,王金娥. 两种仪器测定饲料中粗蛋白含量的比较[J]. 黑龙江畜牧兽医,2019(3):105-108.

[2]张丽萍,王久荣,袁红朝,等. 植物全氮的 AA3 型流动分析仪测定方法研究[J]. 湖南农业科学,2016(10):83-86.

[3]樊霞,肖志明,张维,等. 杜马斯燃烧法与凯氏定氮法测定植物源性饲料原料中粗蛋白质含量的比较[J]. 饲料工业,2014,35(24):47-53.

[4]王学奎,黄见良. 植物生理生化实验原理与技术[M]. 3 版. 北京:高等教育出版社,2016.

[5]鲍士旦. 土壤农化分析[M]. 北京:中国农业出版社,2000.

[6]李合生. 植物生理生化实验原理和技术[M]. 高等教育出版社,2000.

Ⅱ　粗脂肪

一、背景

脂肪是食物的重要成分之一,包括动物脂肪和植物脂肪。植物脂肪广泛存在于许多植物的种子果实中,是评价其营养价值的重要指标之一。脂肪不溶于水,易溶于有机溶剂(如石油醚),因此,可以选用有机溶剂直接浸提出样品中的脂肪进行测定,常用的有油重法和残余法。油重法适于测定油料作物种子和木本植物油质果实的粗脂肪含量。它用石油醚浸提待测样品的全部粗脂肪，再将石油醚蒸发干净，称量剩下的浸提物的质量，计算出粗脂肪含量。残余法适于测定谷物、油料作物种子的粗脂肪含量。它是将待测样品脱水称重后，用石油醚(或其他有机溶剂)使样品中粗脂肪物质全部浸提出来，残渣中的石油醚挥发之后，烘干至恒重，根据两次质量之差得出样品中的粗脂肪含量。粗脂肪含量的测定，一般采用索氏脂肪提取器。

二、目的

1. 熟悉掌握粗脂肪的测定方法。

2. 熟悉与掌握重量分析的基本操作，包括样品处理、烘干、恒重等。

三、实习内容与步骤

1. 试剂配制

石油醚(30～60 ℃AR)、石油醚(60～90 ℃AR)、乙醚(AR)、蒸馏水、定性滤纸(8 cm、中速)、脱脂棉、回形针等。

2. 仪器设备

E-816 型粗脂肪测定仪、THD-0506H 型冷淋水机、SER-816 型粗脂肪测定仪、NIR-2720 型近红外粮食测定仪、脂肪抽提器、玻璃管抽滤器、磨口瓶、分析天平、恒温烘箱、实验用粉碎机、电热恒温水浴锅、干燥器、研钵、称量瓶、分样筛。

3. 操作步骤

(1)实验耗材准备　将滤纸叠成一边不封口的滤纸包，用石油醚浸泡 2 h，去除可溶有机试剂类物质，取出放入通风橱挥发后置于(103±2)℃恒温烘箱干燥 2 h 后称重，备用。

(2)样品前处理　分样得到样品量约 100 g，除去杂质。用近红外测定仪测定样品水分，试样水分含量高于 10%时，则将试样放入样品盘，在 80 ℃烘箱中烘干，使水分达到 10%以下。按 GB/T 14489.1—2008 油料水分及挥发物含量测定法，测定原始试样和高水分样品烘后的水分含量。样品粉碎后放在塑料自封袋中，在 30 min 内进行粗脂肪测定。

(3)称量、包样　称取样品 0.2～0.3 g 至滤纸包，精确至 0.001 g，后用回形针将滤纸包口封住，防止抽取过程中溶剂将样品粉冲出。

(4)粗脂肪抽提　将滤纸包放入油脂抽提器内，通过提取液在一定时间内的抽提，将试样中粗脂肪去除，抽提后得到的样品残渣再经过烘干、称量。

4. 注意事项

(1)样品需先粉碎和干燥，因为水分的存在使有机溶剂不能进入食品内部，另外被水分饱和的乙醚提取效率降低。

(2)滤纸筒一定要严密，不能往外漏样品，但也不要包得太紧以免影响溶剂渗透。放入滤纸筒时高度不要超过回流弯管。

(3)在抽提时，冷凝管上端最好连接 2 个氯化钙干燥管，这样可防止空气中水分进入，也可避免乙醚挥发到空气中。

(4)抽提是否完全，可凭经验，也可用滤纸或毛玻璃检查，由抽提管下口滴下的乙醚滴在滤纸或毛玻璃上，挥发后不留下油迹表明已抽提完全，若留下油迹说明抽提不完全。

(5)无水乙醚中不应含有过氧化物，以免脂肪氧化。

四、思考题

油重法和残余法测定种子脂肪含量的原理是什么？测定结果为何是粗脂肪含量？

五、参考文献

[1]金凯，丁萍，蔡燕斌．索氏抽提仪测定粗脂肪的方法研究[J]．现代食品，2021(12)：199-201.

[2]余乐，李琦，吴莉莉，等．粗脂肪自动测定仪与残余法快速测定菜籽含油量[J]．粮食科技与经济，2016，41(5)：35-38，49.

[3]郝再彬，苍晶，徐仲．植物生理实验[M]．哈尔滨：哈尔滨工业大学出版社，2004.

Ⅲ 粗纤维

一、背景

测定样品的粗纤维物质，除研究和评价样品的消化率和营养价值外，对食用者预防许多疾病如心脏病、结肠癌等都具有十分重要的意义，植物体内的粗纤维含量也是评价其营养价值的重要指标之一。

粗纤维的测定方法包括重量法、滤袋法和纤维素分析仪测定法。重量法是样品经酸消化、碱消化后，再过滤烘干灰化，通过计算前后两次质量之差进一步计算样品中粗纤维含量的方法。此方法中时间对酸碱消化影响较大，要严格控制，过程中应注意补加热水保持原溶液体积不变，该方法操作简单，但周期较长，人为因素影响较大。滤袋法具有简洁方便、高效精准等特点。此技术目前较多地应用于饲料与食品中粗纤维、中性洗涤纤维、酸性洗涤纤维的测定。其与经典重量法相比，在酸消化、碱消化过程中节省了抽滤过程，节省了时间，且操作简单。缺点是制样过程要严格控制粉碎样品颗粒度大小，样品粉碎过细时，会导致滤袋在加热过程中，一些样品颗粒从滤袋中流出，影响样品粗纤维含量结果。纤维素分析仪测定法比较适用于成批样品的集中测定，较之重量法，节省人力、操作方便、周期短，但检测成本大大提高。

近年来，近红外光谱技术由于其操作简单、检测速度快、绿色环保等优点，与传统检测方法相比，具有明显优势，在食品、轻工、制药、环保等各个领域开展了定性分析、定量分析和在线分析。

二、目的

了解粗纤维测定原理；掌握测定粗纤维含量的方法和注意事项；具备比较准确地测出粗纤维含量的能力。

三、实习内容与步骤

（一）近红外光谱法

1. 试剂配制

硫酸锌、石油醚、硫酸铜、硫酸钾、铁氰化钾分析纯。

2. 仪器设备

AP-300 全自动旋光仪、SP-756 紫外-可见分光光度计，上海光谱仪器公司；FOSS 8400 型全自动凯氏定氮仪、FOSS 2055 型索氏提取仪、MPA 傅立叶变换近红外光谱仪（配有 OPUS/QUANT 定标软件）。

3. 操作步骤

（1）测定样品清理除杂后粉碎，过 0.3 mm 筛。

（2）近红外反射光谱采集：利用 MPA 傅立叶变换近红外光谱仪，仪器预热 1 h，保持样品和环境温度一致，样品杯及检测窗口清洁。使用 OPUS 建模软件，首先进行杂散光校正，以镀金的漫反射体作参比，分辨率采用 16 cm，每隔 2 nm 采集反射强度，扫描 64 次后记录，扣除背景，每份样品装满 50 mm 石英杯后轻轻压实，光谱区间为 3 594.9～12 790.3 cm^{-1}，重复扫描 2 次。校正集样品近红外扫描图谱，有明显差异，有利于建模。

4. 注意事项

（1）尽量降低仪器噪声，保证基线平稳、标准物校正的准确性、波长的准确性等。

（2）定标集样品应该在非常广的区域内进行选择，一定要有代表性。

（3）化学数值测定方面的误差要尽可能小。

（4）样品化学值的数值范围要宽。

（二）滤袋法

1. 试剂配制

（1）（0.13±0.005）mol/L 硫酸溶液配制　取 14.4 mL 浓硫酸（98%）加入 1 L 蒸馏水中，再加水定容至 2 L。按照 GB/T 601—2016《化学试剂　标准滴定溶液的制备》的要求进行标定。

（2）（0.23±0.005）mol/L 氢氧化钠溶液（NaOH）配制　取 25.0 g 氢氧化钠（96%）加入 1 L 蒸馏水中，再加水定容至 2 L。按照 GB/T 601—2016《化学试剂　标准滴定溶液的制备》的要求进行标定。

（3）（0.23±0.005）mol/L 氢氧化钾溶液（KOH）配制　取 25.8 g 氢氧化钾（85%）加入 1 L 蒸馏水中，再加水定容至 2 L。按照 GB/T 601—2016《化学试剂　标准滴定溶液的制备》的要求进行标定。

2. 仪器设备

全自动纤维分析仪、高速万能粉碎机、电子分析天平、干燥箱、马弗炉、专用滤袋、封口机、耐溶剂记号笔、干燥器。

3. 操作步骤

（1）粉碎过 1 mm 筛，然后将样品充分混合均匀，密封保存以备分析测定。

（2）用标记笔给滤袋编号，称量滤袋重量去皮（m_1）。

（3）称量（1±0.1）g 样品（m）放入滤袋，避免粘在距袋口 4 mm 处。

（4）用封口机在距离袋口 4 mm 处封口。

（5）准确称量至少一个空白滤袋，同时做空白测定。

（6）样品去脂肪，将所有滤袋放入 250 mL 烧杯中，加入足够的丙酮覆盖滤袋浸泡 10 min，倒出溶剂风干滤袋，轻轻敲击颤抖使样品均匀地平铺在滤袋中。

(7)滤袋架上最多放 24 个样品滤袋，九个托盘不用区分滤袋编号，每个托盘放置 3 个滤袋，托盘间呈 120°角放置，将放好滤袋的支架放入纤维分析仪容器中，放入重锤确保空着的第九层托盘可浸入液面下。无论放置滤袋数量多少，滤袋架上托盘要全部使用。

(8)设置好粗纤维程序：反应时间为 40 min，清洗时间为 5 min，反应温度为 100 ℃，水箱温度为 60 ℃。按“启动”按钮开始程序。

(9)当粗纤维分析及洗涤过程结束，打开盖子取出样品，轻压滤袋使水挤出，把滤袋放入 250 mL 烧杯中，加入足量丙酮覆盖滤袋浸泡 3～5 min。

(10)从丙酮中取出滤袋风干，在烘箱中(102±2)℃完全干燥(2～4)h。

(11)从烘箱中取出滤袋，放在干燥器中，冷却称重(m_2)。(干燥器口盖位置建议涂凡士林有助于密封)。将滤袋在已知质量(m_3)的坩埚中(600±15)℃灰化 2 h，在干燥器中冷却称重，计算灰分质量(m_4)。

4. 结果计算

$$粗纤维含量=[(m_2-m_1\times K_1)-(m_4-m_3)]\times 100/m$$

式中：m 为样品质量；m_1 为滤袋质量；m_2 为烘干后滤袋＋样品质量；m_3 为坩埚质量；m_4 为坩埚＋灰分质量；K_1 为空白袋子校正系数(烘干后质量/原来质量)。

5. 注意事项

(1)在试剂处理时聚酯纤维滤网袋保持直立状态，整个袋基本在液面以下，样品全部在液面以下。

(2)保证液体试剂通过滤网孔自由进出，样品颗粒和试剂能够充分接触、溶解与反应。

(3)能够观察到透明袋中样品的分布和颜色等。

四、思考题

近红外光谱法和滤袋法测定粗纤维的优缺点？

五、参考文献

[1]王勇生，李洁，王博，等．基于近红外光谱扫描技术对高粱中粗脂肪、粗纤维、粗灰分含量的测定方法研究[J]．中国粮油学报，2020，35(3)：181-185.

[2]常春，侯向阳，武自念，等．近红外光谱法测定羊草干草的 9 项品质指标[J]．中国草地学报，2019，41(5)：47-52.

[3]张帆，耿响，张恒，等．基于近红外光谱的茶叶中粗纤维快速测定方法研究[J]．江西化工，2020，36(5)：4.

[4]张崇玉，王保哲，张桂国，等．饲料中的粗纤维、NDF、ADF 和 ADL 含量的快速测定方法[J]．山东畜牧兽医，2015，36(9)：20-22.

Ⅳ　灰分

一、背景

植物中的灰分是指食品经高温灼烧后残留下来的无机物，主要是无机盐及其氧化物。灰分是植物中无机成分总量的一项指标，是直接用于营养评估的一部分。灰分的含量通常在一定范围内，如果灰分含量超出了正常范围，说明植物在处理、贮运过程中受到污染。灰分还可以评价植物的加工精度和植物的品质，是植物质量控制的重要指标。测定植株各部分灰分含量可以了解各种作物在不同生育期和不同器官中灰分及其变动情况，如用于确定饲料作物收获期有重要参考价值。因此，测定植物中的灰分具有重要的意义。

在植物组织或农畜产品分析中，样品经高温灼烧，有机物中的碳、氢、氧等物质与氧结合成二氧化碳和水蒸气而碳化，残留物呈无色或灰白色的氧化物称为“总灰分”。它主要是各种金属元素的碳酸盐、硫酸盐、磷酸盐、硅酸盐、氯化物等。动物性原料的灰分含量由饲料的组分、动物品种及其他因素决定；植物性原料的灰分含量及其组分则由自然条件、成熟度等因素决定。此外，灼烧条件也会影响分析结果，而且残留物(灰分)与样品中原有的无机物并不完全相同。因此，用干灰化法测得的灰分只能是“粗灰分”。

现在常用的灰分测定方法有下列几种：①一般灰化法；②灰化后的残灰用水浸湿后再次灰化；③灰化后的残灰用热水溶解过滤后再次灰化残渣；④添加醋酸镁或硝酸镁或碳酸钙等灰化；⑤添加硫酸灰化。前 3 种测定方法可以认为本质上相同，即均是“直接灰化法”，目前绝大多数农畜产品均采用此法。对含磷、硫、氯等酸性元素较多，即阴离子相对于阳离子过剩的样品，须在样品中加入一定量的灰化辅助剂，补充足够量的碱性金属元素，如镁盐或钙盐等，使酸性元素形成高熔点的盐类而固定起来，再行灰化。如目前国际上将添加醋酸镁作为肉和肉制品灰分测定的标准方法。而相对于以钾、钙、钠、镁等为主的样品，其阳离子过剩，灰化后的残灰呈碱性碳酸盐的形式，如大豆、薯类、萝卜、苹果、柑橘等，一般还是采用“直接灰化法”。也可以采用通过添加高沸点的硫酸，使阳离子全部以硫酸盐形式成为一定组分进行测定的方法，目前主要用于糖类制品的灰分测定，此外通过测定食品中的电解质含量，即“电导法”，也可间接测定食品中的总灰分，但目前该法只应用于白砂糖的灰分测定。

二、目的

了解灰分测定原理；掌握测定灰分含量的方法和注意事项；具备比较准确地测出灰分含量的能力。

三、实习内容与步骤

(一)直接灰化法

1. 试剂配制

(1)硝酸　1∶1(体积比)溶液。

(2)双氧水　$w(H_2O_2)=30\%$。

(3)100 g/L NH_4NO_3 溶液　称取硝酸铵(NH_4NO_3，分析纯)10.0 g 溶于 100 mL 水中。

2. 仪器设备

灰化器皿(15～25 mL 的瓷或白金、石英坩埚)、高温电炉(在 525～600 ℃能自动控制恒温)、干燥器(干燥剂一般使用 135 ℃下烘几小时的变色硅胶)、分析天平、水浴锅或调温鼓风烘箱。

3. 操作步骤

样品预处理：可以采用测定水分或脂肪后的残留物作为样品。①需要预干燥的试样。含水较多的果汁，可以先在水浴上蒸干；含水较多的果蔬，可以先用烘箱干燥（先在 60～70 ℃吹干，然后在 105 ℃下烘），测得它们的水分损失量；富含脂肪的样品，可以先提取脂肪，然后分析其残留物。②干燥试样一般先粉碎均匀，磨细过 1 mm 筛即可，不宜太细，以免燃烧时飞失。

灰分测定：将洗净的坩埚置于 550 ℃高温电炉内灼烧 15 min 以上，取出，置于干燥器中平衡后称重，必要时再次灼烧，冷却后称重直至恒重为止。

准确称取待测样品 2～5 g（水分多的样品可以称取 10 g 左右），疏松地装于坩埚中。

碳化：将装有样品的坩埚置于可调电炉上，在通风橱里缓缓加热，烧至无烟。对于特别容易膨胀的试样（如含蛋白质、糖和淀粉多的试样），可以添加几滴纯橄榄油再同上预碳化。

高温灰化：将坩埚移到已烧至暗红色的高温电炉门口，片刻后再放进高温电炉内膛深处，关闭炉门，加热至约 525 ℃（坩埚呈暗红色），或其他规定的温度，烧至灰分近于白色为止，需 1～2 h。如果灰化不彻底（黑色碳粒较多），可以取出放冷，滴加几滴蒸馏水或稀硝酸或双氧水或 100 g/L NH_4NO_3 溶液等，使包裹的盐膜溶解，炭粒暴露，在水浴上蒸干，再移入高温电炉中，同上继续灰化。灰化完全后，待炉温降至约 200 ℃时，再移入干燥器中，冷却至室温后称重。必要时再次灼烧，直至恒重。

4. 结果计算

$$粗灰分=(m_2-m_1)/(m_3-m_1)\times 100\%$$

式中：m_1 为空坩埚重（g）；m_2 为灰化后（坩埚＋灰分）质量（g）；m_3 为（空坩埚＋样品）质量（g）。

5. 注意事项

（1）该方法一般适用于大多数植物茎、叶、根，蔬菜、水果、饲料、茶叶、咖啡、坚果及其制品，牛乳、提取脂肪后的油脂类、糖及糖制品、鱼类及其制品、海带等试样。

（2）灰化容器一般使用瓷坩埚，如果测定灰分后还测定其他成分，可以根据测定目的使用白金、石英等坩埚。也可以用一般家用铝箔自制成适当大小的铝箔杯来代替，因其质地轻，能在 525～600 ℃的一般灰化温度范围内稳定地使用，特别是用于灰分量少、试样采取量多、需要使用大的灰化容器的样品，如淀粉、砂糖、果蔬及它们的制成品，效果会更好。

（3）各种试样因灰分量与样品性质相差较大，其灰分测定时称样量与灰化温度不完全一致。

（4）新的瓷坩埚及盖可以用 $FeCl_3$ 和蓝黑墨水（也含 $FeCl_3\cdot 6H_2O$）的混合液编写号码，灼烧后即遗有不易脱落的红色 Fe_2O_3 痕迹的号码。

（5）由于灰化条件是将试样放入达到规定温度的电炉内，如不经炭化而直接将试样放入，因急剧灼烧，一部分残灰将飞散。特别是谷物、豆类、干燥食品等灰化时易膨胀飞散的试样，以及灰化时因膨胀可能逸出容器的食品，如蜂蜜、砂糖及含有大量淀粉、鱼类、贝类的样品，所以一定要进行预炭化。

（6）对于一般样品并不规定灰化时间，要求灼烧至灰分呈全白色或浅灰色并达到恒重为止。也有例外，如对谷类饲料和茎秆饲料灰分测定，则有规定为 600 ℃灼烧 2 h。

（7）即使完全灼烧的残灰有时也不一定全部呈白色，内部仍然残留有炭块，所以应充分注意观察残灰。

(8)有时灰分量按占干物重的质量分数表示，如谷物、豆类及其制品的国际标准(ISO)及谷物产品的国际谷化协会(IC)标准灰分测定均按此表示。

(二)添加乙酸镁灰化法

1. 试剂配制

(1)乙酸镁溶液(240 g/L)　称取 24.0 g 乙酸镁加水溶解并定容至 100 mL，混匀。

(2)稀盐酸　量取 24 mL 分析纯浓盐酸用蒸馏水稀释至 100 mL。

2. 仪器设备

SX2-4-10 型箱式电阻炉、XS204 型电子天平。

3. 操作步骤

瓷坩埚具有耐高温、耐酸的特点，且价格低廉，是灰分实验中最常用的坩埚。根据日常实验中样品灰分含量的大小，选取 30 mL 瓷坩埚，重量较小，前后灼烧称量差不超过 0.5 mg 为恒重，控制时间较短，节约成本，同时对于低灰分样品造成的误差较小。对于坩埚的处理，淀粉类食品需要经过稀盐酸处理，但在实际工作中，由于样品量较大，统一使用坩埚可以节约时间，防止偏差，即同时采用经稀盐酸处理的坩埚和未经处理的坩埚，进行平行实验。

把坩埚浸泡在稀盐酸中，煮沸 15 min，再用大量自来水洗涤，最后用蒸馏水冲洗。然后把经酸洗的坩埚和未处理的坩埚均在(550±25)℃下灼烧 30 min，冷却至 200 ℃左右，取出放入干燥器中冷却 30 min，称量，重复灼烧至恒重。

按照直接灰化法测定。取样后，先水浴将水分蒸干，再小火加热使试样充分炭化至无烟，然后在(550±25)℃下灼烧 4 h，冷却至 200 ℃左右，取出放入干燥器中冷却 30 min，称量，重复灼烧至恒重。

在含磷量较高的食品中，随着灰化的进行，磷酸将以磷酸二氢盐等形式存在。在灰化温度较低时，容易形成熔融的无机物包住碳粒，使样品难以灰化完全，或需要的灰化时间相当长，难以达到恒重。因此，为缩短灰化时间，加入乙酸镁溶液作助灰化剂，在灰化过程中，镁盐会随着灰化而分解，与过剩的磷酸结合，避免产生熔融和结块现象，使样品呈现松散的状态，既使样品灰化完全，又大大缩短灰化时间。

在乙酸镁溶液的加入量方面，标准规定了两种不同浓度的乙酸镁溶液，分别是加入 1.00 mL 乙酸镁溶液(240 g/L)或加入 3.00 mL 乙酸镁溶液(80 g/L)。具体实验中加入乙酸镁溶液后，需要先水浴将水分蒸干，再加热炭化，所以加入的溶液量越少，蒸干的速度越快，所需的时间越少。而由于大部分样品的灰分含量≤10%，取样量通常为 3～4 g，1.00 mL 溶液也足够润湿试样，符合标准要求，所以选取助灰化剂的加入量为 1.00 mL 乙酸镁溶液(240 g/L)。

加助灰化剂法，取样后加入 1.00 mL 乙酸镁溶液(240 g/L)，使试样完全润湿后放置 10 min，以下同直接灰化法的步骤。同时做 3 次乙酸镁溶液的空白实验。

4. 注意事项

(1)样品经预处理后，在放入高温炉灼烧前要先进行炭化处理，样品炭化时要注意热源强度，防止在灼烧时因高温引起试样中的水分急剧蒸发，使试样飞溅；防止糖、蛋白质、淀粉等易发泡膨胀的物质在高温下发泡膨胀而逸出坩埚；不经炭化而直接灰化碳粒易被包裹，灰化不完全。

(2)把坩埚放入马弗炉或从炉中取出时，要放在炉口停留片刻，使坩埚预热或冷却，防止因温度剧变而使坩埚破裂。

(3)灼烧后的坩埚应冷却到 200 ℃以下再移入干燥器中，否则因热的对流作用，易造成残灰飞散，且冷却速度慢，冷却后干燥期内形成较大真空，盖子不易打开。从干燥器内取出坩埚时，因内部成真空，开盖恢复常压时，应使空气缓慢流入以防残灰飞散。

(4)如液体样品量过多，可分次在同一坩埚中蒸干，在测定蔬菜、水果这一类含水量高的样品时，应预先测定这些样品的水分，再将其干燥物继续加热灼烧，测定其灰分含量。

(5)灰化后所留的残渣可留作 Ca、P、Fe 等无机成分的分析。

(6)用过的坩埚经初步洗刷后，可用粗盐酸浸泡 10～20 min，再用水冲洗干净。

(7)近年来灰化常采用红外灯。

(8)加速灰化时，一定要沿坩埚壁加去离子水，不可直接将水洒在残灰上，以防残灰飞散造成损失和测定误差。

四、思考题

灰分的测定方法有哪些？灰分测定时应注意什么问题？

五、参考文献

[1]钟建平，严松洲，林明松，等．管式炉法和马弗炉法测定无规共聚聚丙烯(PP-R)管灰分的比较[J]．橡塑技术与装备，2021，47(16)：46-49.

[2]鲍士旦．土壤农化分析[M]．北京：中国农业出版社，2000.

[3]南京农业大学．土壤农化分析[M]．2 版．北京：中国农业出版社，1996：200-229.

[4]中国土壤学会农业化学专业委员会．土壤农化常规分析法[M]．北京：科学出版社，1983：251-259.

V　碳水化合物

一、背景

碳水化合物是植物的能源基础，是植物光合作用的主要产物，更是植物进行各种生命活动的重要能源物质。在草原生态系统中，草原植物地上器官所同化碳水化合物的 60%～70%被分配到地下部分，其中部分以可溶性碳水化合物的形式存在。无论是刈牧后牧草的再生恢复生长，还是牧草成功越冬后第二年春季的返青生长，都与牧草所含的可溶性碳水化合物含量紧密相关。另外，牧草作为生态系统的生产者，根部碳水化合物的分配是陆地生态系统碳分配过程的核心环节，对维持整个生态系统的稳定性具有重要作用。

碳水化合物主要包括水溶性糖、淀粉、纤维素等。农产品中主要糖分有单糖(葡萄糖和果糖)及双糖(蔗糖)，它们都溶于水也溶于酒精，统称水溶性糖或可溶性糖。其分析意义，可分为三类：①为了研究植物不同生长期体内 C、N 代谢，常须分析水溶性糖。②水果、蔬菜中糖分分析，以评价其品质及其在贮运过程中含糖量的变化。③糖用甜菜、甘蔗等糖料作物中糖的分析以及动物饲料中糖的分析等，由于样品中糖分的组成和含量不同，要求也不同，应选择不同方法进行分析。因此，可溶性糖的测定，对于鉴定果蔬、糖用作物等品质，以及对改进栽培技术和选择合适的贮藏方法都有重要意义。

淀粉是人们食品及家畜、家禽饲料的主要成分，也是食品加工业及轻工业的重要原料之一，对它们的分析，无疑是十分重要的。

二、目的

了解还原糖、水溶性糖总量，蔗糖，淀粉等的测定原理；掌握测定还原糖、水溶性糖总量、蔗糖、淀粉含量的方法和注意事项；具备比较准确地测出还原糖、水溶性糖总量、蔗糖、淀粉含量的能力。

三、实习内容与步骤

（一）还原糖含量的测定

1. 薄层色谱法（TCL）

（1）试剂配制　半乳糖醛酸、葡萄糖醛酸、核糖、木糖、阿拉伯糖、甘露糖、鼠李糖、半乳糖和葡萄糖对照品（纯度≥99％），苯胺、邻苯二甲酸（纯度≥99％），乙酸、三氟乙酸（色谱级，纯度≥99％），乙酸乙酯、乙醇（分析纯），吡啶（分析纯）。

（2）仪器设备　ASE 200 溶剂加速提取仪（赛默飞世尔科技有限公司），AS30 薄层色谱自动点样仪和 CD60 扫描仪（迪赛克公司），薄层色谱纤维素板（默克公司），XS105 型分析天平（梅特勒-托利多公司），FD8518 型冷冻干燥机，YOKO-XR 薄层显色加热器（武汉药科新技术开发有限公司），Milli-Q 超纯水系统（默克密理博）。

（3）操作步骤

①混合对照品储备液的制备　精密称取半乳糖、葡萄糖、甘露糖、木糖、核糖、鼠李糖的对照品各约 10 mg，以 10 mL 60％ 乙醇溶液定容，摇匀，即得混合对照品储备液，置于 4 ℃冰箱中保存。

②多糖样品及供试品溶液的制备　样品于 40 ℃烘箱干燥 24 h，粉碎成细粉；称取粉末 0.5 g，按 1∶1 比例将粉末和硅藻土混合搅拌均匀，置于 11 mL 加压溶剂提取罐内进行提取。加压溶剂提取法提取：提取溶剂为去离子水，温度 100 ℃，时间 5 min，循环次数 1 次及压力 1.034×10^4 kPa，提取液旋转蒸发浓缩至约 5 mL，加入 3 倍体积 95％乙醇，静置过夜，于 3 000*g* 下离心 10 min，收集沉淀，80 ℃挥干残余醇溶液，沉淀物用 15 mL 纯水 80 ℃下溶解，3 000*g* 下离心 10 min 去不溶物，上清液离心超滤（膜截留分子量 3 kDa）去除小分子化合物，截留液于－80 ℃冷冻干燥后即得多糖样品。

称取多糖样品 5 mg，加入 2 mol/L 三氟乙酸 1 mL，于 90 ℃下水解 12 h。冷却至室温，氮气吹干，采用 60％ 乙醇溶解，转入 10 mL 量瓶中，加入 60％ 乙醇定容至刻度，混匀，0.45 μm 滤膜过滤，即得供试品溶液。

③薄层色谱法分析　利用自动点样仪，点样于 20 cm×10 cm 薄层纤维素板中，点样量 10 μL，样品条带宽 9 mm，间隔 12 mm，起始点样高度 10 mm。点样后，采用展开剂乙酸乙酯-

吡啶-醋酸-水(7.0：3.0：0.2：1.4)进行展开至 7 cm 处，取出吹干，再利用苯胺-邻苯二甲酸显色剂(0.93 g 苯胺和 1.66 g 邻苯二甲酸溶解于 100 mL 的水饱和正丁醇)进行显色，喷雾显色剂后于加热板 105 ℃加热 5 min，在可见光下观察拍照，并利用薄层色谱扫描仪于 410 nm 下扫描进行定量分析。

2. 高效阴离子交换分离-脉冲安培色谱法(HPAEC-PAD)

(1)试剂配制　葡萄糖、蔗糖、GF2、GF3、无水醋酸钠、果糖、GF4、500 g/L 氢氧化钠溶液，实验用水均采用电阻率不低于 18.2 MΩ·cm 的超纯水。

(2)仪器设备　ICS-3000 离子交换色谱系统、CarboaPac™ PA10 分析柱(250 mm×2 mm)，CarboaPac™ PA10 保护柱(50 mm×2 mm)，美国 Dionex 公司；AS40 自动进样器、柱温箱、PAD(Au 工作电极，pH-Ag/AgCl 复合参比电极)、色谱工作站，美国 Chromeleon 公司；超纯水设备，法国 ELGA LabWater 公司；离心机，美国 ThermoFisher 公司。

(3)操作步骤

①标准溶液的制备　用超纯水将葡萄糖、果糖、蔗糖、GF2、GF3 和 GF4 分别配成一定质量浓度的母液，取适量母液配制成不同质量浓度的标准溶液，分装后标注配制时间并于 −20 ℃条件下冷冻保存。使用前取出解冻至室温，取等量同浓度级别的标准溶液混合后作为工作标准溶液。

②淋洗液的配制　200 mmol/L NaOH 溶液：取 500 g/L NaOH 溶液 10.5 mL，用超纯水稀释至 1 L 并定容，混匀后立即通氮气[41.3～55.1 kPa(6～8 psi)]保护。500 mmol/L NaAc 溶液：称取 20.5 g 无水 NaAc 固体，用超纯水溶解后转至 500 mL 容量瓶中，加入 500 g/L NaOH 溶液 2.6 mL 后定容，混匀后经 0.22 μm 醋酸纤维膜过滤，立即通氮气[41.3～55.1 kPa(6～8 psi)]保护。

③样品的制备　在 200 g/L 样品中加入 60 U/g 酶(由江苏省生物质绿色燃料与化学品重点实验室生产，来自 Aspergillus niger DSM 2466)，在 60 ℃、pH 4.6 条件下反应 8 h，反应结束后，取酶解产物于 100 ℃灭活 5 min，10 000 r/min 条件下离心 5 min。离心后取上清液，用超纯水稀释至检测浓度范围后经 0.22 μm 滤膜过滤，进行检测和分析。

④色谱条件　以 200 mmol/L NaOH、500 mmol/L NaAc 为淋洗液进行二元梯度洗脱；淋洗程序：0～10 min，NaOH 溶液浓度为 40 mmol/L；10～25 min，NaOH 溶液浓度从 180 mmol/L 线性升至 200 mmol/L，同时 NaAc 溶液浓度从 50 mmol/L 降至 0 mmol/L；25～55 min，以 40 mmol/L NaOH 溶液冲洗系统；流速 0.3 mL/min；柱温 30 ℃；进样体积 10 μL；检测器：四电位 PAD。

(4)注意事项　培养条件可能对单糖组成有较大影响。

(二)水溶性糖总量的测定(3,5-二硝基水杨酸比色法)

1. 试剂配制

(1)20%乙酸锌溶液　称取 100 g 乙酸锌(分析纯)，加 15 mL 冰乙酸(分析纯)，加蒸馏水溶解并稀释至 500 mL。

(2)10%亚铁氰化钾溶液　称取 50.0 g 亚铁氰化钾(分析纯)，加蒸馏水溶解并稀释至 500 mL。

(3)6.0 mol /L 盐酸溶液　取 250 mL 蒸馏水，置于 500 mL 容量瓶中，缓慢加入 250 mL

盐酸(优级纯)。

(4)6.0 mol /L 氢氧化钠溶液　称取 120 g 氢氧化钠(分析纯),置于 100 mL 烧杯中,用约 70 mL 蒸馏水溶解后转移到 500 mL 容量瓶中,用蒸馏水定容。

(5)葡萄糖标准溶液　葡萄糖(分析纯)于 105 ℃ 烘箱中烘至恒重,取出放入干燥器中冷却后称取 0.500 0 g,置于 500 mL 容量瓶中,用蒸馏水定容,即配成浓度为 1.0 mg /mL 的葡萄糖标准溶液。

(6)3,5-二硝基水杨酸溶液　3.25 g 3,5-二硝基水杨酸(分析纯)溶于少量水中,移入 500 mL 容量瓶中,加 2 mol/L 氢氧化钠溶液 325 mL,再加入 45 g 丙三醇(分析纯),摇匀,定容。

(7)甲基红指示剂　称取 0.1 g 甲基红(分析纯)溶于 50 mL 95%乙醇(分析纯)。

2. 仪器设备

HR2839 型组织捣碎机,BSA224S-CW 型电子分析天平,ELGA CENTRA R200 型纯水系统,SHA-CA 型水浴恒温振荡器,specord210plus 型紫外可见分光光度计。

3. 操作步骤

(1)样品制备

提取:样品在组织捣碎机中捣碎,过 60 目筛。称取样品 8.00 g,置 100 mL 容量瓶中,加水至 70 mL 左右,60 ℃水浴中提取 0.5 h,其间每过 10 min 摇动 1 次。取出立即先加入 5 mL 乙酸锌溶液,摇匀后再加入 5 mL 亚铁氰化钾溶液,摇匀冷却后定容,过滤,滤液备用。

水解:准确移取滤液 50 mL,置于 100 mL 容量瓶中,加入 5 mL 浓度为 6.0 mL 盐酸,70 ℃水浴中水解 15 min,取出冷却后,加 2 滴甲基红指示剂,用 6.0 mol/L 氢氧化钠溶液中和水解液至红色消失,用水定容,摇匀后用于比色。

(2)比色　准确吸取水解液 1.0 mL 于 10 mL 比色管中,加入 3,5-二硝基水杨酸试剂 1.0 mL,混合均匀后沸水中加热 6 min,取出迅速用流水冷却,加水定容至 10 mL;在 1.0 mL 去离子水中加入 1.0 mL 3,5-二硝基水杨酸作相同加热处理后用于分光光度计的调零。540 nm 处测定样品的吸光度值,根据标准曲线,计算样品中水溶性糖的含量。

(3)绘制标准曲线　用移液管准确吸取 0、0.05 mL、0.1 mL、0.2 mL、0.3 mL、0.4 mL、0.5 mL、0.6 mL 葡萄糖标准溶液分别置于 10 mL 试管中,用蒸馏水补充至 1.0 mL,加 3,5-二硝基水杨酸溶液 1.0 mL,摇匀后比色。以葡萄糖标准溶液中葡萄糖含量(mg)作横坐标,吸光度值作纵坐标,绘制标准曲线。同时做试剂空白。

4. 结果计算

$$\omega=\frac{m_2\times V_1\times V_3\times 100}{m_1\times V_2\times V_4\times 1\ 000}$$

式中:ω 为样品中水溶性糖含量(%);m_1 为样品称样量(g);m_2 为样品溶液吸光度值减去试剂空白的吸光度值后从标准曲线中查得的水溶性糖含量(mg);V_1 为提取体积(mL);V_2 为分取体积(mL);V_3 为最后定容体积(mL);V_4 为用于比色的样液体积(mL);100 为换算为百分含量的系数;1 000 为将 g 换算为 mg 的系数。

5. 注意事项

(1)测定结果与称样量有较大的关系。

(2)粉碎程度影响测定结果。

(3)提取温度较低时,样品中可溶性糖的提取率较低。提取温度过高,提取率也较低。

(4)可溶性糖与显色剂反应生成的橘红色溶液在 4 h 内保持稳定,应在显色反应后 4 h 内进行测定。

(三)蔗糖含量的测定(高效液相色谱法)

1. 试剂配制

蔗糖(HPLC 级别)、甲醇(HPLC 级)、纯化水。

2. 仪器设备

1260 高效液相色谱仪和示差折光检测器(美国安捷伦科技公司);XSE 电子分析天平、ME104 电子天平;H1650 台式高速离心机(转子型号:NO. 3)。

3. 操作步骤

(1)流动相　量取 460 mL 甲醇和 540 mL 纯水混合均匀。

(2)对照品溶液　准确称取蔗糖对照品 250 mg 至 50 mL 容量瓶中,加水溶解,定容混匀,即得对照品储备液。精密量取对照品储备液 1 mL,将其放入 5 mL 容量瓶中,定容混匀,即得对照品溶液。

(3)样品溶液　样品中加 2.5 mL 热水(75 ℃)溶解,放冷,8 000 r/min 离心 10 min 收集上清液,即得样品储备液。精密量取样品储备液 1 mL,将其放入 5 mL 容量瓶中,定容混匀,即得样品溶液。

(4)线性溶液　分别精密量取 2.5 mL、4 mL、5 mL、6 mL、8 mL 对照品储备液至 25 mL 容量瓶中,定容混匀,即得 50%、80%、100%、120% 和 160% 线性溶液。

(5)准确度溶液　精密量取对照储备液 0.8 mL、1.0 mL、1.2 mL 和样品储备液 0.8 mL、1.0 mL、1.2 mL 至 10 mL 容量瓶中,定容混匀,每组平行配制 3 份,即得(R80%－1)～(R80%－3)、(R100%－1)～(R100%－3)和(R120%－1)～(R120%－3)准确度溶液。

(6)色谱柱　PL aquagel-OH 20 色谱柱(7.5 mm ×30 cm,5 mm)＋保护柱(7.5 mm×50 mm,5 mm);柱温 35 ℃;流速 0.7 mL/min;示差折光检测器温度 35 ℃;进样量 20 mL;流动相:甲醇∶水＝46∶54(V/V)。

4. 结果计算

$$X=\frac{c\times V}{m}$$

式中:X 为样品中蔗糖含量(mg/g);c 为滤液中糖的浓度(mg/mL);V 为稀释体积(mL);m 为样品质量(g)。

5. 注意事项

(1)在其他方法条件不变的前提下,可对各参数进行微调整,即调整流速至方法规定的±0.1 mL/min、流动相比例至方法规定的±2%和检测器温度至方法规定的±2 ℃。

(2)采用热水溶解导致蛋白变性而析出的沉淀,采用离心去除,无须加入磺基水杨酸蛋白沉淀剂,解决了蔗糖碳化或水解引起定量不准确等问题。

(四)淀粉含量的测定(旋光法)

试样用稀盐酸分解,将溶解的淀粉糊化并部分水解。测定澄清溶液的总旋光度,并对溶于

40%乙醇的其他物质及稀盐酸处理后光学活性引起的旋光度予以校正。用已知的系数乘以校正后的旋光度计算出淀粉的含量。

1. 试剂配制

所用试剂均为分析纯，水为 GB/T 6682—2008 规定的三级水。

(1)乙醇(C_2H_5OH)溶液 40%(体积分数)。

(2)甲基红 96%乙醇溶液(体积分数)，ρ(甲基红)=1 g/L。

(3)盐酸溶液 c(HCl)=0.31 mol/L。按 GB/T 601—2016 制备，以甲基红为指示剂，用 0.100 mol/L 氢氧化钠溶液滴定盐酸溶液，10 mL 盐酸溶液应中和 31.0 mL±0.1 mL 氢氧化钠溶液。

(4)盐酸溶液 c(HCl)=7.73 mol/L。

(5)澄清溶液 Carrez 澄清溶液配制方法如下：

亚铁氰化钾(Ⅱ)溶液：$c[K_4Fe(CN)_6]$=0.25 mol/L。在 1 L 容量瓶中，将 106 g 三水亚铁氰化钾$[K_4Fe(CN)_6 \cdot 3H_2O]$溶于水，定容至刻度。

乙酸锌溶液：$c[Zn(CH_2COO)_2]$=1 mol/L。在 1 L 容量瓶中将 219.5 g 乙酸锌$[Zn(CH_3COO)_2 \cdot 2H_2O]$和 30 g 冰乙酸溶于水，并用水定容至刻度。

(6)蔗糖溶液($C_{12}H_{22}O_{11}$) ρ(蔗糖)=100.0 g/L。

2. 仪器设备

分析天平(感量为 1 mg)、pH 计(准确至 0.1pH 单位)、沸水浴(当锥形瓶浸入时，水浴能保持沸腾)、滴定管、回流冷凝器、100 mL 容量瓶(如果容量瓶需要与回流冷凝器连接，则建议使用磨口锥形瓶)、分样筛(孔径为 0.5 mm)。

(4)旋光仪，准确至 0.01°，适合使用 200 mm 长旋光管。在波长 589.3 nm 处(钠光谱 D 线)测定旋光度，如果用偏离规定长度的旋光管测定，则测定时需有相应的准确度。如果有准确度与旋光仪的相当的糖度计，也可用糖度计测定，此时，应将读数转化为度。旋光仪可用蔗糖溶液校准，在 20 ℃±1 ℃，用 200 mm 旋光管测定时，该蔗糖溶液的旋光度为 13.30°。

3. 操作步骤

(1)样品粉碎至全部通过 0.5 mm 孔筛(GB/T 6003.1—2012)，混匀装于密封容器，备用。

(2)耗酸量的测定

①称取约 2.5 g 制备好的试样(精确到 1 mg)，定量转移到 50 mL 锥形瓶中，加入 25 mL 水，振摇至形成均匀的悬浊液。

②将 pH 计的电极置于悬浊液中，用滴定管滴加盐酸溶液至 pH 为 3.0±0.1，剧烈振摇悬浊液，并静置 2 min，检查试样所消耗盐酸是否平衡，如果在此过程中，pH 升高超过 3.1，再用滴定管滴加盐酸溶液，必要时可多次滴加盐酸，直到不需要更多的盐酸为止。

③根据所用盐酸溶液体积计算出试样的耗酸量。

(3)总旋光度测定

①称取约 2.5 g 制备好的试样(m_1)，精确到 1 mg，定量转移到干燥的 100 mL 容量瓶中，加 25 mL 盐酸溶液，振摇至形成均匀的悬浊液，再加入 25 mL 盐酸溶液。

②加入适当浓度的盐酸，补足试样的耗酸量，且使容量瓶中内容物的体积变化不超过 1 mL。

示例：如为补偿富含碳酸盐的样品用去 0.1 mol/L 盐酸溶液 5.0 mL，试样的耗酸量是

0.5 mmol，此时需加 1.0 mol/L 盐酸溶液 0.5 mL。

③将容量瓶浸入沸水浴中，在前 3 min，用力振摇容量瓶，以避免结块并使悬浊液受热均匀，振摇时容量瓶不能离开水浴。

如果同时测定多个试样，容量瓶不要同时放入水浴，每个样品要间隔一定时间，以保持水浴沸腾。

④15 min±5 s 后，取出容量瓶，立即加入温度不超过 10 ℃的水 30 mL，旋动容量瓶，在流水中冷却至 20 ℃左右。

⑤加入 5 mL 亚铁氰化钾（Ⅱ）溶液，振摇 1 min，加入 5 mL 乙酸锌溶液，振摇 1 min，用水稀释至刻度，混匀，过滤，弃去初始的数毫升滤液。

⑥用旋光仪或糖度计测定滤液的旋光度（α_1）。

(4)乙醇溶解物的旋光度测定

①称取 5 g 制备好的试样（m_2），精确至 1 mg，定量转移到干燥的 100 mL 容量瓶中，加 40 mL 乙醇溶液，振摇至形成均匀的悬浊液，然后再加 40 mL 乙醇溶液。

②加入适当浓度的盐酸以补充试样的耗酸量，使瓶中内容物的体积变化不超于 1 mL。

③用力振摇，在室温下静置 1 h，在此期间至少每隔 10 min 振摇一次。

如果试样中乳糖含量超 50 g/kg，将容量瓶中试样加热溶解，并与回流冷凝器相连，置于 50 ℃±2 ℃水浴中加热 30 min。

④用乙醇溶液定容至刻度，混匀，过滤，弃去初始的数毫升滤液。

⑤吸取 50 mL 滤液于 100 mL 容量瓶，加入 2.0 mL 盐酸溶液用力振摇，将容量瓶与回流冷凝器相连，并将其浸入沸水浴中。

⑥15 min±5 s 后，从水浴中取出容量瓶，立即加入温度不超过 10 ℃的水 30 mL，旋动容量瓶并在流水中冷却至 20 ℃左右。

⑦加 5 mL 亚铁氰化钾（Ⅱ）溶液，振摇 1 min，加 5 mL 乙酸锌溶液，振摇 1 min，用水稀释至刻度，摇匀，过滤，弃去初始的数毫升滤液。用旋光仪或糖度计测定滤液的旋光度（α_2）。

4. 结果计算

$$W=\frac{20\ 000}{\alpha_{\mathrm{D}}^{20}}\times\left[\frac{2.5\alpha_1}{m_1}-\frac{5\alpha_2}{m_2}\right]$$

式中：W 为试样中淀粉含量（g/kg）；α_1 为总旋光度值（°）；α_2 为乙醇溶解物的旋光度值（°）；m_1 为测定总旋光度时试样的质量（g）；m_2 为测定乙醇溶解物旋光度时试样的质量（g）；α_{D}^{20} 为在波长为 589.3nm（钠光谱 D 线）处测定纯淀粉比旋度的数值。其中：稻米淀粉 $\alpha_{\mathrm{D}}^{20}=185.9°$，马铃薯淀粉 $\alpha_{\mathrm{D}}^{20}=185.7°$，玉米淀粉 $\alpha_{\mathrm{D}}^{20}=184.6°$，黑麦淀粉 $\alpha_{\mathrm{D}}^{20}=184.0°$，木薯淀粉 $\alpha_{\mathrm{D}}^{20}=183.6°$，小麦淀粉 $\alpha_{\mathrm{D}}^{20}=182.7°$，大麦淀粉 $\alpha_{\mathrm{D}}^{20}=181.5°$，燕麦淀粉 $\alpha_{\mathrm{D}}^{20}=181.3°$，其他淀粉及动物饲料中的混合淀粉 $\alpha_{\mathrm{D}}^{20}=184.0°$

结果四舍五入，准确至 1 g/kg。

5. 注意事项

(1)盐酸溶液浓度过高或过低，将导致不正确的淀粉测定值。

(2)如果水浴不能保持沸腾，则淀粉含量测定值可能偏高。

(3)如悬浊液中盐酸浓度偏离 0.31 mol/L，将会得到错误的淀粉含量，盐酸浓度过高或过低，将分别导致淀粉含量测定值过低或过高。

(4)如果容量瓶在沸水浴中加热时间过长或降温过慢,则淀粉含量测定值过低。

四、思考题

1. 试述植物中可溶性糖、淀粉、纤维素测定的意义。
2. 植物中可溶性糖测定前样品处理的要点有哪些?
3. 各指标测定中对测定结果有影响的因素包括哪些?
4. 测定各指标的其他方法还有哪些?

五、参考文献

[1]王慧娟,乔杨,张敏,等.HPLC法测定太子参药材中多糖水解产物单糖的含量[J].中国民族民间医药,2021,30(15):7.

[2]邓勇,张杰良,王兰英,等.薄层色谱法分析不同虫草多糖的单糖组成[J].药物分析杂志,2018,38(1):9.

[3]刘婷,周光明,罗振亚,等.高效阴离子交换分离-脉冲安培检测茶叶多糖中的半乳糖、葡萄糖、甘露糖和果糖[J].食品科学,2009,30(6):155.

[4]钱夕惠.薄层色谱法分析灵芝多糖中的单糖组成[J].中国现代药物应用,2013,7(18):13.

[5]徐艳冰,郑兆娟,徐颖,等.高效阴离子交换色谱法同时测定菊粉酶解产物中的单糖、双糖和低聚果糖[J].食品科学,2016,37(2):5.

[6]王莉丽,梅文泉,陈兴连,等.3,5-二硝基水杨酸比色法测定大米中水溶性糖含量[J].中国粮油学报,2020,35(9):6.

[7]张理火,刘璐.高效液相色谱法测定猪凝血酶中蔗糖含量[J].上海医药,2021,42(7):4.

[8]鲍士旦.土壤农化分析[M].北京:中国农业出版社,2000.

作者:高凯 郝凤

单位:内蒙古民族大学

实习八　草地植物体外消化率测定

一、背景

消化率是动物从食物中所消化吸收的部分占总摄入量的百分比，是评价饲料营养价值的重要指标之一。测定饲料消化率主要有两种方法：体外法和体内法。体内法测定消化率的测定方法复杂、时间长、费用高，而且对外界环境的要求较高，季节、温度、光照等都会影响消化率测定值。体外消化法是利用精制的消化酶或研究对象的消化道酶提取液在试管内进行的消化试验，其测定值可近似反映草食动物对植物的消化率(Drozdz，1979)。此法能快速测定植物的相对利用率。由于该法操作简便且易于实施，因此，自 20 世纪 70 年代初它在野生有蹄类动物草地植物的营养质量评价工作中得到广泛应用。

二、目的

学习瘤胃液样品采集与体外发酵设计的方法，掌握体外消化率(测定酸性洗涤纤维消化率、粗蛋白消化率、中性洗涤纤维消化率、有机物消化率)测定的技能，具备比较不同草地植物体外消化率高低的能力。

三、实习内容与步骤

(一)材料

10 头 3 岁牦牛全年放牧的轻度退化高寒草甸(面积 24 hm^2)分别在牧草返青期(5 月)、青草期(8 月)和枯草期(12 月)3 个生育时期选择代表性样地利用标准草地调查样方(0.5 m×0.5 m)随机选取 15 个样点进行草地调查，牧草样品留茬高度为 2～3 cm，收集样方内全部牧草，筛选出可食用和无毒的牧草放置于阴凉处，再装袋带回实验室。在 10 头牦牛晨饲前，运用口腔导管法采集瘤胃液样品，每头采集 200～300 mL，共采集瘤胃液 2 000～3 000 mL，将采集好的瘤胃液通过四层纱布过滤后，保存到事先已通入过量 CO_2 且经(39±0.5)℃预热的暖瓶中，整个操作在 30 min 内完成。将采集好的瘤胃液迅速转移带回实验室备用。

(二)仪器设备

烘箱：外壳一般采用薄钢板制作，表面烤漆，工作室采用优质的结构钢板制作。外壳与工作室之间填充硅酸铝纤维。加热器安装在底部，也可安置在顶部或两侧。温度控制仪表采用数显智能表。

凯氏定氮仪：海能 K1160 全自动凯氏定氮仪。

纤维素测定仪：盛泰仪器 ST116A 中性酸性洗涤纤维测定仪。

（三）测定内容

干物质消化率（丁浩等，2021）DMD＝（发酵底物重×DM－发酵残渣的 DM 量）/（发酵底物重×DM）×100％；

测定酸性洗涤纤维消化率 ADFD＝（发酵底物重×ADF－发酵残渣的 ADF 量）/（发酵底物重×ADF）×100％；

粗蛋白消化率 CPD＝（发酵底物重×CP－发酵残渣的 CP 量）/（发酵底物重×CP）×100％；

中性洗涤纤维消化率 NDFD＝（发酵底物重×NDF－发酵残渣的 NDF 量）/（发酵底物重×NDF）×100％；

有机物消化率 OMD＝（发酵底物重×OM－发酵残渣的 OM 量）/（发酵底物重×OM）×100％。

（四）操作步骤

对于体外消化率测定：准确称取样品（1.000 0 g）放入已知重量的尼龙袋中（400 目，3.0 cm×5.5 cm），每个样品设置 3 个重复。将装有样品的尼龙袋放入发酵罐中，同时设置空白对照和标准苜蓿组来消除系统误差，将各发酵罐放入体外培养箱中预热至 39 ℃，取出后通入二氧化碳，每个发酵罐装入 1 600 mL 预热（39 ℃）的培养液（无色状态），通入二氧化碳排出氧气再放入培养箱中进行培养（39 ℃），培养 48 h 后取出尼龙袋，立即放入冷水中，终止其发酵，然后用 39 ℃温水对其进行细流冲洗，直到尼龙袋表面干净为止，将其放于瓷盘中进行烘干至恒重，差减法计算样品干物质消化率，将 3 个重复样品粉碎混合均匀，用常规营养分析方法进行草地植物体外消化率的测定（姚喜喜等，2021）。

（五）结果记录

表 2-8-1 草地植物体外消化率测定结果记录表

植物种类/生育期	DMD/％	ADFD/％	CPD/％	NDFD/％	OMD/％

四、重点和难点

体外消化试验中的瘤胃液取自带瘘管的活体动物或刚刚被宰杀的动物个体。瘤胃液的制备时间（即提取瘤胃液到体外消化试验开始之间的间隔时间）对草地植物干物质体外消化率的测定结果有极大的影响，该怎么减少这部分时间是测定的难点。

五、实例

瘤胃液的不同来源对饲料植物干物质体外消化率的测定结果无显著影响。这个结果与国外一些研究的结果相一致。Welch 等(1983)比较了来源于 6 种动物(家羊、山羊、牛、黑尾鹿、北美马鹿和叉角羚等)的瘤胃液对 25 种饲料植物的体外干物质消化率,他们未发现任何显著的差异。在白尾鹿和家羊以及黑尾鹿和白尾鹿与牛的体外干物质消化率的比较研究中,研究者也报道了类似的结果。国内和国外的一些研究表明(陈化鹏等,1997),在一定条件以家畜瘤胃液来替代野生反刍动物的瘤胃液作为体外消化试验中的发酵源,在饲料植物营养价值的评价工作中是可行的。特别是当研究旨在比较评价各种饲料植物体外干物质消化率的相对大小时,这种途径将具有更重要的意义。

六、思考题

1. 在体外消化试验中,一般采用恒温水浴锅作为发酵器,恒温水浴锅应设为多少摄氏度?

2. 体外模拟瘤胃发酵在一定程度上可以反映草食动物对草地植物的体外消化率,该如何提高体外消化率的精确性?

七、参考文献

[1]丁浩,吴永杰,邵涛,等. 纤维素酶和木聚糖酶对象草青贮发酵品质及体外消化率的影响[J]. 草地学报,2021,29(11):2600-2608.

[2]姚喜喜,才华,刘皓栋,等. 不同季节高寒草甸牧草瘤胃发酵特性和体外消化率分析[J]. 草地学报,2021,29(8):1729-1737.

[3]陈化鹏,李枫,孙中武,等. 体外消化试验法的初步评价[J]. 东北林业大学学报,1997(5):82-85.

[4] Drozdz A. Seasonal intake and digestibility of natural foods by roe deer. Acta Theriol,1979,24:137-170.

[5]Welch B L,Pederson J C,Clary W P. Ability of different rumen inocula to digest forages. J Wild l Manage,1983,47:873-877.

作者:郝俊　程巍

单位:贵州大学

实习九　草地植被放牧演替

一、背景

植物群落会随时间的进程和发展而变化，一个植物群落逐渐被另一个植物群落代替的过程，就是群落的演替。草地的放牧演替阶段与草地的初级生产力密切相关。适宜的放牧强度，可维持草地植被群落的相对稳定性。不合理的放牧会加速草地的退化演替，使草群结构简化，毒害草增多，优质牧草减少，产草量下降，草地质量变差。当禁牧或休牧后，尤其是辅之以施肥、灌溉等草地培育措施时，退化草地可开始进展演替，如牧草生长良好，营养品质高，植物群落组成趋于丰富等特征。在草地管理与放牧利用实践中，要防止退化演替，促进进展演替，并针对不同演替阶段或退化程度，采取相应的培育与改良措施。

二、目的

根据实地调查数据，计算不同群落中植物的优势度，确定优势种、亚优势种和伴生种。通过不同地段的演替度、地段间的相似度、初步排列不同放牧压下的演替序列，并根据草地植物群落生产力、植物多样稳定性及土壤条件等，初步判断所测地段的退化演替阶段为未退化、轻度退化、中度退化或重度退化等阶段。通过实习，掌握研究草地演替的基本方法，学会草地植物群落生态学研究中的数据采集、数据整理等基本技能，提高分析处理问题及解决实际问题的能力。

三、实习内容与步骤

（一）材料

长期处于不同放牧压或已出现不同退化程度的天然草地。

（二）仪器设备

每1小组样方框（1 m×1 m、0.5 m×0.5 m）2个，样圆（0.1 m^2）1个，钢针（50 cm）1个，钢卷尺1个，剪刀2把，手提秤或电子秤1台（精度0.1 g），样品袋若干（10个以上），记录表，配备烘箱、瓷盘等。

（三）测定内容

分种测定植物的盖度（C）、频度（F）、高度（H）、密度（D）和地上生物量（P），并计算各样地的物种优势度、群落相似度、群落演替度等，排列草地放牧演替序列。

(四)操作步骤

1. 调查地段选择

选择海拔、地形、地貌等水热条件基本一致的草地为调查对象。选取能代表不同放牧强度的典型地段,这些地段通常因家畜分布或干扰频率不同,处于不同的演替阶段。也可选择不同放牧强度的几块相邻的围栏草地、围栏外放牧严重的公共草地,以及相应的不同年份禁牧草地等,作为代表性测定地段。调查地段的选择还可根据草地距离居民点、饮水点、畜圈或营盘点的距离远近设置测定地段。如以家畜活动最集中的点为中心,距中心远近不同,通常会形成明显的放牧压梯度。在选择好 4~5 个调查地段后,就可以开始对每个地段布设一定数量的样方进行调查了。为了节省实习时的调查时间,通常采用系统取样或代表性典型样地取样的方法设置重复样方。

2. 植被特征测定

分种测定植物的盖度(C)、频度(F)、高度(H)、密度(D)和地上生物量(P)。同时记录地表及土壤状况,如草皮及土壤紧实程度,雨水冲刷或侵蚀情况,枯枝落叶等覆盖情况,家畜践踏地表的沟纹情况及粪便散落及污染情况等。

(1)盖度的测定　可采用目测法或针刺法进行,每个测定地段设置样方重复 5 次以上。针刺法测定时,将 1 m×1 m 样方框划分为 100 个小格子,用钢针依次在每个小格子相同位置(共选出 100 个交叉点即可)垂直向下刺入土壤(接触土壤),记录所有被钢针触碰到的植物,包括没有植物的点(记为"裸地"),对一个交叉点上钢针同时触碰到的植物在两种以上的,均应在相应植物后作记录。并计算各种草的分盖度、裸地率及群落的总盖度。经验丰富的专业人员可采用目测法估测盖度,但无法准确估测各种草的分盖度。

$$C = n/N \times 100\%$$

式中:C 为盖度,n 为某种植物的触针次数,N 为测点总数。

$$U = 1 - O$$

式中:U 为群落总盖度;O 为裸地率。

(2)密度的测定　用 0.5 m×0.5 m 样方框,记录样方内每种植物的株丛数或分株数进行计测,样方重复 5 次以上。

$$D(\text{株}/\text{m}^2) = \frac{1}{n}\sum_{i=1}^{n} N_i/S$$

式中:D 为某种植物的密度;n 为重复样方数;N_i 为样方中某种植物的株数;S 为样方面积。

天然草地群落中,株丛或枝条差异较大,物种的密度实际意义有限。而所有植物种密度的倒数,即某种植物个体平均所占的面积,也就是营养面积的生态学意义更为重要。

(3)频度的测定　频度采用样圆法测定,在样地内沿一定行进路线,随机抛掷样圆(0.1 m^2)50 次,记录每次样圆内出现的植物种,计算各种植物的频度。

$$F = n/N \times 100\%$$

式中:F 为某种植物的频度;n 为含某种草的样圆数,N 为测定的样圆总数。

(4)高度的测定　这里的高度指的是某种植物的自然状态下的高度,可直接用钢卷尺测定,每种植物随机选择 30 株以上进行测量,取其平均数作为该植物的自然高度。

$$H(\mathrm{cm})=\frac{1}{n}\sum_{i=1}^{n}h_i, n>30$$

式中:H 为某种植物的平均自然高度;h_i 为某种植物的高度;n 为重复次数。

(5)产量的测定　产量是单位面积草地植物的风干重,它表示草地的生产能力的大小,可用样方法进行测定,与草地密度测定同时进行。用 0.5 m×0.5 m 样方框,记录样方内植物名,然后分种齐地面剪断植物,称得植物鲜重,同时取鲜草记录鲜重后,装入样品袋,烘干测定该种植物的含水量,用于计算地上生物产量 P,样方重复 5 次以上。

$$P(\mathrm{g/m^2})=\frac{1}{n}\sum_{i=1}^{n}M_i/S$$

式中:P 为某种植物的干重产量;M 为标方内植物干重;S 为样方面积;n 为重复次数。

3. 草地群落特征值计算

草地植物的特征值包括:每种植物的优势度、群落相似度、群落演替度、群落物种多样性等。

(1)物种优势度　种在种群中所起作用和所占地位的重要程度叫作重要值或优势度。在群落学的研究中,有人将盖度(C)值作为优势度,在草原生产实际中,草地产量和盖度指标尤其重要,意义更大。为了更客观地评价物种在群落中相对作用大小,通常选用综合性数量指标,即总和优势度(SDR),是将群落中物种的密度、高度、盖度、频度和生物量等数量指标进行不同组合求算来计算优势度(SDR_{2-5})。计算植物的优势度时,首先要将所测的盖度(C)、密度(D)、频度(F)、高度(H)和产量(P)的实际值换算成相对值 C'、D'、F'、H'、P',再计算出该种植物的优势度。相对值的计算为某个种的盖度(或密度、频度、高度和产量)与样地中所有种的盖度(或密度、频度、高度和产量)总和之比。相对值的计算也可根据某植物种的某一测度指标(盖度、密度、频度、高度和产量)除以群落中的该指标最大物种的相应指标数值,即盖度比(或密度比、频度比、高度比和产量比)。物种的优势度(SDR_5)的计算公式如下。

$$SDR_5=(C'+D'+F'+H'+P')/5$$

根据优势度值确定该类草地的优势种、亚优势种和伴生种。优势种具有个体数量多、盖度大,生物量高,体积较大,生活力较强等特点。一个群落中的优势种可以一个或多个,群落中的优势种通常可能也是建群种,但在植物群落中优势种和建群种具有不同的性质表征,优势种主要反映其地位,而建群种更强调的是其作用和功能。

(2)群落相似度　计算 A、B 两个群落间的相似程度,相似度值越大,相似程度越大。

$$CC=2w/(a+b)$$

式中:CC 为群落间的相似度指数;a、b 为 A 和 B 地段物种数目;w 为两地段的共有种数目。

(3)群落演替度　在草地群落的放牧演替系列中,从顶级群落开始到没有植物生长的裸地阶段的全部演替过程,可以用数据来计算,各个演替阶段背离亚顶极群落的程度,被称为演替度,演替度的计算公式如下。

$$DS=\frac{\sum_{i=1}^{s}(L\times d)}{N}\times U$$

式中:DS 为群落演替度;L 为构成种的寿命;d 为构成种的 SDR_5;N 为构成种的总数;U 为群落总盖度。

演替度是一个相对值，数值越大，表示该群落稳定性越大，种类组成越复杂，草地生产性能越好；相反，数值越小，表示该群落稳定性越小，种类组成越简单，草地趋于退化。

（4）植物多样性　物种多样性是指生物物种的多样性或物种的丰富程度，通常采用多样性指数和均匀度数进行衡量。多样性指数的意义在于物种间数量分布均匀时，多样性最高。两个个体数量分布均匀的群落，物种数越多，多样性越高。

Shannon-Wiener 多样性指数：

$$H' = -\sum_{i=1}^{s} P_i \ln P_i$$

Pielou 指数（均匀度指数）：

$$E = H'/\ln S$$

式中：H'为 Shannon-Wiener 多样性指数；P_i 为抽样个体属于某一物种的概率，多用物种 i 的个体数占群落中总个体数的比来计算，即 $P_i = N_i/N$。在本试验中 P_i 用相对重要值（优势度）进行计算，即 N_i 为第 i 个物种的重要值；N 为群落样地中所有物种的重要值之和；S 为样方内物种数。

4. 草地放牧演替序列的排列

根据相似度、演替度排出各地段草地的序列，依据以空间序列代替时间序列的原理，推断在重度放牧情况下可能出现的退化演替，或通过围栏封育使退化草地得以生态恢复的进展演替序列。

四、重点和难点

1. 取样地选择的典型性。

2. 测定方法和指标选取的科学性。对异质性较大的草地来说，样方太小或重复过少，所测结果往往不具有代表性。

3. 指标的计算方法的规范性。优势度计算时，由于某些原因，盖度、高度、频度、密度或生物量指标的数据测定有困难，可适当减少某一个指标，或将它们加以不同组合，求算优势度。

五、实例

（一）实习内容

根据实地调查数据，计算高寒草甸退化演替阶段同群落中各物种的优势度，确定优势种、亚优势种和伴生种。通过不同地段的演替度、地段间的相似度、初步排列不同放牧压下的演替序列。并根据草地植物群落生产力、植物多样稳定性及土壤条件等，初步判断所测地段的退化演替阶段为未退化、轻度退化、中度退化或重度退化等阶段。

（二）实习地点

实习点位于甘肃省天祝藏族自治县抓喜秀龙乡（N 37°11′，E 102°46′），境内海拔从 2 950 m 至海拔 4 300 m 的马牙雪山，年降水量为 415 mm，植物生长季 120～140 d。草地植被有高寒草甸、高寒灌丛草甸、高寒草原、山地草甸等。

(三)实习过程

(1)根据草地距离畜圈的距离远近,选择有明显的放牧压梯度的4～5个调查地段,对每个地段布设一定数量的样方进行调查。

(2)分种测定植物的盖度(C)、频度(F)、高度(H)、密度(D)和地上生物量(P)。

(3)计算草地群落特征值,包括每种植物的优势度、群落相似度、群落演替度、群落物种多样性等。根据相似度、演替度排出各地段草地的序列。

详细测定步骤与具体测定方法依照上述操作要求进行。

六、思考题

1. 为什么可以依据“空间序列代替时间序列”的方法,推断长期重度放牧情况下可能出现的退化演替?

2. 为什么样方的面积大小和重复次数,可根据草地实际情况选择?

七、参考文献

[1]任继周. 草业科学研究方法[M]. 北京:中国农业出版社,1998.
[2]甘肃农业大学. 草原学与牧草学实验实习指导书[M]. 兰州:甘肃教育出版社,1991.
[3]杨允菲,祝廷成. 植物生态学[M]. 2版. 北京:高等教育出版社,2011.

作者:曹文侠
单位:甘肃农业大学

实习十　草地植物酮类、烃类、萜类活性物质测定

一、背景

植物活性成分指构成植物体内的物质，除水分、糖类、蛋白质类、脂肪类等必要物质外，还包括其次生代谢产物。这些物质对人类以及各种生物具有生理促进作用，故名为植物活性成分。牧草的生物活性化合物日益引起人们的关注，其可以影响动物营养，也可能对人类具有治疗潜力。这些特化代谢物一般是植物中低浓度存在的低分子量化合物，属于不同的化学类，包括萜类、皂苷类、生氰苷类、黄酮类、异黄酮类、单宁类、香豆素类和其他酚类。它们参与各种代谢过程或作为非活性前体储存，在必要时被特别激活。从植物来源获得的生物活性分子在制药和农用工业中有重要价值。草地植物中酮类、烃类、萜类物质含量的测定是了解其利用价值的重要环节，因此了解其测定方法十分重要。

酮类是羰基与两烃基相连的化合物。据分子中烃基的不同，酮可分为脂肪酮、脂环酮、芳香酮、饱和酮和不饱和酮。烃类化合物是碳氢化合物的统称，是由碳与氢原子所构成的化合物，主要包含烷烃、环烷烃、烯烃、炔烃、芳香烃，烃类均不溶于水，衍生物众多。而多环芳烃是广泛存在于环境中的一种持久性有机污染物，具有很强的致畸、致突变、致癌性，性质稳定、难于降解，在空气、水体、土壤中呈不断积累的趋势，并主要通过根部吸收和植物叶片吸收两种途径进入植物体内。萜类化合物是由甲戊二羟酸衍生、且分子骨架以异戊二烯单元(C_5 单元)为基本结构单元的化合物及其衍生物。这些含氧衍生物可以是醇、醛、酮、羧酸、酯等。萜类化合物广泛存在于自然界，是构成某些植物的香精、树脂、色素等的主要成分。如植物醇、青蒿素、维生素 A、叶黄素等。

目前对活性物质的研究主要集中在人类可以直接进食的中草药、水果和蔬菜中，而对牧草中活性物质含量的研究尚少。牧草是发展畜牧业的物质基础，随着我国经济的蓬勃发展和膳食结构变化带来的对牛羊肉和牛奶等畜产品需求量的增长，草地畜牧业发展对优质饲草产品的需求也越来越大，近年来的牧草业在提高产量的同时，也逐渐重视牧草质量，尤其是牧草中有益物质含量。在抗生素使用受到更严格限制的情况下，植物源活性物质在畜牧业生产中的使用将越来越广泛，而对这些活性物质的提取和含量测定是重要基础。

实验室测定这些活性物质的方法较多，酮类物质尤其是类黄酮在实验室一般采用高效液相色谱法和分光光度法，试剂公司也推出分光光度法测定植物类黄酮含量的试剂盒，原理是在碱性亚硝酸盐溶液中，类黄酮与铝离子形成在 470 nm 处有特征吸收峰的红色络合物，测定样本提取液在 470 nm 处的吸光值，即可计算样本类黄酮含量。烃类物质和萜类物质测定一般是高效液相色谱法，原理是对材料用有机溶剂进行提取后，注入高效液相色谱仪进行分离，在特定波长下进行检测，外标法计算目标活性物质含量，这也是在饲草工业标准中有机物质测定时常用的方法。

本实验以酮类物质中的类黄酮，萜类物质中的维生素 A、叶黄素以及烃类物质中的多环芳烃为例，对牧草样品中酮类、烃类、萜类活性物质的常规测定方法进行介绍。

二、目的

了解和掌握牧草的酮类、烃类、萜类活性物质测定原理和方法。

三、实习内容与步骤

(一)类黄酮的测定

1. 材料

牧草干样。

2. 仪器设备和试剂

仪器设备:烘箱、实验室用样品粉碎机或者研钵、分析天平(感量 0.000 1 g)、离心机、超声破碎仪、分光光度计、水浴锅、移液枪、玻璃烧杯、1 mL 微量玻璃比色皿、2 mL 离心管。

试剂:60%乙醇溶液,植物类黄酮测定试剂盒。

3. 测定内容

牧草中类黄酮的含量。

4. 操作步骤

(1)标准曲线绘制　将 10 mg/mL 芦丁标准溶液用标准品稀释液稀释至 1.5 mg/mL、1.25 mg/mL、0.625 mg/mL、0.312 5 mg/mL、0.078 mg/mL、0.039 mg/mL、0.02 mg/mL,以蒸馏水为对照,各取 0.2 mL 于 2 mL 离心管中,依次加入试剂盒中的试剂,混匀,37 ℃水浴 45 min,10 000g,10 min 离心取上清液,测定 A_{470},计算 $\Delta A = A_{标准} - A_{空白}$。以芦丁浓度为横坐标,$\Delta A$ 为纵坐标绘制标准曲线 $y = kx + b$。

(2)类黄酮含量测定

①样品处理　待测植株取样后,尽快带回实验室烘干保存,将样本烘干至恒重,粉碎,过 30～50 目筛之后,称取约 0.1 g,放入玻璃杯中。

②样品提取　加入 1 mL 提取液(60%的乙醇溶液),用超声提取法进行提取,设置超声破碎仪功率 300 W,破碎 5 s,间歇 8 s,60 ℃,共提取 30 min。12 000 r/min,25 ℃,离心 10 min,取上清,用提取液定容至 1 mL,待测。

③显色反应　依次加入试剂盒中的试剂,在碱性亚硝酸盐溶液中,类黄酮与铝离子形成在 470 nm 处有特征吸收峰的红色络合物。37 ℃水浴 45 min,放入离心机 10 000g 离心 10 min。

④测定　可见分光光度计预热 30 min 以上,调节波长至 470 nm,蒸馏水调零。取离心结束的溶液上清液于 1 mL 微量玻璃比色皿中,放入分光光度计进行测定,并记录数据。

⑤计算　将测定结果带入标准曲线公式中,推出 x。

5. 结果表示与计算

$$类黄酮含量(mg/g) = \frac{x \times V}{W}$$

式中:x 为根据标准曲线推出的含量值(mg/mL);V 为提取溶液体积(mL);W 为样品重量(g)。

（二）维生素A含量测定

1. 材料

牧草。

2. 仪器设备和试剂

（1）仪器设备　分析天平（感量0.001 g，0.000 1 g，0.000 01 g），圆底烧瓶（带回流冷凝器），恒温水浴或电热套，旋转蒸发器，超纯水器，高效液相色谱仪（带紫外可调波长检测器或二极管矩阵检测器）。

（2）试剂　无水乙醚，无水乙醇，色谱纯的正己烷、异丙醇、甲醇，2，6-二叔丁基对甲酚（BHT），无水硫酸钠，氮气，碘化钾溶液100 g/L，淀粉指示剂5 g/L，硫代硫酸钠溶液50 g/L，氢氧化钾溶液500 g/L，*L*-抗坏血酸乙醇溶液，酚酞指示剂10 g/L，维生素A乙酸酯标准品。

维生素A标准贮备液：称取维生素A乙酸酯标准品34.4 mg于皂化瓶中，进行皂化和提取，将乙醚提取液全部浓缩蒸发至干，用正己烷溶解残渣置入100 mL棕色容量瓶中并稀释至刻度，混匀，4 ℃保存。该贮备溶液浓度为344 μg/mL，临用前用紫外分光光度计标定其准确浓度。

维生素A标准工作液：准确吸取1.00 mL维生素A标准贮备液，用正己烷稀释100倍；若用反相色谱测定，将1.00 mL维生素A贮备液置于100 mL棕色容量瓶中，用氮气吹干，用甲醇稀释至刻度，混匀，配制工作液浓度为3.44 μg/mL。

3. 测定内容

牧草中维生素A的含量。

4. 测定步骤

（1）试样制备　牧草样品磨碎，全部通过0.28 mm孔筛，混匀，装入密闭容器中，避光低温保存备用。

（2）试样溶液的制备

①皂化　称取试样10 g，精确至0.001 g。维生素预混料或复合预混料1～5 g，精确至0.000 1 g，置入250 mL圆底烧瓶中，加50 mL *L*-抗坏血酸乙醇溶液，使试样完全分散、浸湿，加10 mL氢氧化钾溶液，混匀。置于沸水浴上回流30 min，不时振荡防止试样黏附在瓶壁上，皂化结束，分别用5 mL无水乙醇、5 mL水自冷凝管顶端冲洗其内部，取出烧瓶冷却至约40 ℃。

②提取　定量转移全部皂化液于盛有100 mL无水乙醚的500 mL分液漏斗中，用30～50 mL水，分2～3次冲洗圆底烧瓶，并入分液漏斗，加盖、放气、随后混合，激烈振荡2 min，静置、分层。转移水相于第二个分液漏斗中，分次用100 mL、60 mL乙醚重复提取两次，弃去水相，合并三次乙醚相。用水每次100 mL洗涤乙醚提取液至中性，初次水洗时轻轻旋摇，防止乳化。乙醚提取液通过无水硫酸钠脱水，转移到250 mL棕色容量瓶中，加100 mg BHT使之溶解，用乙醚定容至刻度（V_1）。以上操作均在避光通风柜内进行。

③浓缩　从乙醚提取液（V_1）中分取一定体积（V_2）（依据样品标示量、称取量和提取液量确定分取量）置于旋转蒸发器烧瓶中，在水浴温度约50 ℃，部分真空条件下蒸发至干或用氮气吹干。残渣用正己烷溶解（反向色谱用甲醇溶解），并稀释至10 mL（V_3），使其维生素A最后浓度为每毫升5～10 IU，离心或通过0.45 μm过滤膜过滤，用于高效液相色谱仪分析。以上

操作均在避光通风橱中进行。

(3)测定

①色谱条件

a. 正相色谱　色谱柱:硅胶 Si60,长 125 mm,内径 4 mm,粒度 5 μm(或性能相似的分析柱);流动相:正己烷+异丙醇(98+2);流速:1.0 mL/min;温度:室温;进样量:20 μL;检测波长:326 nm。

b. 反相色谱　色谱柱:C_{18}型柱、长 125 mm,内径 4.6 mm,粒度 5 μm(或性能类似的分析柱);流动相:甲醇+水(95+5);流速:1.0 mL/ min;温度:室温;进样量:20 μL;检测波长:326 nm。

②定量测定　按高效液相色谱仪说明书调整仪器操作参数,向色谱柱注入相应的维生素 A 标准工作液和试样溶液,得到色谱峰面积响应值,用外标法定量测定,维生素 A 标准色谱图详见图 2-10-1。

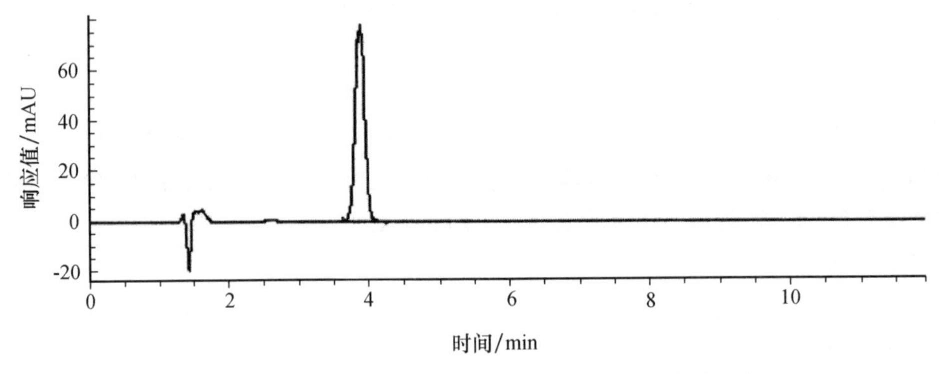

图 2-10-1　维生素 A 标准色谱图(全国饲料工业标准技术委员会,2010)

(4)结果表示与计算　试样中维生素 A 的含量,以质量分数 X_1 计,数值以国际单位每千克(IU/kg)或毫克每千克(mg/kg)表示,按下式计算:

$$X_1 = \frac{P_1 \times V_1 \times V_3 \times \rho_1}{P_2 \times m_1 \times V_2 \times f_1} \times 1\,000$$

式中:P_1 为试样溶液峰面积值;V_1 为提取液的总体积(mL);V_3 为试样溶液最终体积(mL);ρ_1 为维生素 A 标准工作液浓度(μg/mL);P_2 为维生素 A 标准工作液峰面积;m_1 为试样质量(g);V_2 为从提取液(V_1)中分取的溶液体积(mL);f_1 为转换系数,1 国际单位(IU)相当于 0.344 μg 维生素 A 乙酸酯或 0.300 μg 视黄醇活性。

平行测定结果用算术平均值表示,保留三位有效数字。

(三)叶黄素的测定

1. 材料

待测牧草。

2. 仪器设备和试剂

仪器设备:恒温水浴锅,分析天平(感量 0.000 1 g),高效液相色谱仪(配 UV-VIS 检测器),旋转蒸发仪,分液漏斗(250 mL),分析实验室常用玻璃仪器。

试剂:正己烷,丙酮,无水乙醇,甲苯,甲醇,异丙醇,氢氧化钾,无水硫酸钠。

提取剂:正己烷-丙酮-无水乙醇-甲苯(34+23+20+23)混合液。

氢氧化钾甲醇溶液(400 g/L):40 g 氢氧化钾溶于甲醇中,冷却后用甲醇稀释至 100 mL。

硫酸钠溶液(100 g/L):10g 无水硫酸钠溶于 100 mL 水中。

叶黄素标准储备液:准确称取叶黄素标准品 2 mg,先加入少量流动相超声溶解,用流动相定容至 100 mL 棕色容量瓶,作标准储备液,4 ℃避光保存,保存期 3 d。

叶黄素标准工作液:取叶黄素标准储备液用流动相逐级稀释成 0.5 μg/mL、1.0 μg/mL、2.0 μg/mL、5.0 μg/mL、10.0 μg/mL、20.0 μg/mL 系列标准工作液。

除特殊说明外,所用试剂均为分析纯试剂,用水符合 GB/T 6682 中一级水的规定。

3. 测定内容

牧草中的叶黄素。

4. 测定步骤

(1)试样的制备　采集有代表性的样品,粉碎过 0.45 mm 孔筛,混合均匀,装入密闭容器中,低温保存备用。

(2)试样溶液的制备(整个制备过程应避光操作)　称取试料 1～5 g(m),精确到 0.000 1 g,置于 100 mL 棕色容量瓶中。加入 30 mL 提取剂塞紧,旋转振摇 1 min。加入 2 mL 40%氢氧化钾甲醇液于容量瓶中,旋转振摇 1 min,将容量瓶接上空气冷凝装置或塞紧瓶塞,置于 50～60 ℃水浴中加热 20 min。于暗处放置 1 h,加入 20 mL 正己烷,旋转振摇 1 min,加入 10%硫酸钠溶液 50 mL,转移到 250 mL 分液漏斗中,猛烈振摇 1 min,于暗处放置 1 h,取出上层溶液;水相分别加入 20 mL 正己烷提取两次,合并上层液,于旋转蒸发仪中 50～60 ℃水浴浓缩至干,根据样品中叶黄素含量高低,残余物加正己烷 10～100 mL(V_1),充分溶解后经 0.45 μm 滤膜过滤,滤液备用。取 20 μL 滤液在高效液相色谱仪上测定叶黄素组分的峰面积,根据标准工作曲线计算滤液中叶黄素的浓度(c_0)。

(3)测定

①色谱条件　色谱柱:硅胶柱(5.0 μm,250 mm×4.6 mm);流动相:正己烷-乙酸乙酯-异丙醇(73+27+1.5)混合液;流速:1.5 mL/ min;柱温:室温;进样量:20 μL;检测器:紫外检测器,使用波长 446 nm。

②标准工作曲线的绘制　各取 20 μL 叶黄素标准工作液上机进行高效液相色谱分析。以浓度(c)为横坐标,以峰面积(A)为纵坐标,做标准工作曲线。

(4)结果表示与计算　叶黄素含量 X,以质量分数(mg/kg)表示,按下式计算:

$$X=\frac{c_0\times V_1}{m}$$

式中:c_0 为由标准工作曲线查得的试样滤液中叶黄素的浓度(μg/mL);V_1 为加入正己烷的体积(mL);m 为称样量(g)。

测定结果用平行测定后的算术平均值表示,结果表示到 0.1 mg/kg。

对同一样品同时或快速连续地进行两次测定,所得结果的相对偏差:叶黄素含量不大于 50 mg/kg 时,不得大于 15%;含量大于 50 mg/kg 时,不得大于 10%。

(四)多环芳烃的测定

1. 材料

牧草干样。

2. 仪器设备和试剂

仪器设备：高效液相色谱仪(带荧光检测器)、电子天平(感量 0.001 g)、冷冻离心机、涡旋振荡器、超声波振荡器、粉碎机、均质器、氮吹仪、旋转蒸发仪。

试剂：色谱纯的乙腈、正己烷、二氯甲烷、硅藻土、硫酸镁、N-丙基乙二胺(PSA)(粒径 40 μm)，封尾 C_{18} 固相萃取填料(40～63 μm)，弗罗里硅土固相萃取柱(500 mg，3 mL)，有机相型微孔滤膜(0.22 μm)，多环芳烃标准溶液(200.0 μg/mL)(含萘、苊烯、苊、芴、菲、蒽、荧蒽、芘、苯并[a]蒽、䓛、苯并[b]荧蒽、苯并[k]荧蒽、苯并[a]芘、茚并[1,2,3-c,d]芘、二苯并[a,h]蒽和苯并[g,h,i]苝)

3. 测定内容

牧草中的多环芳烃。

4. 测定步骤

(1)溶液配制　正己烷-二氯甲烷混合溶剂(1＋1)：将正己烷和二氯甲烷按 1：1(体积比)混合均匀。

乙腈饱和的正己烷：量取 80 mL 正己烷，加入 20 mL 乙腈，振摇混匀后，静置分层，上层正己烷层即乙腈饱和的正己烷。

多环芳烃标准中间液(1 000.0 ng/mL)：吸取 0.5 mL 多环芳烃标准溶液(200.0 μg/mL)，用乙腈定容至 100 mL。在－18 ℃下避光保存，有效期为 3 个月。

多环芳烃标准系列工作液：分别吸取多环芳烃标准中间液(1 000.0 ng/mL)0.10 mL、0.50 mL、1.0 mL、2.0 mL、5.0 mL、10.0 mL，用乙腈定容至 100 mL，得到质量浓度为 1ng/mL、5ng/mL、10 ng/mL、20 ng/mL、50 ng/mL、100 ng/mL 的标准系列工作液，临用现配。

(2)样品处理　称取 2～5 g(精确至 0.01 g)试样于 50 mL 具塞玻璃离心管 A 中，加入 10 mL 正己烷，涡旋振荡 30 s 后，放入 40 ℃水浴超声 30 min；以 4 500 r/min 离心 5 min，吸取上清液于玻璃离心管 B 中；离心管 A 下层用 10 mL 正己烷重复提取 1 次，提取液合并于离心管 B 中，于 35 ℃氮吹至近干。在离心管 B 中，加入 4 mL 乙腈，涡旋混合 30 s，再加入 900 mg 硫酸镁、100 mg PSA 和 100 mg C_{18} 填料，涡旋混合 30 s，以 4 500 r/min 离心 3 min，移取上清液于 10 mL 玻璃刻度离心管 C 中，离心管 B 下层再用 2 mL 乙腈重复提取 1 遍，合并提取液于离心管 C 中，氮吹蒸发溶剂至近 1 mL，用乙腈定容至 1 mL，混匀后，过 0.22 μm 有机相型微孔滤膜，制得试样待测液。

(3)测定

①色谱条件　色谱柱：PAH C_{18} 反相键合固定相色谱柱，柱长 250 mm，内径 4.6 mm，粒径 5 μm，或同等性能的色谱柱；检测器：荧光检测器；流动相：乙腈和水；梯度洗脱程序：见表 2-10-1，溶剂 A 为乙腈，溶剂 B 为水；流速：1.5 mL/min；检测波长：激发和发射波长见表 2-10-2。柱温：30 ℃；进样量：20 μL 。

②标准曲线的制作　将标准系列工作液分别注入液相色谱仪中，测得相应的峰面积，以标准工作液的质量浓度为横坐标、以峰面积为纵坐标，绘制标准曲线。标准溶液的液相色谱图参见图 2-10-2。

表 2-10-1 反向 C_{18} 柱梯度洗脱程序

色谱时间/min	溶剂 A/%	溶剂 B/%
0	50	50
5	50	50
20	100	0
28	100	0
32	50	50

表 2-10-2 多环芳烃的激发波长、发射波长及其切换色谱时间检测参数

序号	化合物名称	时间/min	激发波长/nm	发射波长/nm
1	萘 苊 芴	0	270	324
2	菲 蒽	12.04	248	375
3	荧蒽	14.00	280	462
4	芘 苯并[a]蒽 䓛	14.85	270	385
5	苯并[b]荧蒽	18.93	256	446
6	苯并[k]荧蒽 苯并[a]芘 二苯并[a,h]蒽 苯并[g,h,i]苝	20.22	292	410
7	茚并[1,2,3-c,d]芘	23.33	274	507

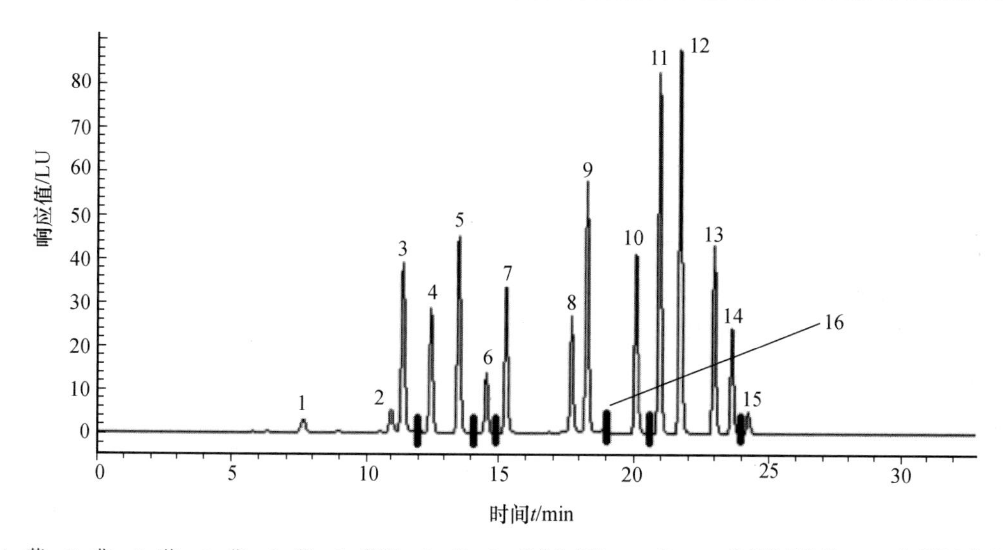

1. 萘 2. 苊 3. 芴 4. 菲 5. 蒽 6. 荧蒽 7. 芘 8. 苯并[a]蒽 9. 䓛 10. 苯并[b]荧蒽 11. 苯并[k]荧蒽 12. 苯并[a]芘 13. 二苯并[a,h]蒽 14. 苯并[g,h,i]苝 15. 茚并[1,2,3-c,d]芘 16. 波长改变

图 2-10-2 标准溶液的液相色谱图(中华人民共和国卫生健康委员会,国家市场监督管理总局,2021)

③试样溶液的测定　将试样待测液注入液相色谱仪中，以保留时间定性，测得相应的峰面积，根据标准曲线得到试样待测液中多环芳烃的质量浓度。如果试样待测液中被测物质的响应值超出仪器检测的线性范围，可适当稀释后测定。

④空白试验　除不加试样外，采用与试样完全相同的分析步骤。

5. 结果表示与计算

试样中多环芳烃的含量 X 按下式计算：

$$X_i = \frac{\rho_i \times V \times 1\ 000}{m \times 1\ 000}$$

式中：X_i 为试样中多环芳烃的含量（μg/kg）；ρ_i 为依据标准曲线计算得到的试样待测液中多环芳烃 i 的浓度（ng/mL）；V 为试样待测液最终定容体积（mL）；1 000 为换算系数；m 为试样质量（g）。

以重复条件下获得的两次独立测定结果的算术平均值表示，计算结果≥10.0 μg/kg 时，保留三位有效数字，计算结果＜10.0 μg/kg 时，保留两位有效数字。计算结果应扣除空白瓶。

四、重点和难点

重点：牧草酮类、烃类、萜类活性物质的测定原理，各物质测定程序及步骤以及结果表示。

难点：测定含量过程中的具体操作，各物质的具体含量。

五、实例

羊草中类黄酮含量的测定

1. 标准曲线绘制

将 10 mg/mL 芦丁标准溶液用标准品稀释液稀释至 1.5 mg/mL、1.25 mg/mL、0.625 mg/mL、0.312 5 mg/mL、0.078 mg/mL、0.039 mg/mL、0.02 mg/mL，以蒸馏水为对照，各取 0.2 mL 于 2 mL 离心管中，依次加入试剂盒中的试剂，混匀，37 ℃水浴 45 min，10 000g，10 min 离心取上清液，测定 A_{470}（图 2-10-3），计算 $\Delta A = A_{标准} - A_{空白}$。以芦丁浓度为横坐标，$\Delta A$ 为纵坐标绘制标准曲线 $y = kx + b$，$y = 1.022\ 5x - 0.056\ 3$，见图 2-10-4。

2. 试样制备

取具有代表性的羊草样品，烘干至恒重，用研钵粉碎后过 40 目筛。

3. 类黄酮提取

称取样品 0.01 g（可根据实际显色情况确定），加入 1 mL 提取液（60％的乙醇溶液），设置超声破碎仪功率 300 W，破碎 5 s，间歇 8 s，60 ℃，共提取 30 min。12 000 r/min，25 ℃，离心 10 min，取上清，用提取液定容至 1 mL，待测。

4. 显色反应

加入类黄酮试剂盒中的试剂混匀，37 ℃水浴 45 min，放入离心机 10 000g 离心 10 min。

5. 测定

可见分光光度计预热 30 min 以上，调节波长至 470 nm，蒸馏水调零。取离心结束的溶液上清液于 1 mL 微量玻璃比色皿中，放入分光光度计进行测定，并记录数据，对照标准曲线确

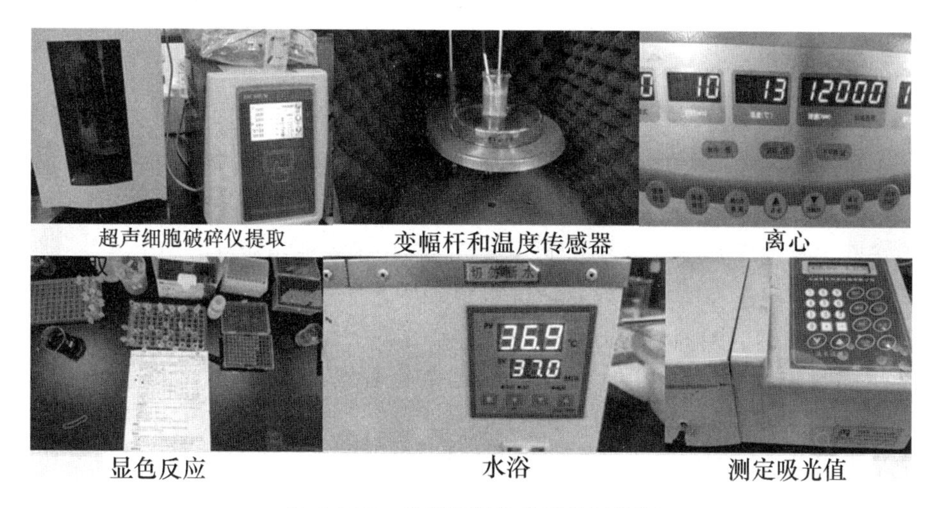

图 2-10-3　类黄酮标准曲线绘制步骤

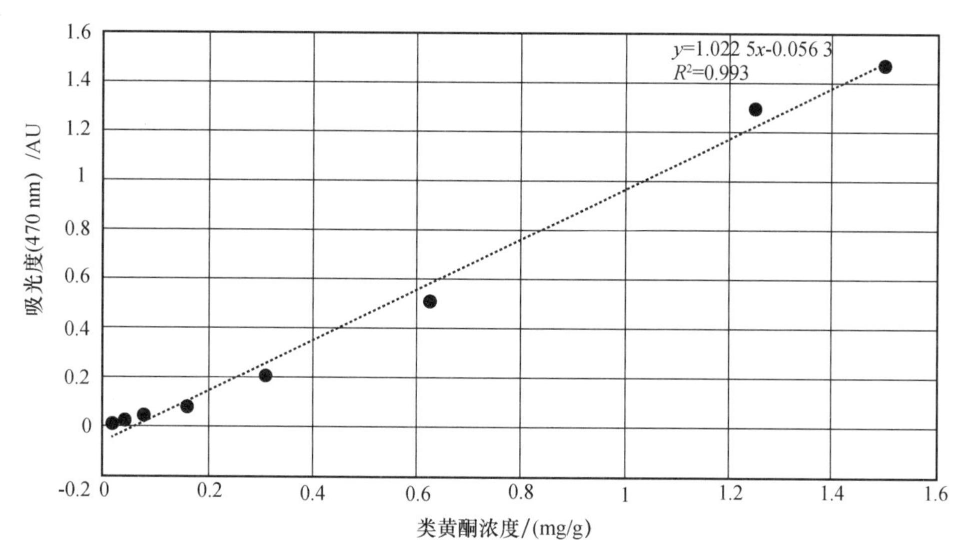

图 2-10-4　类黄酮含量标准曲线

定含量。

6. 结果表示与计算

$$类黄酮含量=x\times V/W=0.302\ 4\times 1/0.01=30.24(mg/g)$$

六、思考题

1. 如何测定酮类物质含量？
2. 高效液相色谱法测定维生素 A 含量的原理是什么？
3. 描述高效液相色谱法的步骤流程。

七、参考文献

[1]玉柱,贾玉山,李存福. 饲草产品检验[M]. 北京:科学出版社,2013.

[2]朱宇旌,张勇. 豆科牧草中活性物质的制备与应用研究[M]. 北京:中国农业科学技术出版社,2011.

[3]毛培胜. 草地学实验与实习指导[M]. 北京:中国农业出版社,2019.

[4]全国饲料工业标准技术委员会. 饲料中维生素A的测定 高效液相色谱法. GB/T 17817—2010[S]. 北京:中国标准出版社,2010.

[5]全国饲料工业标准技术委员会. 饲料中叶黄素的测定 高效液相色谱法. GB/T 23187—2008[S]. 北京:中国标准出版社,2008.

[6]中华人民共和国国家卫生健康委员会,国家市场监督管理总局. 食品中多环芳烃的测定:GB 5009.265－2021[S]. 北京:中国标准出版社,2021.

[7]全国饲料工业标准技术委员会. 饲料中维生素A的测定 高效液相色谱法. GB/T 17817—2010[S]. 北京:中国标准出版社,2010.

[8]中华人民共和国国家卫生健康委员会,国家市场监督管理局. 食品中多环芳烃的测定:GB 5009.265—2021[S]. 北京:中国标准出版社,2021.

作者:马明妍　左诗宁　黄顶
单位:中国农业大学

实习十一　草地植物化感物质测定

一、背景

植物化感作用(allelopathy)是指植物通过叶片挥发、雨雾淋溶、凋落物降解与根系分泌等途径释放化感物质到周围环境或土壤中，影响邻近植物(含微生物及其自身)生长的作用。近年来，植物化感作用受到全球草地生态学领域的广泛关注。植物所释放的化学物质，不仅直接或间接影响邻近植物生长，还能够调控植物群落组成。因此，系统量化和评价植物的化感作用，有助于进一步解释生态系统中植物群落组成与结构分布、植物群落演替、生物入侵和协同进化等方面的现象(彭少麟等，2001)。

已有研究报道天然草地植物间化感作用，发现：冷蒿与星毛委陵菜的化感作用通过抑制伴生种的种子萌发和幼苗生长，进而影响植物群落组成与更新(张玉娟，2015)，推动典型草原植物群落逆行演替。此外，还有研究发现：植物化感作用能够驱动外来物种的生物入侵过程(王兵，2013)。因此，通过开展草地植物化感物质测定的试验研究，有助于进一步认识和理解天然草原的植物化感作用。

二、目的

植物化感物质测定是研究化感作用的基础。学生通过野外采样及室内分析试验，了解并掌握化感物质分离、提纯和鉴定的各个环节，从而加深对植物化感作用的理解。

三、实习内容与步骤

1. 材料

活体植物，采集于天然草原。

2. 仪器设备

SHB-Ⅲ循环水式多用真空泵(郑州长城科工贸有限公司)；EYELA N1000 旋转蒸发仪(日本 EYELA 公司)；ZF-20C 暗箱式紫外分析仪(上海华岩仪器设备有限公司)；柱层析硅胶(200～300 目、300～400 目)，薄层层析硅胶板 GF254(100 mm×100 mm)(青岛海洋化工厂)；葡聚糖凝胶 SephadexTM LH-20(GE Healthcare Bio-Sciences AB)；600M 脉冲傅立叶变换核磁共振波谱仪(日本 JOEL JNM-ECA600)。

3. 测定内容

(1)草地植物化感物质的分离与筛选。

(2)草地植物化感物质的纯化与鉴定。

4. 操作步骤

取新鲜植株地上部分 3.5 kg，清除枯枝黄叶和灰尘后，迅速剪切为约 1 cm 小段，用 95% 乙醇于室温下浸泡 72 h，滤出浸提液。再用 95% 乙醇浸泡 48 h，滤出浸提液，将两次的浸提液合并，用旋转蒸发仪(35 ℃，－0.1 MPa)减压浓缩，收集浓缩膏状物。再用 4 种极性递增的有机试剂(正己烷、二氯甲烷、乙酸乙酯和正丁醇)依次萃取膏状物，浓缩各萃取组分，称重。对各萃取组分进行生物活性测定，以跟踪筛选活性组分。

将萃取后活性较强的组分装入硅胶柱分离，干法装柱、氯仿-甲醇 99∶1→1∶99 梯度洗脱，至所有柱内成分出来为止[根据 TLC(thin-layer chromatography)检测结果判断]。洗脱液 1 次接样约为 1/10 个柱体积，依次收集于 250 mL 锥形瓶内。各组分分别回收溶剂后，用薄层层析法(TLC)和 I_2 染色及紫外分析仪检识，将薄层层析(TLC)检测结果中有相同 R_4 值的组分或斑点相同者合并后得出粗组分。再对各粗组分进行生化测定，将具有较高生物活性的组分进一步分离纯化，以得到纯度较高的化合物。

待硅胶柱分离得到纯度较高的化合物后，经 Sephadex™ LH-20 凝胶柱对目标活性物质进一步纯化，在薄层板上用 3 种不同展剂系统展开，采用单一半点检测方法，对所得化合物进行纯度检查。用生测法进行活性测试。最后将测后具有生物活性的单体物质，经 ^{1}H-NMR 和 ^{13}C-NMR 测定，再根据所得的图谱和数据，分析确定以上化合物的结构。将相应的数据与已发表的相关文献进行比对，最终完成化感物质的结构鉴定。

四、重点和难点

1. 植物化感物质的分离与筛选。
2. 化感物质核磁共振测定后，比对数据，确定化感物质的结构。

五、实例

冷蒿(*Artemisia frigida*)是我国典型草原与荒漠草原退化演替指示植物之一。已有研究表明，冷蒿可以通过其化感作用影响伴生种植物的种子萌发和幼苗生长。本研究旨在分离鉴定其茎叶挥发物的主要化感物质，完成化感物质的结构鉴定。通过本章上述操作步骤，结合文献(Queiroz et al.，2005)，确定冷蒿的主要化感物质为 3，4′-二甲基-3′，5，7-三羟基黄酮(图 2-11-1)。

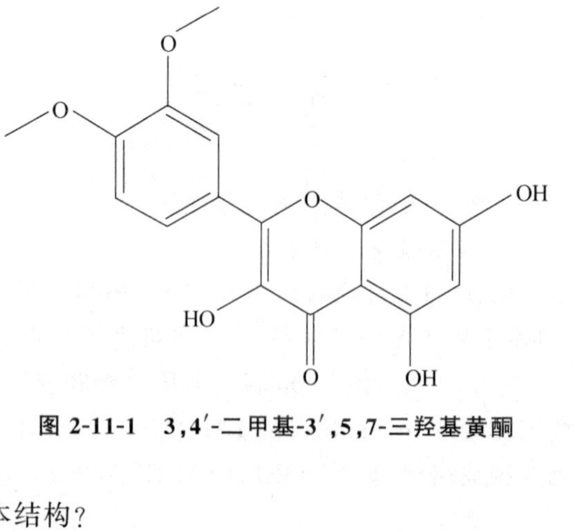

图 2-11-1　3，4′-二甲基-3′，5，7-三羟基黄酮

六、思考题

1. 如何进行草地植物化感物质的分离与纯化？
2. 如何通过文献比对，确定化感物质的基本结构？

七、参考文献

[1]彭少麟，邵华．化感作用的研究意义及发展前景[J]．应用生态学报，2001：780-786.

[2]王兵．化感作用与丛枝菌根在加拿大一枝黄花入侵过程中的作用研究[D]．杭州：浙江大学，2013.

[3]张玉娟．典型草原退化演替中植被-土壤特征变化及化感影响机制研究[D]. 北京：中国农业大学,2015.

[4]Queiroz E F, Ioset J R, Ndjoko K, et al. On-line identification of the bioactive compounds from Blumea gariepina by HPLC-UV-MS and HPLC-UV-NMR, combined with HPLC-micro-fractionation[J]. Phytochemical Analysis, 2005, 16:166-174.

作者：杨鑫　杨英　张飞　鲁国庆

单位：宁夏大学

实习十二　草地植物内生真菌测定

一、背景

植物内生真菌是指在健康的植物组织内或器官中度过全部或大部分生命周期，并且在植物外部不表现出明显症状的一类真菌。内生真菌能够与宿主植物形成互利共生的关系，一方面在内生真菌生长的过程中产生次生代谢产物或养分，能有效促进宿主植物生长并提高其抗逆性；另一方面，内生真菌可以从宿主植物体内汲取碳水化合物和其他营养元素(Smith & Read，2008)．植物内生真菌的分布较为广泛，主要集中在以下三类，分别为子囊菌、担子菌和接合菌。目前几乎在所有的植物体内都能检测到内生真菌的存在。

丛枝菌根真菌(*Arbuscular mycorrhizal fungi*，AMF)是一种内生菌根真菌，它能在植物根细胞内产生“泡囊”(vesicules)和“丛枝”(arbuscles)两种典型结构。丛枝菌根真菌能与地球上 80% 的高等植物形成互惠共生体(Smith & Read，2008)。在这种共生关系中，真菌运送土壤中矿质元素、水分到植物根部供植物吸收利用；植物则为真菌提供其生长繁殖所需的糖类、脂类等光合产物。此外，最近的研究发现：丛枝菌根真菌还能够影响植物种内/种间相互作用，植物群落演替，植物生产力与多样性维持。菌根侵染率测定是一种直接比较植物根系 AMF 数量的经典方法，能够直接观察 AMF 侵染根系及菌丝、丛枝和泡囊等侵染单元在植物根内的发育状况(张福锁，2009)。通过该方法，能够直接量化植物根系的菌根侵染程度。学生通过室内分析试验，了解并掌握测定植物根系菌根侵染率的每个环节，旨在加深对草地植物丛枝菌根真菌生长发育的理解。

二、目的

本实验通过测定草地植物根系菌根侵染率，让学生初步掌握草地内生真菌测定的一般程序、方法和技能，熟练掌握丛枝菌根真菌泡囊、丛枝和根内菌丝的识别与测定。学会光学显微镜在菌根侵染率测定中的具体应用，提高学生认识和掌握丛枝菌根真菌结构与功能的能力，为深入理解草地丛枝菌根真菌生长发育过程奠定基础。

三、实习内容与步骤

1. 材料

设备及仪器：光学显微镜、水浴锅、塑料盒、镊子、盖玻片、载玻片、培养皿、剪刀、烧杯、玻璃棒。

溶液：10% KOH、2% HCl、1∶1 乳酸甘油、0.05%曲利苯蓝(乳酸甘油作溶剂)、FAA 溶液(95%乙醇 50 mL＋40%甲醛 5 mL＋冰醋酸 5 mL＋蒸馏水 30 mL)。

2. 测定内容

(1)测定牧草菌根侵染强度。

(2)计算菌根侵染率。

3. 操作步骤

每个根系样品剪成1 cm长的根段,用10% KOH、90 ℃水浴锅水浴60 min(视根段的老嫩调整加热时间),KOH溶液能够清除根系细胞的细胞质和细胞核,使之易于染色。待样品冷却后弃去KOH溶液,用清水洗根3～5次。清洗后用2% HCl酸化5 min;加入曲利苯蓝溶液后,再在90 ℃水浴锅中染色30 min;样品除去曲利苯蓝溶液后,加入1∶1乳酸甘油脱色。用镊子挟取根段,将其整齐地排列在载玻片上,每片放置15条根段,盖上盖玻片,用手将根段压扁。载玻片放置在100～400倍显微镜下,观察根段菌根侵染强度(Trouvelot,1986;张福锁,2009)。菌根侵染强度具有6个分级标准:0,<1%,<10%,<50%,<90%,>90%(图2-12-1)。根据以下公式计算菌根侵染率(F)和菌根侵染密度(M):

$$F=\frac{\text{被侵染的根段数}}{\text{全部根段数}}\times 100\%$$

$$M=\frac{0.95\times N_5+0.7\times N_4+0.3\times N_3+0.05\times N_2+0.01\times N_1}{\text{全部根段数}}\times 100\%$$

式中:N_1表示0～1%侵染强度的根段数;N_2表示1～10%侵染强度的根段数,依此类推。

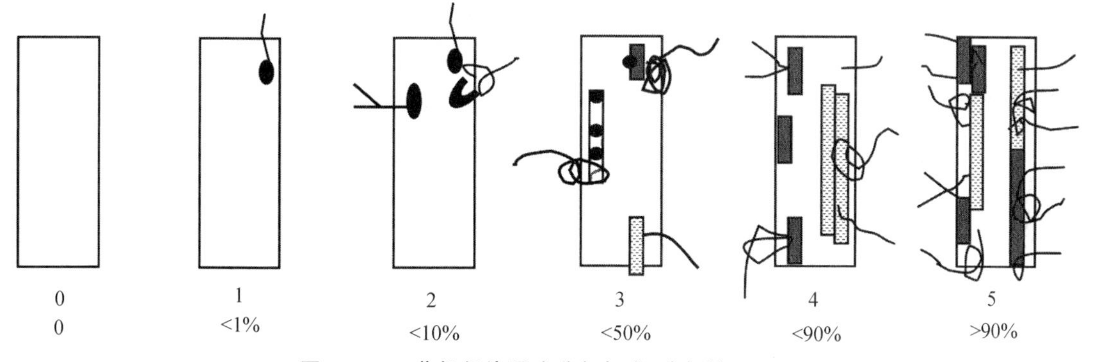

图2-12-1 菌根侵染强度分级标准(张福锁,2009)

4. 结果记录

表2-12-1 植物根系菌根侵染强度

样品编号	N_0	N_1	N_2	N_3	N_4	N_5

四、重点和难点

1. 根系样品的消煮、脱色与染色过程。

2. 判别根系样品中菌丝、泡囊和丛枝结构的基本特征。

五、实例

温性典型草原是我国主要的草原类型之一，该类型草原优势植物为：克氏针茅（*Stipa krylovii*），冷蒿（*Artemisia frigida*）和蒙古野韭（*Allium prostratum*）。2017 年在野外采集上述植物根系，用去离子水洗净后，剪成 1 cm 根段，装入 FAA 溶液中，带回实验室。通过上述透明、染色、显微镜观察等实验步骤，获得以上三种植物的菌根侵染强度数据（表 2-12-2）。

表 2-12-2 植物根系菌根侵染强度

样品编号	N_0	N_1	N_2	N_3	N_4	N_5
克氏针茅	18	6	2	4	0	0
冷蒿	10	8	2	5	2	3
蒙古野韭	2	2	5	2	8	11

根据以上数据，计算得到三个物种菌根侵染率：

$$F(\text{克氏针茅})=\frac{12}{30}\times 100\%=40\%$$

$$M(\text{克氏针茅})=\frac{0.95\times 0+0.7\times 0+0.3\times 4+0.05\times 2+0.01\times 6}{30}\times 100\%=4.53\%$$

$$F(\text{冷蒿})=\frac{20}{30}\times 100\%=60\%$$

$$M(\text{冷蒿})=\frac{0.95\times 3+0.7\times 2+0.3\times 5+0.05\times 2+0.01\times 8}{30}\times 100\%=19.77\%$$

$$F(\text{蒙古野韭})=\frac{28}{30}\times 100\%=93.33\%$$

$$M(\text{蒙古野韭})=\frac{0.95\times 11+0.7\times 8+0.3\times 2+0.05\times 5+0.01\times 2}{30}\times 100\%=56.4\%$$

根据以上数据和公式算得，克氏针茅（*Stipa krylovii*）、冷蒿（*Artemisia frigida*）和蒙古野韭（*Allium prostratum*）的菌根侵染率分别为 40%、60% 和 93.33%；三种植物的菌根侵染密度分别为 4.53%、19.77% 和 56.4%。

六、思考题

1. 天然草原直根系植物与须根系植物的菌根侵染率有何不同？
2. 天然草原丛枝菌根真菌的主要生态功能包括哪些？

七、参考文献

[1]张福锁．根际生态学——过程与调控[M]. 北京：中国农业大学出版社，2009.
[2]张福锁．根际生态学：过程与调控[M]. 北京：中国农业大学出版社，2009.
[3]Smith S E & Read D J. Mycorrhizal Symbiosis[M]. 3th ed. New York：Elsevier，2008.

[4]Trouvelot A. Mesure du taux de mycorhization VA d'un systeme radiculaire. Recherche de methodes d'estimation ayant une significantion fonctionnelle. Physiological and Genetical Aspects of Mycorrhizae [M].Paris:INRA,1986.

作者:杨鑫 杨英 张飞 鲁国庆
单位:宁夏大学

实习十三　草地有毒有害植物的识别及其防除

一、背景

草地有毒有害植物是指草地上着生的一些家畜采食或误食后会引起生理发生异常甚至死亡，及因植物体具有芒、刺、钩等附属物，会造成家畜机械伤害或体内含有某种化学物质能够降低畜产品质量或使畜产品变质的植物的统称。据估计，我国天然草地毒草危害面积约 3.33×10^7 hm^2，分布着约 140 科 1 300 种有毒植物，其中危害严重的有 23 种，主要为棘豆（*Oxytropis* spp.）、黄芪（*Astragalus* spp.）、醉马草（*Achnatherum inebrians*）、狼毒（*Stellera chamaejasme*）、牛心朴子（*Cynanchum komarovii*）、乌头（*Aconitum* spp.）等，多分布在西藏、新疆、内蒙古、青海等地，而有害植物多为针茅（*Stipa* spp.）、锦鸡儿（*Caragana* spp.）、鹤虱（*Lappula myosotis*）、蒺藜（*Tribulus* spp.）、苍耳（*Xanthium sibiricum*）等植物。

由于家畜不愿采食，有毒有害植物与草地上着生的其他植物在资源与空间的竞争中保持着较强的优势，不仅导致草地出现不同程度的退化，草地质量和可食牧草产量降低，而且也会引起家畜因误食、被迫采食而产生生命活动异常或机体受损，甚至死亡。尤其是近年来，由于人类活动及环境变化的交互作用，草原毒草滋生并蔓延成灾，家畜中毒事件呈现多发、频发，甚至爆发态势，给当地草地畜牧业经济发展带来极大危害，亟待防除与治理。当前，草地毒害草防除的方法有物理防控、化学防控、生物防控、替代防控、综合防除等，但因毒害草发生危害程度的不同，导致选择的防除方法也存在差异，需要有针对性的选择。化学防除仍是当前毒害草防治的主要形式，筛选有效除草剂种类、用药剂量及浓度，减少药剂残留一直是草地杂草防除长期关注的问题。与此同时，识别草地毒害草，并判断其发生的危害程度是实施防除的首要条件。因此，在毒害草防除前，首先要识别草地上的有毒有害植物，明确其危害程度，然后再根据其危害发生程度选择适宜的防除措施，以减少或避免有毒有害植物对家畜造成的危害，实现草地生产的良性发展。

二、目的

通过实习，学习利用植物检索表进行毒害草鉴定、毒害草防除试验设计及其野外试验区布设的基本方法，掌握有毒有害植物的识别特征及分类、药剂配置、注意事项、症状观察及防效测算等关键环节的应用技能，具备识别草地常见有毒有害植物及其危害程度，并能寻找适宜方法开展毒害草防除的能力。

三、实习内容与步骤

（一）材料

野外选择 1 处毒害草种类相对较多的天然草地或改良草地，同时毒害草的危害程度较为严重。

（二）仪器设备与试剂

1. 仪器设备

体式显微镜、GPS、盖玻片、载玻片、放大镜、镊子、解剖针、标本夹、采集镐、标签、吸水纸、提秤或电子天平、鼓风干燥箱、喷雾器、量筒、水桶、测绳、钢卷尺、1 m×1 m 样方框、剪刀、布袋、有 SPSS 或其他统计软件的电脑、野外记录工具包（铅笔、小刀、橡皮、记载表格等）。

2. 试剂

麦士通、草甘膦、2,4-D 丁酯等除草剂。

（三）测定内容

1. 有毒有害植物的识别与鉴定

在实习区域采集草地植物，并利用植物检索表进行识别与鉴定，同时初步判定是否为有毒有害植物；查阅相关文献资料进行确定，了解有毒有害植物的生长习性、分布、危害程度、毒害部位及有毒成分。

2. 有毒有害植物的防除

主要采用化学防除方法对实习区内的主要有毒有害植物进行防除，并通过受害症状、防效等指标的测定，明确毒害草防除效果，并筛选适宜药剂浓度。

（四）操作步骤

1. 有毒有害植物识别与鉴定

在选定的草地上采集植物，记录其位置、海拔，并依据有毒有害植物识别特征进行初判后压制标本，带回室内进行鉴定。同时采用德式（Drude，1993）多度对初判的草地有毒有害植物现场进行危害度目测评估，其评判标准为：cop^3 植株个体很多，cop^2 植株个体多，cop^1 植株个体尚多，sp 个体不多零散分布，sol 个体很少偶见分布，un 样地中仅有 1 株。

有毒植物识别主要特征：大多数有毒植物形状怪异，花色鲜艳或奇特，或者有色斑色纹，散发气味奇特刺鼻，嗅闻感到或辛辣或闷臭；野外放牧草地上家畜不采食而多保持植株完整，旺盛生长。

有害植物识别主要特征：大多数有害植物具有刺、倒钩、体表被大量毛状物等。

2. 有毒有害植物危害程度调查

在选定的草地上进行取样调查，随机选取 10～30 个样方（1 m×1 m），分别记录样方内所有毒害草的高度、盖度和密度，算出毒害草与非毒害草间的相对高度、相对盖度及相对密度。

参考农田杂草五级目测法分级规定（表 2-13-1），确定毒害草的危害程度，并计算毒害草草情指数（危害率）。

$$草情指数=\frac{\sum(草害级数\times 该级样方数)}{样方总数\times 调查样方中草害级数最高值}\times 100\%$$

表 2-13-1 毒害草目测五级分类表(上海市农业科学院) %

危害程度	相对高度	相对密度	相对盖度
5 级 严重危害	100 以上	30～50	
	50～100	50 以上	
4 级 较严重危害	100 以上	10～30	
	50～100	30～50	
	50 以下	50 以上	
3 级 中等危害	100 以上	5～10	50～100
	50～100	10～30	
	50 以下	30～50	
	50 以下	5 以下	
2 级 轻度危害	100 以上	3～5	25～50
	50～100	5～10	
	50 以下	10～30	
	50 以下	5 以下	
1 级 有出现不造成危害	100 以上	3 以下	25 以下
	50～100	5 以下	
	50 以下	10 以下	

3. 有毒有害植物化学防除

(1)除草剂种类的选择 根据野外调查结果选择相应的除草剂。如清除全部或连片的毒害草,可用灭生性除草剂,如百草枯、草甘膦、五氯酚钠、克芜踪等;清除一种或多种毒害草,可选用选择性除草剂,如盖草能、2 甲 4 氯钠盐、苯达松、敌稗、氟乐灵、扑草净、西玛津、果尔等;消灭多年生深根型毒害草,则选用内吸型除草剂,如草甘膦、2,4-D 丁酯、扑草净等;灭除一年生毒害草,可用触杀型除草剂,如杀草胺等。

(2)药液配制 除草剂药液浓度的表示方法有两种:百分浓度法,如 5%药液表示 100 kg 药液中含原液 5 kg;倍数稀释法,如 1∶10 倍,即 1 kg 原液加水 10 kg 配置而成的药液。目前通常用百分浓度法表示。

(3)试验设计 由于不同的除草剂防除的对象不同,其单位用药量也不相同,因此在进行草地毒害草防除时,在参考农药使用说明书建议用药量的基础上,可适当增减用药量及用药浓度进行小区试验,选择适宜用药量及用药浓度。

田间试验布设时,用随机试验设计,也可采用随机区组试验设计,且每个处理至少设置 3 个重复,小区面积至少 20 m^2 以上。根据用药量或用药处理浓度设置至少 2 个处理,处理一般等距设置,且将其中有一处理作为对照。试验设计的各项信息填入表 2-13-2,同时完成田间试验布置。需要注意各处理小区间一定要设置保护行,以便减少药剂间的交叉影响。

表 2-13-2 除草剂对草地毒害草防除筛选试验设计表

除草剂种类	处理浓度/%	用药量/(g/m^2)	小区面积/m^2	重复数	小区间隔/cm	小区用药量/g	小区需水量/g

(4)田间实施　首先在试验区内选择具有代表性的样地,按照预先设计好的田间试验布置图进行试验小区的布设,并做好区间标记。然后按照试验设计的浓度、用量等进行除草剂的配置,并使用背负式喷药机以地面喷洒形式进行药剂的喷施。喷洒除草剂时,对照区要喷洒相同体积或重量的水。

田间喷施时,需要注意:喷药要选择晴朗无风的天气进行,最适温度以 20～25 ℃较好;喷药时,要保证一定的空气湿度,喷药后,保证至少 24 h 无雨;喷药应在植物生长最快时或繁殖期进行,一般为幼苗期和生长期;喷药时应注意风向和试验区内附近植物,防止伤害附近农田或其他不该伤害的植物。

(5)调查及观测结果　施药后每隔 5 d 对防除的毒害草及非防除草进行受害症状观测;喷施 20d 后,在每个小区沿对角线至少设置 3 个取样点,每点 1 m×1 m,防除的毒害草按种、其他植物按经济类群(豆科类、禾本科类、莎草科类、杂类草类)或总体进行高度(随机测量 5 株,取其均值)、地上生物量(干重计,80 ℃,24 h)的观测或草情指数调查,并进行防效的计算。

$$防效=\frac{对照下某一指标测定值-处理下该指标测定值}{对照下某指标测定值}\times 100\%$$

受害症状评价方法(王艳,1997),采用 5 级制进行,即Ⅰ—正常生长,叶鲜绿无枯黄;Ⅱ—叶片鲜绿,仅尖端枯黄;Ⅲ—叶片 1/3～1/2 枯黄;Ⅳ—叶片 1/2 以上枯黄;Ⅴ—叶片全部枯黄。

(6)数理统计分析　采用 SPSS 软件或其他数理统计软件进行改良处理间各测试指标的差异性分析,显著性水平的判断依据 $P<0.05$。

(五)结果记录

1. 实习区域草地有毒有害植物调查信息

将野外调查的草地有毒有害植物填入表 2-13-3,并完成相关信息的记载。

表 2-13-3　草地有毒有害植物野外调查名录及其主要特征记录表

序号	植物名称	所属科属	有毒/有害	危害部位	危害成分	危害程度	主要识别特征	分布
1								
2								
3								
4								
⋮								
n								

注:有毒/有害,有毒植物、有害植物;危害部位,根、茎、叶、种子、果实、地上部分、整株;危害成分,有毒植物填写生物碱类、苷类、挥发油、有机酸、毒蛋白及内酯、光能效应物质、皂素、单宁,而有害植物填写刺、毛、特殊物质;危害程度,按照德式(Drude,1913)多度进行填写;分布,指毒害草分布的生境,按荒漠、草原、草甸或草地类型进行填写。

2. 实习区域草地有毒有害植物草情指数测算

通过毒害草种类调查与鉴定,分析计算相对高度、相对盖度及相对密度,汇总草情指数,填入记录表(表 2-13-4)。

表 2-13-4 调查区草地主要毒害草种类及草情指数记录表

植物名称	物候期	危害级别	草情指数

3. 除草剂药害症状观测

在喷施除草剂处理后，定期观察小区内植物受害情况，填写药害症状调查表(表 2-13-5)。

表 2-13-5 除草剂喷施药害症状调查表

草地类型名称： 地理位置：

除草剂种类及浓度	植物名称	药害症状				
		0 d	5 d	10 d	15 d	20 d

4. 除草剂防效测定

在除草剂处理小区内，针对主要毒害草进行防效的计算，筛选最适防除除草剂或浓度用量，结果填入防效调查表(表 2-13-6)中。

表 2-13-6 除草剂对主要毒害草防除效果调查记录表

草地类型名称： 地理位置：

除草剂	植物名称	浓度或用量	草情指数	株高/cm	地上生物量/(g/m^2)	防效/%		
						草情指数	株高	地上生物量

四、重点和难点

1. 重点

掌握草地有毒有害植物的形态特点、鉴别方法、防治相关指标的观测及防效计算方法。

2. 难点

通过植物外观形态特征进行草地有毒有害植物的识别相对比较困难，尤其是形态特征不明显的有毒植物。如何根据实地情况合理布设试验区保持毒害草防除前本底的相对一致性，以便减小试验误差是本实习的难点。

五、实例

新疆天山北坡草原有毒有害植物识别及其防除

（一）实习地点

2016 年 7 月，草原上的有毒有害植物正处于开花期或结实期，在新疆天山北坡草原进行有毒有害植物种类的鉴别。

（二）野外标本的采集及记录

1. 野外探查

一般情况下，由于家畜不采食或少采食，有毒有害植物均保持着相对完整的植株。因此在调查区域搜寻开花、结实的植物。

2. 形态观察

利用植物的外部形态特征（一般有害植物的果实均具有钩、刺等附属物，而有毒植物则开花较为艳丽，植物生长相对旺盛），初步判断其是否为有毒有害植物。

3. 信息记录

初步判定为有毒有害植物时，采集标本，鉴别其所属科属，记录其所处位置（经纬度、海拔），生活环境，花、果颜色，叶片、根系等外部主要识别特征等（表 2-13-7），并对标本进行编号，同时填写记录签（表 2-13-8），并用线缝系在标本上。信息记录以采集到的醉马草为例。

表 2-13-7　草地有毒有害植物标本野外采集记录表

采 集 号　16001　　采集日期　2016 年 7 月 16 日

科属名称　禾本科芨芨草属　　学　　名　醉马草

拉 丁 名　*Achnatherum inebrians*

采集地点　新疆乌鲁木齐南山谢家沟　　海拔　1 680 m　　经纬度　N 43°31′ E 87°01′

生　　境　阳坡　　生活型　多年生草本植物

主要识别特征

株高　98 cm　　花序　圆锥花序紧缩呈穗状　　小穗颜色　灰绿色或基部带紫色

根为　须根系　　叶　条形，直立，边缘卷折　　果　颖果圆柱形

多度　cop^2 植株个体多

毒害性　有毒植物　　危害部位　全株　　毒害成分　生物碱类

附记：

采集人：　×××　　实习小组××××××

（三）室内植物的鉴定与核实

利用植物检索表，对野外采集的标本进行检索鉴定，准确确定其种名。同时利用网络资料或有毒有害植物名录及书籍进行核实，补充其危害部位、危害成分。

如醉马草，经过资料查询，确定其为有毒植物，毒害成分为生物碱类，全草有毒。

表 2-13-8 记录签

××××××实习小组
采集号 16001
学　名 醉马草
拉丁名 *Achnatherum inebrians*
地　点 乌鲁木齐市南山谢家沟
采集人 ×××
2016 年 7 月 16 日

(四)实习区有毒有害植物名录

实习区共有 4 种毒害草，其中有毒植物 1 种，有害植物 3 种，分别属于 3 科 4 属，填入记录表内(表 2-13-9)。从发生危害程度看，醉马草为其主要毒害草，需要进行防治。

表 2-13-9 草地有毒有害植物野外调查名录及其主要特征记录表

序号	植物名称	所属科属	有毒/有害	危害部位	危害成分	危害程度	主要识别特征	分布
1	醉马草	禾本科芨芨草属	有毒	全草	生物碱	cop^2	圆锥花序紧缩呈穗状	草原
2	骆驼蓬	蒺藜科骆驼蓬属	有毒	全草	生物碱	cop^1	多年生草本，茎有棱，多分枝，叶 3～5 全裂，裂片线形，花单生，与叶对生；花瓣白色或浅黄色	草原
3	角果藜	藜科角果藜属	有害	果实	—	cop^1	一年生草本，叶针刺状，条形或条状披针形，先端渐尖，有短针刺；果期楔形或倒卵形，顶端 2 角各有一针刺状附属物，两面密生星状毛；胞果倒卵形或楔形，两侧压扁	草原
4	针茅	禾本科针茅属	有害	颖果	—	cop^1	圆锥花序，秆基部鞘内无隐藏小穗；芒二回膝曲，颖披针形，长 2. 5～3. 5 cm，颖果纺锤形，基盘尖锐	草原

(五)实习区毒害草危害程度调查

在实习区内随机布设 18 个 1 m×1 m 的样方，对样方内所有毒害草进行高度、盖度及密度的测定(表 2-13-10)，明确毒害草危害程度。根据调查结果计算毒害草草情指数，为 80%。试验区毒害草种类主要有醉马草、骆驼蓬、角果藜、针茅，且醉马草为主要毒害草(表 2-13-11)。

表 2-13-10　毒害草危害程度统计表　%

样方号	毒害草			危害级数
	相对高度	相对密度	相对盖度	
1	54	97	86	5
2	100	100	71	5
3	74	91	25	5
4	100	100	100	5
5	100	100	100	5
6	100	100	100	5
7	100	100	100	5
8	83	93	50	5
9	73	84	36	5
10	76	96	45	5
11	36	80	60	4
12	66	84	23	5
13	67	86	64	5
14	75	88	32	5
15	46	73	28	4
16	67	61	63	5
17	56	60	92	5
18	62	81	22	5

表 2-13-11　调查区草地主要毒害草种类及草情指数记录表

植物名称	物候期	危害级别	草情指数
醉马草	抽穗期	5 级	97
骆驼蓬	抽穗期	2 级	17
角果藜	营养期	1 级	0
针茅	抽穗期	2 级	11

（六）醉马草防除设计及结果

选用草甘膦（有效成分 95%）防除草地主要毒草醉马草。采用随机区组实验设计，草甘膦用量浓度依次为：1 875 g/hm^2、2 250 g/hm^2、对照（CK，喷水），小区面积 300 m^2，每处理重复 3 次，小区间隔 50 cm，每小区喷水用量 20L。喷药方式为喷施。喷药后每 5 d 观察症状 1 次，20 d 后在各小区按照醉马草及经济类群进行高度、地上生物量的测定，计算防除效果，并筛选合适有效剂量进行醉马草防除。

喷施草甘膦后田间观察发现（表 2-13-12），无论是醉马草还是禾草及杂类草类均出现受害症状，且随施药量的增加，受害症状也呈现加重趋势；同时，随草甘膦喷施后处理时间的延长，植物受害症状也呈现加重趋势，至观测第 20d，高浓度处理下的醉马草叶片全部枯黄。

表 2-13-12 草甘膦除草剂喷施药害症状调查表

草地类型名称：山地草原　　　　地理位置：未定位

处理浓度/ (g/hm²)	植物名称或经济类群	药害症状				
		0 d	5 d	10 d	15 d	20 d
1 875	醉马草	Ⅰ	Ⅱ	Ⅲ	Ⅲ	Ⅲ
	禾草类	—	—	—	—	—
	杂类草类	Ⅰ	Ⅱ	Ⅱ	Ⅲ	Ⅲ
2250	醉马草	Ⅰ	Ⅱ	Ⅲ	Ⅳ	Ⅴ
	禾草类	Ⅰ	Ⅱ	Ⅲ	Ⅲ	Ⅲ
	杂类草类	Ⅰ	Ⅱ	Ⅲ	Ⅲ	Ⅲ
对照	醉马草	Ⅰ	Ⅰ	Ⅰ	Ⅰ	Ⅰ
	禾草类	Ⅰ	Ⅰ	Ⅰ	Ⅰ	Ⅰ
	杂类草类	Ⅰ	Ⅰ	Ⅰ	Ⅰ	Ⅰ

注：Ⅰ—正常生长，叶鲜绿无枯黄；Ⅱ—叶片鲜绿，仅尖端枯黄；Ⅲ—叶片 1/3～1/2 枯黄；Ⅳ—叶片 1/2 以上枯黄；Ⅴ—叶片全部枯黄。

防效指标的观测（表 2-13-13），随着草甘膦用量的增加，对醉马草的防效呈增加趋势，2 250 g/hm² 处理下对其株高及地上生物量的防效达到最高，依次为 34.2%、66.1%；对杂类草类的防效也呈增加趋势，株高及地上生物量最高防效依次为 30.0%、19.4%。从处理效果看，高浓度处理对醉马草防除效果相对较好，但由于对杂类草的防效也相对较高，因此最佳用药量的确定还需要进一步进行观测。

表 2-13-13 草甘膦对醉马草防除效果调查记录表

草地类型名称：山地草原　　　　地理位置：未定位

植物名称或经济类群	处理浓度/ (g/hm²)	株高/ cm	地上生物量/ (g/m²)	防效/%	
				株高	地上生物量
醉马草	1 875	59.8	247.3	17.3b	44.6b
	2 250	47.6	151.4	34.2a	66.1a
	对照	72.3	446.6	—	—
禾草类	1 875	0	0	0	0
	2 250	11.5	21.3	22.3	22.5
	对照	14.8	27.5	—	—
杂类草类	1 875	18.2	17.9	16.5b	8.7b
	2 250	15.7	15.8	30.0a	19.4a
	对照	21.8	19.6	—	—

六、思考题

1. 野外条件下如何能更准确地识别草地有毒有害植物？
2. 野外采集有毒有害植物进行标本压制时应注意的事项是什么？
3. 草地发生毒杂草后，危害达到什么程度时开始进行防治，防除到何种程度为宜？
4. 田间进行试验实施时，如何控制试验误差？

七、参考文献

[1]赵宝玉,刘忠艳,万学攀,等. 中国西部草地毒草危害及治理对策[J]. 中国农业科学,2008,41(10):3094-3103.

[2]王庆海,李琴,庞卓,等. 中国草地主要有毒植物及其防控技术[J]. 草地学报,2013,21(5):831-841.

[3]魏亚辉,赵宝玉. 中国天然草原毒害草综合防控技术[M]. 北京:中国农业出版社,2016.

[4]许鹏. 新疆草地资源及其利用[M]. 乌鲁木齐:新疆科技卫生出版社,1993.

[5]孙吉雄. 草地培育学[M]. 北京:中国农业出版社,2000.

[6]朱进忠. 草业科学实践教学指导[M]. 北京:中国农业出版社,2009.

[7]戴良先,董昭林,柏正强. 高寒牧区草地毒杂草防除及化学除杂剂筛选研究[J]. 草业与畜牧,2007,(3):1-5.

[8]赵成章,樊胜岳,殷翠琴. 喷施灭狼毒治理毒杂草型退化草地技术研究[J]. 草业学报,2004,13(4):87-94.

[9]黄琦,莫炳国,陈朝勋,等. 人工草地主要杂草发生规律及防除技术[J]. 草业科学,2003,20(1):42-44.

[10]姚拓,胡自治. 高寒地区禾草混播草地杂草防除研究[J]. 草地学报,2001,9(4):253-256.

[11]李孙荣. 杂草及其防治[M]. 北京:北京农业大学出版社,1992.

[12]毛培胜. 草地学实验与实习指导[M]. 北京:中国农业出版社,2019.

作者:孙宗玖 董乙强 杨合龙
单位:新疆农业大学

实习十四　草地植被病害诊断及防治

一、背景

草地植被病害诊断主要是通过对病株的病部及症状观察等，查明病害的病因，确定病原类型和病害种类，为病害防治提供科学合理的依据，从而制定适宜的防治方案。正确的病害诊断是防治草地植被病害的必备前提。草业管理工作者的职责之一，就是对病草做出正确的诊断，制定适宜的防治方案，减少病害为害，维持草业生态的可持续发展，推动草业生态文明建设。

二、目的

学习草地植被病害的诊断方法，掌握草地植被病害的主要病状、病征及其特点，具备草地植被病害的诊断及综合防控能力，促进草业和畜牧业的健康有序发展。

三、实习内容与步骤

（一）材料

1. 实验材料

草地植被常见病害标本，如苜蓿锈病、苜蓿白粉病、苜蓿褐斑病、苜蓿霜霉病、苜蓿轮纹病、苜蓿镰刀菌根腐病、苜蓿斑枯病、三叶草锈病、三叶草白粉病、三叶草白绢病、红豆草锈病、红豆草白粉病、沙打旺黑斑病、沙打旺炭疽病、禾草锈病（秆锈病、条锈病、叶锈病、冠锈病）、黑粉病（条黑粉病、秆黑粉病）、白粉病、麦角病、香柱病、赤霉病、花叶病、苏丹草大斑病等。

2. 实验用具

放大镜、镊子、刀片、酒精灯、接种铒（针）、灭菌培养基、喷雾壶、载玻片、盖玻片等。

（二）仪器设备

体式显微镜、生物显微镜、电子显微镜等。

（三）测定内容

（1）病害诊断；
（2）病害防治。

（四）操作步骤

植物病害的诊断，首先要区分出是侵染性病害还是非侵染性病害。同时，了解病害发生与气候、地形、水肥、农药等环境条件和栽培管理的关系。在多数情况下，病害的诊断都需要作详细系统的检查。植物病害诊断通常包括：症状观察与识别、显微镜检、病原鉴定等步骤。

1. 草地病害诊断

(1)症状观察与识别　首先观察病株是否具有萎凋、萎缩、畸形等症状，然后观察病部大小、颜色、色泽、气味等特点，判断是否是侵染性病害？以病害症状作为依据判断病原类型。

非侵染性病害可通过以下特点进行区分：①病株在田间分布较为均匀，多为大面积成片发生。无中心病株，没有从点到面扩展的过程。②症状具有特异性，除了高温热灼等能引起局部病变外，病株常表现全株性发病，如缺素症、水害等。③病株间不互相传染。④病株只表现病状，无病征。病状类型有变色、枯死、落花落果、畸形和生长不良等。⑤病害发生与环境条件、栽培管理措施密切相关。

(2)显微镜检　主要是对野外采集的样本，通过刮、压、挑等方法进行玻片标本的制作。然后，借助显微镜等仪器设备，进一步观察病原物的形态、特征、特性等。有的病害特征非常明显，可直接通过显微观察诊断，而有的病害则需要进一步的系统鉴定才可以完成诊断。

(3)病原鉴定

①侵染性病害　针对侵染性病害，需要确定病害是由真菌、病毒、细菌还是线虫或其他病原物侵染引起。侵染性病害病原鉴定中多使用病原物分离培养的方法，又称接种鉴定。该方法遵循柯赫氏法则，主要通过纯化培养病原物后接种健康植株，使其产生相同症状，以明确病原，特别是对新病害、疑难病害的确诊有着至关重要的作用。接种诊断具体操作步骤如下：

病原分离：在病害组织上提取病原物，并进行纯化培养；

病原接种：将纯化后的病原菌接种在与受害植株同种的健康植株上，以健康植株做对照，待发病后观察发病症状是否与原来病株症状相同；

再分离接种：接种发病的植株能再次分离得到该病原物，且与原接种的病原物特征相同，则证明为该病害的病原物。

接种鉴定是植物病害诊断中使用最为广泛的鉴定方法，但并不是所有的病原物都可以直接提取培养。目前，一些专性寄生物(如病毒、菌原体、霜霉菌、白粉菌等)还不能在人工培养基上进行培养，仅能在人工接种时直接在病组织上采集孢子、线虫、带有病毒或菌原体的汁液、枝条等进行接种。因而，针对这一部分专性寄生物，更适合开展针对性地专项检测，如噬菌体方法、血清学技术、核酸杂交及 PCR 诊断技术等。

②非侵染性病害　非侵染性病害是由不适宜的环境因素造成的，需要确定是营养失衡还是环境不适等原因所致。可通过分析植物所含营养元素、土壤酸碱度、温湿度和有毒物质等营养和环境因素进行诊断和治疗试验，以明确病因。柯赫氏法则也同样适用于非侵染性病害的诊断，只需把怀疑因子用来代替病原物即可。

2. 草地病害防治

由于草地植被病害以及防治方法(主要包括农业防治、选择抗性品种、物理机械防治、生物防治、植物检疫及化学防治等)的类型较多。不同病害的发生与发展规律不同，导致其防治方法也存在较大差异。有的病害只需一种防治措施即可使病害得到有效控制，而有的病害则需多种方法进行综合防控才能奏效。因而，在生产实际中需要结合实际情况制定防治方案。无论采取什么方法进行防治，均可通过如下公式计算发病率、防治效果来进行评估防治效果。

$$\text{发病率}=\frac{\text{发病株数}}{\text{调查总株数}}\times 100\%$$

$$防治效果=\frac{对照区发病率-处理区发病率}{对照区发病率}\times 100\%$$

（五）结果记录

表 2-14-1 草地植被病害诊断与防治记录表

记录人：__________ ______年______月______日

寄主植物：______________________ 采集地点：______________________

采 集 人：______________________ 标 本 号：______________________

生 境：____

症状描述：____

____

病原鉴定方法：____

鉴定内容描述：____

____

____

鉴定结果：______________________ 病原物学名：______________________

____

防治方案：____

____

____

____

防治效果：____

____

____

四、重点和难点

注意区分是否由病害导致其组织呈现出异常，排除其他生物或非生物因素引起的机械损伤。同时，病部的坏死组织可能会滋生腐生菌，容易混淆导致误诊。

五、实例

苜蓿锈病的诊断与防治

（一）症状观察与识别

苜蓿锈病症状：整株观察受害病株的症状，该病害主要发生在苜蓿叶片背面，也可为害茎、叶柄及荚果。侵染部位早期出现小的褪绿斑，随后隆起形成圆形、灰绿色疱状斑。最后疱状斑破裂露出棕红色或铁锈色的粉末。气候干热时，叶片易萎蔫、皱缩、干枯。

（二）病原物鉴定

将野外采集的病株样本，取一部分制作成玻片标本后，放置显微镜下观察。同时取另一部分，在无菌操作台上，用无菌接种针在病株病害组织上提取病原菌，并在培养基上进行纯化培养；将纯化后的病原菌接种在健康苜蓿植株上，以健康的苜蓿植株做对照，待发病后观察发病症状是否与原来苜蓿锈病的症状相同；接种发病后植株能再次分离得到该病原物，且与原接种的病原物特征相同，则证明为该病害的病原物。

（三）苜蓿锈病的防治

（1）选用抗病品种　选用阳高苜蓿、爬蔓苜蓿、兰花苜蓿等对苜蓿锈病具有较强抗病性的品种。

（2）合理施肥　少施氮肥，多施磷肥、钾肥和钙肥，提高植株抗病性。

（3）消灭转主寄主　铲除带病乳浆大戟。

（4）适时刈割　发病草地应及时刈割。

（5）化学防治　20%粉锈宁乳油 1 000～1 500 倍液，均匀喷洒，通常 7～10 d 喷洒 1 次，连续 1～3 次即可。

表 2-14-2　草地植被病害诊断与防治记录表

记录人：××　　　　2021 年 10 月 10 日

寄主植物：苜蓿　　　　采集地点：××省××市××地区

采 集 人：××　　　　标 本 号：SC-2021-10-1

生　　境：

症状描述：病部具有灰绿色疱状斑，中部破裂有红棕色粉末

病原鉴定方法：镜检与病原物分离培养结合

鉴定内容描述：分生孢子单胞，球形，淡黄褐色，壁上具有均匀的小刺

鉴定结果：苜蓿锈病　　病原物学名：条纹单胞锈菌

防治方案：20%粉锈宁乳油 1 000～1 500 倍液，均匀喷洒。

防治效果：防效达 78.8%，在很大程度上使发病率下降。

六、思考题

1. 简述草地植被被害诊断的主要流程。
2. 简述禾草白粉病的症状特点及防治措施。
3. 如何区分侵染性病害和非侵染性病害？

七、参考文献

[1]许志刚．普通植物病理学[M].3 版．北京:中国农业出版社,2003.
[2]许志刚．普通植物病理学[M].4 版．北京:高等教育出版社,2009.
[3]刘长仲．草地保护学[M]. 北京:中国农业出版社,2015.
[4]刘荣堂,武晓东．草地保护学实验实习指导[M]. 北京:中国农业出版社,2009.

作者:古欣瑶　陈超
单位:贵州大学

实习十五　草地植被虫害调查及防治

一、背景

草地害虫种类繁多，为害较大，是草地资源发展的主要威胁之一。草地植被虫害的调查与防治主要目的就是控制草地害虫，避免或减轻害虫对草地植被的为害。昆虫在一定的时间和空间内，其生存的种类和数量是随着生活环境变化而变化的。对草地植被虫害进行防治，必须要在时间和空间上掌握种群数量的变化，在虫情调查的基础上对数据进行统计分析，才能做出正确的虫情分析与判断，才能科学合理地进行虫害防治。

二、目的

学习草地害虫、受害植物与环境条件之间相互联系与制约的关系，掌握草地植被虫害的调查方法，具备草地虫害的综合防控能力。

三、实习内容与步骤

（一）材料

实验材料：人工草地或天然草地。

实验用具：捕虫网、镊子、解剖针、离心管、卷尺、记录本、铅笔、计数器。若需夜间作业，还需成套诱虫灯具（如黑光灯）、手电筒等。

（二）仪器设备

双目解剖镜、生物显微镜。

（三）测定内容

（1）害虫种类及数量调查；
（2）主要害虫为害调查；
（3）害虫防治。

（四）操作步骤

1. 害虫种类及数量调查

（1）害虫种类调查　主要是对草地植物生长及受害情况进行观察，利用捕虫网采集害虫标本进行物种鉴定确定害虫种类。同时以灯光诱集、色板诱集和性诱集等方法作为辅助调查。草地害虫调查一般整年定期进行，采用普查方式，每 10～15 d 进行 1 次，记录采集时间、地点、寄主、为害虫名及虫态等信息。

(2)害虫数量调查　一般采用取样调查的方法，即选取代表性样地、样点，对样点内的害虫进行调查。

取样方式：五点式、对角线式、棋盘式、平行线式和"Z"字形式等。

取样单位：因调查对象的种类、虫态、植物类型及害虫生活方式等而不同，常用的有：面积(如 1 m^2 的害虫数)、长度、植株、容积和重量、时间、器械(每百捕虫网虫数)。

样本数量：在调查地块所选取的样点多少为样本数量，通常为 5、10、15、20；若以植株为单位时，一般取 50～100 株。

通过害虫种类及数量调查，明确调查地的害虫种类；同时明确当地的主要害虫和次要害虫种类，针对性地开展草地虫害调查与防治工作。

2. 主要害虫为害调查

主要害虫为害调查是在普查的基础上更加细致的调查。害虫的为害情况可通过虫口数和作物的受害情况作为依据来进行判断。

(1)虫口密度　虫口密度是指每单位虫子的数量，一般为每平方米虫子的数量，也可以用每植株计算，常用于虫害调查和防治工作。虫口密度可通过以下公式进行计算：

$$\text{虫口密度}=\frac{\text{某虫总数}}{\text{调查植株总数或总面积}}$$

针对不同类型害虫调查的方式有异，简单地分为以下 3 类进行介绍。

地上部分的虫口：抽样调查单位面积、单位植株或单位器官上害虫的卵数或虫(幼虫、若虫、成虫)数。需在害虫最易发生或越冬期进行。如对蚜虫调查时，常用百株蚜量(百株寄主植物上的平均蚜虫数)。

$$\text{百株蚜量}=\frac{\text{蚜虫总数}}{\text{植株总数}}\times 100$$

地下部分的虫口：挖土或淘土，调查单位面积一定深度土壤内的害虫数目，必要时进行分层调查。

飞行的昆虫或行动迅速不易在植株上计数的昆虫：常用诱捕器进行诱捕，以单个容器逐日诱集数表示。另外网捕也是调查此类害虫的重要方法，以来回扫动 180°为 1 复次，以平均 1 复次或 10 复次的虫口数表示。

(2)作物受害情况　作物受害的严重程度，通常是通过实地取样调查，获取虫口密度、植物被害率、被害指数、损失率等数据，进行评估而得。

被害率：表示植物的株、秆、叶、花、果实等受害的普遍程度，不考虑受害轻重，计数时同等对待。

$$\text{被害率}=\frac{\text{被害株数或器官(秆·叶·花·果)数}}{\text{调查总株数或器官(秆·叶·花·果)总数}}\times 100\%$$

被害指数：用于表示植株受害程度，指数越高其为害程度越高。在计算被害指数之前，需将虫害按轻重分成不同等级，然后代入以下公式进行计算。

$$\text{被害指数}=\frac{\text{各级值}\times\text{相应级的株(秆·叶·花·果)数的累计值}}{\text{调查总数(秆·叶·花·果)}\times\text{最高级值}}\times 100\%$$

为害程度可按以下标准进行分级：

1级——受害轻，害虫为害不明显。

2级——受害中等，害虫数量较多，为害明显。

3级——受害严重。

4级——植物全部或近乎全部受害。

损失率：指因受虫害影响草地植物产量的损失。可通过如下公式进行计算：

$$损失率 = 损失系数 \times 被害率 \times 100\%$$

其中：

$$损失系数 = \frac{健株单株产量 - 被害株单株产量}{健株单株产量} \times 100\%$$

计算出损失率后，可根据需求进一步计算单位面积实际损失产量：

$$单位面积实际损失产量 = 健株单株平均产量 \times 单位面积总株数 \times 损失率$$

3. 害虫防治

害虫的防治有物理防治、农业防治、生物防治、化学防治等方法。在实际生产中，可根据防治对象的生活习性特点、危害严重程度及寄主植物特性等综合制定防治措施。在使用药剂进行化学防治时，常常用虫口减退率来评估药剂的防治效果。虫口减退率可用以下公式进行计算。

$$虫口减退率 = \frac{防治前活虫数 - 防治后活虫数}{防治前活虫数} \times 100\%$$

$$防治效果 = \frac{处理区虫口减退率 - 对照区虫口减退率}{1 - 对照区虫口减退率} \times 100\%$$

害虫的死亡率和虫口减退率通常包括杀虫剂所造成的死亡和自然死亡的虫。如自然死亡率较低时，则虫口减退率基本上可以反映出杀虫剂药效。而当自然死亡率较高时，一般大于5%时，则害虫死亡率和虫口减退率不能真实反映杀虫剂药效。甚至出现害虫种群数量不断上升，这样就必须进行校正。可以用以下公式计算校正防效进行校正。

$$校正防效 = \left(1 - \frac{处理区处理后虫量 \times 对照区处理前虫量}{处理区处理前虫量 \times 对照区处理后虫量}\right) \times 100\%$$

（五）结果记录

表 2-15-1 ________草地植被害虫种类及数量登记表

记录人：________ ______年______月______日

目	科	种名	虫态	寄主	为害症状	备注

表 2-15-2 ________虫害调查及防治记录表

记录人：________ ______年______月______日

调查地点	检查株数	被害量			害虫量	备注
		被害率	被害指数	损失率		

四、重点和难点

科学地选择代表性样地。

五、实例

××省××县××乡××草地植被虫害调查

（一）害虫种类及数量调查

1. 调查方法

使用五点式样方网捕法对××省××县××乡××草地植被害虫的种类及数量进行调查。

2. 调查结果

见表 2-15-3。

（二）麦长管蚜虫害调查

1. 虫口密度

选择 2 块代表性样地，采用五点式取样，每点取 50 株（叶），查其虫数、有虫株数，计算平均百株（叶）蚜量。见表 2-15-4。

表 2-15-3　××省××县××乡××草地植被害虫种类及数量登记表

记录人：陈××　　　　20××年×月×日

目/科	种名	虫态	寄主	为害症状	数量	比例/%
同翅目/蚜科	麦长管蚜 *Macrosiphum* avenae (F.)	成虫	苏丹草	吸食汁液，叶片枯黄…	298	34.5
直翅目/蝗科	亚洲飞蝗 *Locusta migratoria* L.	成虫	红草	取食叶片呈缺刻状…	154	13.2
鳞翅目/螟蛾科	草地螟 *Loxostege sticticalis* L.	幼虫	甜菜	取食叶肉，残留植物表皮薄壁…	56	5.6
…						
…						

表 2-15-4　××省××县××乡××草地植被蚜虫虫口密度登记表

记录人：×××　　　　××年××月××日

样地	调查株数	有蚜株数	有蚜株率/%	蚜虫数量/头	百株蚜量/头
1	250	128	51.2	984	393.6
2	250	146	58.4	821	328.4

注：表中数据为样点的平均数据。

2. 作物受害情况

2 块代表性样地，采用五点式取样，每点取 5 株，调查植株叶片的受害情况。见表 2-15-5，表 2-15-6。

表 2-15-5　蚜害分级(袁锋，1978)

等级	蚜害情况	株数		株数×等级	
		样地 1	样地 2	样地 1	样地 2
0	无蚜虫，全部叶片正常	220	266	—	—
1	有蚜虫，全部叶片无蚜害异常症状	62	132	62×1	132×1
2	有蚜虫，受害最重叶片出现皱缩不展	300	328	300×2	328×2
3	有蚜虫，受害最重叶片皱缩半卷	168	152	168×3	152×3
4	有蚜虫，受害最重叶片皱缩全卷	32	20	32×4	20×4
合计		782	898	1 294	1 324

$$\text{蚜害指数(样地 1)}=\frac{1\ 294}{782\times 4}\times 100\%=41.4\%$$

$$\text{蚜害指数(样地 2)}=\frac{1\ 324}{898\times 4}\times 100\%=36.9\%$$

表 2-15-6　××省××县××乡××草地苏丹草麦长管蚜虫害调查记录表

记录人：　　×××　　　　　　　　　　　　　　　　　　××年　××月　××日

样地	调查总叶数	受害叶片数	被害率/%	被害指数/%
1	782	562	71.9	41.4
2	898	632	70.4	36.9

注：表中数据为样点的平均数据。

(三)麦长管蚜虫害的防治

根据本调查中，百株蚜量分别为393.6、328.4，有蚜株率高达51.2%，58.4%，首先采用化学防治的方法进行防治，喷洒40%乐果乳油1 000～1 500倍液。施药当日(喷药前)和施药后第3天进行麦长管蚜活虫口数调查。在样地采用五点取样法进行取样，每个样点标记10株有蚜株(叶)，定点调查植株(叶)上的活蚜虫数，将数据填入表2-15-7中，计算虫口减退率和防效。同时，开展人工筑巢招引益鸟进行治蝗的生物防治方法，并结合加强田间管理，增施基肥等农业措施进行防控。

表 2-15-7　麦长管蚜虫害的药剂防治记录表

样点	虫口基数/头	活虫口数/头	减退率/%
1	329	52	84.2%
2	…		
3	…		
…	…		
平均值	…	…	…

六、思考题

1. 在草地虫害的调查中，常用的取样方法有哪几种？取样方法与害虫的空间分布有何联系？

2. 草地害虫的防治策略是什么？

3. 草地虫害的防治技术有哪几种类型？各有什么特点？

七、参考文献

[1]刘长仲．草地保护学[M]. 北京：中国农业出版社，2015.

[2]刘长仲．草地保护学第二册——草地昆虫学[M]. 北京：中国农业出版社，2009.

[3]袁锋．农业昆虫学[M]. 北京：中国农业出版社，2001.

作者：古欣瑶　陈超

单位：贵州大学

实习十六　草地啮齿动物调查及防治

一、背景

啮齿动物不仅影响草业生产，破坏草地生态平衡，还严重为害人类生活和健康。草地啮齿动物调查是有害啮齿动物防治工作的必备前提。因而，需要草地管理工作者深入实际进行调查，充分了解啮齿动物的生命活动规律，做好啮齿动物为害的预测预报工作，同时诱导和控制草地啮齿动物的种群密度，才能确保草地产业的可持续发展。这也是我们国家建设生态文明，推动可持续发展的要求。

二、目的

实地观察学习草地啮齿动物调查与防治的方法，掌握草地植被啮齿动物调查的基本程序和实际操作技能，具备草地啮齿动物调查及害情评估与防控的综合能力。

三、实习内容与步骤

（一）材料

实验材料：草地常见啮齿动物。

实验用具：鼠夹、捕鼠笼、弓形夹、测绳、卷尺、地图、铅笔、锄头等。

（二）仪器设备

体式显微镜、望远镜、GPS定位仪、求积仪、计算器。

（三）测定内容

（1）种类调查；

（2）数量调查；

（3）生态调查；

（4）害情调查；

（5）防治效果调查。

（四）操作步骤

1. 种类调查

在不同生境和同一生境的不同时期内使用鼠夹、鼠笼等各种捕捉方法进行昼夜捕捉，收集标本并进行分类统计。通常捕获率在10%以上的为优势种；1%～10%的为常见种；少于1%的为稀有种。啮齿动物的种类调查，调查时间越长，次数越多，捕获的种类越全，调查越准确。

一般而言，每月捕捉 1 次，连续捕捉 1 年，即可基本查清啮齿动物的种类组成情况。

2. 数量调查

啮齿动物种群数量很难直接统计，通常可通过直接或间接地相对数量调查和绝对数量调查进行推算。

(1)绝对数量调查　绝对数量调查通常使用样方捕尽法进行，基本流程如下：

抽样：在啮齿动物均匀分布区采用“一”字、“Z”字或“十”字以及对角线等方法进行抽样。而在啮齿动物非均匀分布地区，采用目测法大致划分出高、中、低 3 个数量梯度区，然后在每个密度区采用同样方法抽样。前者样方数不少于 5 个，后者每个密度梯度区样方不少于 3 个。每样方面积为 1 hm^2。

捕捉：在所调查的样方内，根据所调查对象，选用鼠夹、板夹、地箭、捕鼠笼和沟道布筒等方法进行捕捉，直到样方内捕捉对象捕尽为止。

计算：调查区内样方平均数即调查的绝对密度，用只/hm^2 表示。

(2)相对数量调查

①夹日法　适用于小型啮齿动物，特别是夜行性鼠类。

根据调查对象选用合适的弓形夹或板夹进行捕鼠。鼠夹排列有两种方式：

一般夹日法，即将鼠夹排为一行，夹距 5 m，行距不小于 50 m，连捕多日再换样方(每次调查不少于 5 个样方，不少于 500 夹日)，晚上放夹，每日早晚各检查 1 次；

定面积夹日法，25～50 个鼠夹排成一条直线，夹距 5 m，行距 20～50 m，并排 4 行，100 个夹子共占地 1～10 hm^2；下午放夹，每日早晚各检查 1 次，连捕 2 昼夜。

种群密度可通过夹日捕获率(P)进行分析。夹日捕获率(P)可通过捕获鼠数(n)、鼠夹数(N)、捕鼠昼夜数(h)进行计算，即

$$P=\frac{n}{N\cdot h}\times 100\%$$

注意：每日检查时需更换新鲜诱饵，并原地安放鼠夹。鼠夹与诱饵必须统一，中途不得更换。

②统计洞口法　适用于洞口明显的地面活动啮齿动物。

在调查区域选取面积为 0.25～1 hm^2 不等的样方，样方可为方形、圆形、条形和样线等。样方数不少于 5 个。通过对不同形态的洞口捕鼠，观察识别各种鼠洞的特征。同时通过洞口光滑程度、活动轨迹、草疏密程度、有无塌陷等排除废弃洞口。然后沿样方一侧计数不同鼠种的洞口(统计过的洞口可用脚踩踏做标记避免重复计数)。鼠密度可用“洞口/hm^2”表示。

③有效洞口法　抽样同统计洞口法。不同之处在于，第一天统计样方内洞口数，同时用土封堵洞口，24～48 h 检查被鼠打开的洞口即为有效洞口。鼠密度可用“有效洞口/hm^2”表示。

④有效洞口系数法　洞口系数是指鼠数与洞口数的比例关系，表示每一洞口所占有的鼠数或每只鼠所拥有的洞口数。即在使用有效洞口法调查鼠密度的基础上，使用以下公式计算有效洞口系数。

$$\text{有效洞口系数(鼠 / 有效洞口)}=\frac{\text{捕获鼠总数}}{\text{有效洞口数}}$$

啮齿动物数量调查的方法有很多，除本实习选用的方法外，还有目测法、样线法、标注重捕

法、去除取样法等。在实际工作中应结合调查对象的特性等选用。

3. 生态调查

(1)种群组成

性比：指种群内雌雄个体数的比例关系。以整体数与单一性别(雄性或雌性)数量的百分比来表示，即性比$=\frac{\text{雄(或雌)性总数}}{\text{种群总数}}\times 100\%$。

年龄组成：指某种啮齿动物种群内，幼体、亚成体、成体和老体等不同年龄组的构成比例。调查主要以短期内连续捕捉100只以上调查对象进行统计分析。

(2)数量分布　调查在不同生境中啮齿动物分布的数量情况，找出其分布规律，将调查数据划分不同等级，并在地图上按生境类型勾画啮齿动物分布数量图。

(3)食性与食量　食性的测定主要通过分析胃容物或野外调查两种方法进行。

①分析胃容物法　需要将捕获的新鲜啮齿动物标本进行解剖取出胃，沿胃纵向剪开胃壁，取出内容物进行观察分析，通常按植物绿色部分、植物非绿色部分、动物性食物对内容物进行区分。以某种食物出现的频率为指标来初步确定食性类别。更加细致的分析需要进行内容物的显微组织学分析，即将内容物和调查区域内各种植物表皮组织等制作成玻片标本，借助显微镜等进行对比，即可确定其食性。一般要求，一次食性分析，至少观察10个内容物样本。

②野外调查　扣笼法：将1 m^3 无底铁丝扣笼放在栖息地内，把笼的侧壁埋入地下约20 cm，以防逃逸。在距扣笼约5 m处设一挡板，板上开一孔供隐蔽观察使用。扣笼前需对笼内植被做详细记录。1个扣笼为1个样方，每样方保留1 d。定点定时记录取食情况。样圆法：用0.062 5 m^2 的铁丝圆圈(直径为28.2 cm)，在啃食范围内随机抛掷100次，统计圈内植物和被啃食植物的种类，计算100次调查中植物出现和被啃食的频次。被啃食次数与出现次数的比值即为采食率。笼内饲养观察法：将捕获的活鼠，放在铁笼里进行饲养观察。以原栖地各种食物供饲，定时观察记录取食情况即可。

食量测定：采用长方形铁丝笼(45 cm×30 cm×25 cm)对4只健康、体型大小一致的活鼠，进行单只饲养。实验对象性比为1∶1。经过2～3 d适应期后，连续实验3 d。备2份新鲜食物，一份投于笼内，另一份放置笼外均匀散开，供测定自然耗损使用。24 h投喂1次，每次投喂前1 h收集残余食物称重记录，同时称取对照组重量，计算其实际消耗食量，合计数即为日总食量。

自然损耗率=(对照组试验前重－对照组试验后重)/对照组试验前重×100%

食量=(试验组试验后重－试验组试验前重)×自然耗损率

注：啮齿动物生态调查内容较为广泛，除本实习进行的内容以外，还包括繁殖强度、出生率、死亡率、巢区、迁移等调查，在实际工作中需结合生产实际选择调查内容。

4. 害情调查

(1)作图法

抽样：利用GPS定位仪在所调查的区域，根据景观特点选择代表性样地(通常不大于2 km×4 km)。同时获得所调查地区的地形植被分布图，并在分布图上画方格并编号，进行随机抽样。每种生境设3个以上样方。样方为正方形或长方形，大小因调查对象种类而异。大型啮齿动物至少应该包括一个家族的基本活动范围；群栖性小型啮齿动物应包括3～4个洞群。

填图与记录：从样方一侧开始，将梯形测网放在地上，逐格将破坏情况按比例填入计算纸，同时填写样方记录卡。随后向前移动测网一格，继续填图记录即可。

填图内容包含：啮齿动物挖出的新旧土丘和土丘流泻面积、洞口、废弃和倒塌的洞道、明显的跑道以及其活动造成的秃斑和植被"镶嵌体"等。

计算：用数小方格法或求积仪测定土丘、洞口等所占面积（S_i），所有这些面积（S_i）的总和即为总破坏量（S），即 $S=\sum S_i$；其破坏率（q）则为总破坏量（S）占样方总面积（A）的比率，即 $q=S/A$。而啮齿动物直接啃食造成的产草损失量（C），需要分别在啮齿动物非活动区（W_1）与活动区（W_2）测量产草量（测量样方为 1 m^2 将草齐根剪下，称取鲜重或风干重）进行计算，即 $C=W_1-W_2$。

（2）样线法　样线法即使用 15～30 m 的测绳，拉直放在地上，记录样线所接触到的土丘、洞口、秃斑、塌洞和镶嵌体等。同时记录每一项目所截样线的长度（L），将数据填入样线记录表（表 2-18-8）。据此可计算破坏率，以及不同项目的破坏率。即：

$$\text{破坏率}=\frac{\text{各项所截长度总和}}{\text{区段长度}}\times 100\%$$

5. 防治效果调查

在啮齿动物为害的防治中，主要采用物理防治、化学防治、生物防治及生态防治四大防治方法。四种防治方法各有优点及不足，在生产实际中需要结合为害程度、寄主特性等特点进行综合防治。在本实习中，仅介绍以下几种简单易行的物理防治方法。

（1）堵洞开洞法　选择样地并在样地选择一定数量的洞口进行封口，并做好标记。24 h 后对前封口的洞口进行检查，记录防治前有效洞口数。然后用毒饵进行灭鼠，3 d 后调查防治后的有效洞口数，通过以下公式计算灭洞率：

$$\text{灭洞率}=\frac{\text{防治前有效洞口数}-\text{防治后有效洞口数}}{\text{防治前有效洞口数}}\times 100\%$$

堵洞开洞法适用于洞口明显、洞口比例稳定的地面活动的啮齿动物。对于小型啮齿动物还可以使用夹日法进行防治。

（2）弓形夹　适用于各种生境的啮齿动物，适用范围广。本方法需设置空白对照样方。选一定面积的两块生境、优势害鼠相同的样地作为防治的试验区和对照区。在试验区和对照区的有效洞口处放置弓形夹，每隔数小时检查 1 次，取下被捕猎物，保留 2 d 后统计试验区和对照区布夹数和捕捉数，计算灭鼠率：

$$\text{灭鼠率}=\frac{\text{对照区捕获率}-\text{灭鼠区捕获率}}{\text{对照区捕获率}}\times 100\%$$

（五）结果记录

1. 种类与数量调查

表 2-16-1　__________地区啮齿动物种类组成登记表

记录人：____________________　　　　　　______年______月______日

编号	学名	别名	生境	类型			备注
				优势种	常见种	稀有种	

表 2-16-2　__________地区啮齿动物数量调查登记表

生境：______________________________时间：____________地点：__________

样方及鼠种		均匀分布区	不均匀分布区		
			高密度区	中密度区	低密度区
Ⅰ	长耳跳鼠				
	…				
Ⅱ	…				

注：样方捕尽用只/hm^2 表示，夹日法用捕获率(%)表示，洞口法用洞口/m^2 表示，有效洞口法用有效洞口/hm^2 表示。

表 2-16-3　__________地区啮齿动物种类与数量调查登记表

夹型	有效夹数	捕获只数	捕获率	名称与数量	
				小家鼠	…
小号鼠夹					
…					
合计					

2. 食性与食量调查

表 2-16-4　扣笼法测定食性登记表

记录人：____________________　　　　　　______年______月______日

植物名称								采食次数合计
样方号	时段	采食记录	采食部位	时段	采食记录	采食部位		
Ⅰ	1							
	…							
Ⅱ	1							
	…							
采食次数合计								
次数/h								
采食率/%								

表 2-16-5 样圆法测定食性登记表

记录人：__________ ______年______月______日

样圆序号	出现的植物名称	被啃食植物名称
1		
2		
3		
…		
100		

表 2-16-6 笼养测定食量登记表

记录人：__________ ______年______月______日

植物名称		小蒿草	…
试验组	试验前重量/g		
	试验后重量/g		
	消耗量/g		
对照组	试验前重量/g		
	试验后重量/g		
	自然耗损量/g		
取食量/g			

3. 害情调查

表 2-16-7 样方登记卡(宋铠,1997)

样 方 号__________ __________年__________月__________日 图号__________

地 点__________________________ 坐标位置__________________

______

地 点____

地 形____

海 拔__________ 坡向__________ 坡度__________ 样方面积__________hm^2

植被类型____

优势植物____

____

盖度__________% 植被高度:乔木__________cm 灌木__________cm 草层__________cm

土壤__________________ 地表__________________ 水分__________________

人为活动影响______________________ 经济利用情况______________________

鼠洞统计或捕获统计____

____

____

为害情况____

____

备注 记录人

表 2-16-8　样线记录表(宋铠,1997)

地点＿＿＿＿＿＿＿＿＿＿　生境(类型或编号)＿＿＿＿＿＿

区段长度＿＿＿＿＿＿＿＿＿　＿＿年＿＿月＿＿日　观测人＿＿＿＿＿＿

项目	1	2	3	4	5	6

4. 防治效果调查

表 2-16-9　堵洞开洞法防治登记表

调查项目	灭鼠前	灭鼠后
有效洞口数/个		
灭洞数/个		
灭洞率		

四、重点和难点

区分啮齿动物为害与其他草食性动物为害的症状。

五、实例

××省××地区啮齿动物调查

本调查于 2016 年 5—10 月,采用笼捕法和夹捕法相结合的方法,对××省××地区的啮齿动物进行了调查。

首先,采用大号捕鼠夹和捕鼠笼捕鼠,每日傍晚放置鼠夹和鼠笼,次日傍晚收回。夹距 5m,行距＞20 m,以新鲜生花生米做诱饵;笼距＞20 m,以新鲜生花生米、核桃仁和苹果做诱饵。每月调查 1 次,连续调查 3 个月,记录啮齿动物的种类、捕获的位置、性别、体重及繁殖状况等,并计算各种啮齿动物的捕获率(C)、性比、年龄组成等数据。

(一)种类及数量调查

表 2-16-10　××省××地区啮齿动物种类与数量记录表

夹型	有效夹(笼)数	捕获只数	捕获率/%	名称与数量					
				小家鼠	东方田鼠	大仓鼠	长尾仓鼠	北社鼠	岩松鼠
大号鼠夹	1 254	269	21.5	51	84	22	31	48	33
捕鼠笼	450	32	7.1	8	12	3	3	5	1
合计	1 704	301	17.7	59	96	25	34	53	34

（二）种群组成调查

表 2-16-11　××省××地区啮齿动物种群组成记录表

种群	成体性比			年龄组成			
	雌	雄	雌性占比/%	幼体	亚成体	成体	老体
小家鼠	21	25	45.7	12	11	15	21
东方田鼠	38	35	52.1	23	18	27	28
大仓鼠	8	15	34.8	2	7	14	4
长尾仓鼠	13	17	38.2	4	13	14	3
北社鼠	20	25	44.5	8	21	8	15
岩松鼠	10	18	35.7	6	10	10	8

（三）害情调查

啮齿动物的害情调查，采用样线法进行。选用 30 m 长的测绳进行测量。测量数据见表 2-16-12。

表 2-16-12　样线记录表（宋铠，1997）

地点：××省××市××地区　生境（类型或编号）灌木草区

区段长度 30 m　××年××月××日　观测人 ××

项目	1	2	3	4	5	6	合计
土丘	2.8	2.2	3.3	3.5	3.1	2.6	17.5
洞口	1.2	2.1	2.8	2.1	2.5	2.2	12.9
秃斑	4.3	3	3.3	3.1	2.7	1.8	18.2
塌洞	2.3	4.2	3.5	2.4	2.8	2.1	17.3
镶嵌体	2	1.5	2.2	2	1.8	2.2	11.7
合计	12.6	13	15.1	13.1	12.9	10.9	77.6

$$总破坏率=\frac{77.6}{30\times6}\times100\%=43.1\%$$

$$洞口破坏率=\frac{12.9}{30\times6}\times100\%=7.2\%$$

（四）防治效果调查

啮齿动物防治主要以物理防治为主，特别严重的害情才会采取化学防治的方法。针对本次调查情况，采用堵洞开洞法进行防治。在样地选择 50 个洞口进行封口，并做好标记。24 h 后对前封口的洞口进行检查，记录防治前有效洞口数。然后用毒稻谷作为诱饵进行灭鼠，3 d 后调查防治后的有效洞口数，计算灭洞率（表 2-16-13）。

表 2-16-13 堵洞开洞法防治登记表

调查项目	灭鼠前	灭鼠后
有效洞口数/个	45	20
灭洞数/个	—	25
灭洞率/%	—	55.6

六、思考题

1. 简述夹日法的使用步骤及适用范围。
2. 如何进行啮齿动物的种类、种群数量及害情调查?

七、参考文献

[1]刘长仲．草地保护学[M]. 北京:中国农业出版社,2015.
[2]刘荣堂,武晓东．草地保护学实验实习指导[M]. 北京:中国农业出版社,2009.
[3]刘荣堂,武晓东．草地保护学(第一册)草地啮齿动物学[M]. 北京:中国农业出版社,2011.

作者:古欣瑶 陈超
单位:贵州大学

实习十七　退化草地补播、划破草皮改良

一、背景

近年来，由于不合理的放牧制度、盲目开垦、滥行樵采等人为干扰，以及气候变化等自然因素，导致我国草地出现不同程度的退化，致使草层结构简单化，优良牧草生长发育减弱，毒害草滋生，草地生产力下降，不利于草地畜牧业生产。21 世纪以来，特别是党的十八大将生态文明建设纳入了中国特色社会主义事业“五位一体”的总体布局，党的十九大将“坚持人与自然和谐共生”纳入新时代坚持和发展中国特色社会主义的基本方略。为进一步加快推进生态文明建设，2019 年中央一号文件提出，统筹协调“山水林田湖草”系统综合治理。为响应国家战略决策要求，提高草地生产力，促进草地畜牧业的可持续发展，亟须采取有效措施恢复改良退化草地。

二、目的

草地补播是指在不破坏或少破坏原有草地植被的情况下，给草地补播一些有价值的、适应性强的优良牧草，以增加优良牧草成分，达到提高草地生产能力的目的。划破草皮是在不破坏天然草地植被的情况下，对生草土草根絮结、通透不良的草地利用机具进行划缝的一种草地培育措施，其可以改善草地的通气条件，提高土壤的透水性，改善土壤肥力，能使根茎型、根茎疏丛型优良牧草大量繁殖，提高草地生产能力。

草地补播和划破草皮是改良退化草地的重要措施，掌握其实施的生境条件、方法、技术和管理手段是保障改良草地成功的关键。通过实验，使学生初步掌握草地人工补播和划破草皮一般程序、方法、技能及改良效果检测的手段。

三、实习内容与步骤

（一）材料

1. 补播地段的选择

补播地区至少应有 300 mm 以上的降水量，最好选择以根茎禾草为主的地段或已经退化的草地进行补播，可以减少原有植被的竞争。

补播地段一般要求平坦，以利于机械作业，还要考虑到土壤的水分状况和土层深度，对于干旱、半干旱草地地区，可选择地势稍低的地方，如盆地、谷地、河漫滩等；在多沙地区，可选择沙丘之间的交界地带，风蚀作用小，水分条件较好，有利于出苗、保苗。此外，还可选择草原地区的撂荒地进行补播，以便加速植被的恢复过程。

2. 补播草种的选择

（1）牧草的适应性　选择适应于当地气候条件的野生牧草或经驯化栽培的优良牧草是保

证草地补播成功的关键因素之一。因此，在草原地区补播的牧草应具有抗旱、抗寒和根深的特点，沙区要选择耐旱、抗逆性强和防风固沙的植物，盐渍地应注意补播牧草的耐盐碱性，有积水地方应选择抗水淹性强的牧草。

(2)牧草的饲用价值　应选择适口性好，营养价值比较高和易高产的牧草。

(3)草地利用特点　不同利用形式的草地进行补播时，需要的牧草种类特性也不相同，如在放牧草地上进行补播，应选择耐牧的下繁草，而割草地应选择上繁草。此外，在冬春场草地补播时，还应考虑牧草的保存状况。

3. 划破草皮地段的选择

划破草皮应选择地势平坦的草地进行。在缓坡草地上，应沿等高线进行划破，以防水土流失。不是所有的退化草地都适合划破草皮措施，应根据草地的具体条件来决定。对生草土草根絮结、通透不良的草地，如一般寒冷潮湿的高山草地，地面往往形成坚实的生草土，可以采用划破草皮的方法。

(二)仪器设备

标杆、测绳、草地免耕补播机、圆盘耙、松土铲、补播材料、铁锨、土壤刀、普通剪刀、钢卷尺、标签、样方框、烘箱、手提秤、种子处理液、记载表格等。

(三)测定内容

1. 补播牧草成苗动态变化规律

通过对补播改良区补播牧草的种类、出苗数量(理论出苗数、实际出苗数、死苗数)、苗高、根长的测定，明确补播草种的出苗状况，并分析死苗原因。

2. 补播草种种群数量特征的测定

通过对补播草种种群的高度、盖度、密度和生物量(地上和地下生物量)的测定，明确退化草地补播改良效果。

3. 补播对草地植被群落数量特征的影响

通过对补播前后草地植被群落平均高度、盖度、密度和生物量的测定，明确补播改良后草地群落的动态变化规律。

4. 补播对草地物种重要值和植物多样性的影响

通过对草地补播前后物种重要值、Patrick 丰富度指数、Simpson 优势度指数、Shannon-Wiener 多样性指数和 Pielou 均匀度指数的对比分析，明确补播改良对植物多样性的影响。

(四)操作步骤

1. 补播草种的处理

补播牧草种子播前通常要经过清洗、去芒、破种皮、浸种等手段处理，以保证牧草的播种质量和提高其发芽率，野生及新收获的种子必须经过后熟期，通透性差的种子可采用一些物理和化学的方法进行处理，提高其发芽率。

2. 补播前的基础工作

(1)减少原有植被竞争

生物方法：可在补播前重牧，以削弱草地现存植物的生长势。

化学方法：播前用除莠剂消灭一部分或大部分植被，如可采用2,4-D或2,4,5-T消灭杂草或灌丛后进行补播。

机械方法：补播前用圆盘耙耙地或靠补播机、松土铲的作用来破坏一部分植被。

(2)增加土壤水分　草原地区常常少雨缺水，为了增加土壤水分，补播前可在补播地段进行各种处理，如沿等高线做畦、挖坑、松耙等。

(3)播床准备　指松土和施肥。一般而言，天然草地的土壤是紧实的，种子不能入土，表面播种不易成功。因此，通过松土耙地和施肥为补播牧草的生长提供良好的环境条件。

3. 补播技术

(1)补播时期　一般应选择植物生长发育最弱的时期进行补播，即以初夏补播最为适宜，有些地区临冬补播也可获得一定效果。此外，补播种子的寿命也决定牧草的补播时期，如藜科植物的木地肤、驼绒藜种子寿命很短，采种后应立即进行补播。

(2)补播方法　一般采用撒播和条播两种方法。大面积撒播可用飞机、骑马、畜群等方式进行。撒播在地面上的种子，最好经过一定的土壤处理，使种子埋入土中。

条播主要是用机具播种，草地补播机种类的选用视具体情况而定。同时为了考虑到种子营养，也可选购能在一次作业中同时完成播种和施肥两种工序的草地补播机。

(3)播种量　一般禾本科牧草(种子用价为100%时)常用播量15.0～22.5 kg/hm²，豆科牧草7.5～15.0 kg/hm²，草原补播一般种子出苗率低，可以适当加大播种量50%～100%。

(4)播种深度　在疏松土上可播种深些，在黏重土上可播种浅些。大的牧草种子可播种深些，小粒种子播种浅些，一般播种深度不超过3～4 cm。对于某些小的牧草种子，如紫花苜蓿、绢蒿等植物，播种时只需要覆盖少量土。因此，在土壤条件较好的土壤上，播种越浅越好。

4. 补播地段的管理

(1)禁牧　一般情况下，补播当年必须禁牧，第二年以后可进行秋季打草或冬季放牧，沙地草地补播禁牧时间应更长一些。

(2)加覆盖物　在干旱、风沙大的草原地带可在补播地上覆盖一层枯草或秸秆。在水分条件好的地区，为了防止霜冻也可在补播地上播种一年生的禾谷类保护作物。

(3)防止鼠、虫害，消灭杂草　在鼠、虫危害严重的地区应在播前或播后彻底灭杀。

(4)施肥和灌溉　有条件的地区，结合补播进行灌溉和施肥，是提高草原生产力的最有效措施。一般来说，补播当年进行施肥和灌溉最有利于补播幼苗的生长。

5. 划破草皮改良步骤

(1)机具选择　在小面积草地上，可以用畜力机具划破。而在较大面积的草地上，应用拖拉机牵引的特殊机具(如无壁犁、燕尾犁)进行划破。

(2)划破草皮的深度　根据草皮厚度来决定。一般深度以10～20 cm，行距以30～60 cm为宜。

(3)划破草皮的时间　应视当地的自然条件而定。有的适宜在早春或晚秋进行。早春土壤开始解冻，水分较多，易于划破。秋季划破后，可以把牧草种子掩埋起来，有利于来年牧草的生长。

6. 野外调查方法

(1)补播牧草出苗状态调查　在补播区内选择有代表性的样地3～4个，每个样地设1 m×1 m固定样方5～10个，萌发期间每5～7 d观察一次，测定出苗数量、苗高、保存数和死苗数，并在每个样方内挖完整的植株1～2株，测量根长。

(2)植物群落数量特征调查　在改良当年调查一次，次年再调查一次，了解草地植物群落建植的效果。样地选取方法有系统抽样法和标准地法。

系统抽样法：适用于地形比较平缓的补播地区。在播区设置若干条垂直于主播方向的调查线，以10～20 m等距离机械地、无选择地设置样方，统计样方内的植被主要数量特征。

标准地法：适用于地形复杂的地区。首先在播种区进行调查，然后在不同立地条件分别选择有一定代表性的标准地3～5块。在标准地内，按一定距离均匀设置足够数量的样方。

(3)群落数量特征调查方法　在样方内记录所有物种的种类，用卷尺测定植被高度(cm)，用直接计数法测定植物密度(株/m^2)，盖度(%)采用针刺法(100针)测定，然后分种齐地面刈割装入信封袋，带回实验室置于烘箱中烘干称重，获得干重(g/m^2)。

(4)草地植物优势度及其群落物种多样性计算　采用丰富度指数(Patrick)、物种多样性指数(Shannon-Wiener指数)、均匀度指数(Pielou指数)和优势度指数(Simpson指数)作为群落多样性指标。

计算公式如下：

重要值 P_i=(相对高度+相对盖度+相对密度+相对生物量)/4

Patrick丰富度指数 $R=S$

Simpson优势度指数 $D=1-\Sigma P_i^2$

Shannon-wiener多样性指数 $H'=-\Sigma P_i \ln P_i$

Pielou均匀度指数 $J_{sw}=(-\Sigma P_i \ln P_i)/\ln S$

式中：S为样方内出现的植物种类总数目；P_i为植物种i的重要值。

(五)结果记录

根据实习内容和测定指标，将调查数据和计算结果填入相关表格内。

1. 补播牧草出苗动态调查结果

对退化草地补播牧草的出苗状况进行调查，并将调查结果记录在表2-17-1中，同时分析死苗原因。

表2-17-1　补播牧草成苗动态调查表

播种地点：________　位置：________　样地编号：________　草地类型：________

海　　拔：________　坡向：________　坡　　度：________　调 查 人：________

调查时间	补播草种	理论出苗数/(株/m^2)	苗高/cm	根长/cm	保存数/cm	死苗数/(株/m^2)	死苗原因

2. 补播草种种群数量特征的测定结果

对退化草地补播牧草的种群高度、盖度、密度和生物量进行测定，并分析其动态变化规律，并将结果记录在表2-17-2中。

表 2-17-2 补播草种种群数量特征的变化规律

播种地点：________ 位置：________ 样地编号：________ 草地类型：________
海　拔：________ 坡向：________ 坡　度：________ 调 查 人：________

样方编号	调查时间	补播草种	植被高度/cm	植被盖度/%	植被密度/(株/m^2)	牧草产量/(g/m^2)

3. 补播区植物群落数量特征的测定结果

对退化草地补播区和对照区植物群落高度、盖度、密度和生物量进行测定，并分析其动态变化规律，并将结果记录在表 2-17-3 中。

表 2-17-3 补播对植物群落数量特征的影响

播种地点：________ 位置：________ 样地编号：________ 草地类型：________
海　拔：________ 坡向：________ 坡　度：________ 调 查 人：________

处理	群落高度/cm	群落盖度/%	群落密度/(株/m^2)	牧草产量/(g/m^2)
补播区				
对照				

4. 补播区植物群落多样性的测定结果

对退化草地补播区和对照区植物 Patrick 丰富度指数、Shannon-Wiener 多样性指数、Pielou 均匀度指数和 Simpson 优势度指数进行测定分析，并将结果记录在表 2-17-4 中。

表 2-17-4 补播对植物多样性的影响

播种地点：________ 位置：________ 样地编号：________ 草地类型：________
海　拔：________ 坡向：________ 坡　度：________ 调 查 人：________

处理	Patrick 指数	Shannon-Wiener 指数	Pielou 指数	Simpson 指数
补播区				
对照				

四、重点和难点

1. 结合利用实际，合理筛选出具有明显生态效益和经济价值的补播目标物种及乡土物种。

2. 如何正确处理补播种，确定最佳播种时期、最佳播种量、最佳播种深度。

3. 大面积补播后增加了管理补播前期的管理工作，如何确立补播草地适宜的利用时期。

五、实例

呼伦贝尔草原区是我国北方重要的生态屏障，近年来不合理的利用方式导致该地区退化草地面积不断扩大。为改良退化草地，某区采取补播措施对退化草地进行改良。改良区位于内蒙古呼伦贝尔市陈巴尔虎旗，属温带大陆性季风气候，土壤类型为黑钙土，年均气温－1.2 ℃，年均总降水量354.5 mm，其中75%降水量集中在6—9月。该区建群种为羊草和贝加尔针茅，主要伴生种有斜茎黄芪、多叶棘豆、寸草苔、蒲公英等。补播牧草为黄花苜蓿和羊草(表2-17-5)，补播时间为夏播(2017年7月1日)、秋播(2017年9月30日)和春播(2018年5月1日)。播种前刈割原生植被，留茬高度5 cm，播种开沟深度5～7 cm，人工播种，播种深度2～3 cm，播种行距30 cm，原位土回填并镇压。于2017年8月对夏播黄花苜蓿和羊草出苗数进行统计，2018年8月1日开始测定全部小区植物群落特征(高度、盖度、生物量)。

表2-17-5　补播草种的基本特征及来源

补播草种	净度/%	千粒重/g	萌发率/%	播量/(kg/hm^2)
黄花苜蓿	93	2.27	88	30
羊草	70	2.72	12	64.5

结果表明，夏播羊草和黄花苜蓿幼苗数量显著高于春播和秋播，夏播和秋播植物群落总生物量呈增加趋势。补播措施提高了退化草地植物群落Shannon-Wiener指数、Simpson指数和Pielou指数，豆科和禾本科植物重要值呈增加趋势，其他科植物呈下降趋势。

六、思考题

1. 试设计对某一干旱的草原区400 hm^{2}草地进行补播时的实验设计及其实施过程。包括播区设计、人员安排、所需工具、播种方式、草种的选择、牧草种子需要量、每车装载种量、总播种车次以及预计作业小时等，同时编制补播牧草经费预算和播后的养护管理措施等。

2. 针对已经补播过的草地进行调查，观察草地补播的效果。调查包括补播区域的概况、补播时间、草种、播量及播后的结果，完成表2-17-1至表2-17-4的记载。

七、参考文献

[1]朱进忠．草业科学实践教学指导[M]. 北京：中国农业出版社，2008.

[2]孙伟，刘玉玲，王德平，等．补播羊草和黄花苜蓿对退化草甸植物群落特征的影响[J]. 草地学报，2021，29(8)：1809-1817.

作者：董乙强　杨合龙　孙宗玖

单位：新疆农业大学

实习十八　草地改良培育效果调查

一、背景

长期受超载过牧、无序放牧、气候变化等外界因素的干扰，我国天然草地呈现不同程度的退化，表现为植物种类减少、毒害草增加，草群高度、盖度及生产力降低，饲用价值变劣，土壤贫瘠，导致其生产和生态功能丧失，亟待恢复与治理，以便更好地践行绿色发展理念。

草地改良是在不破坏或少破坏退化草地原生植被的前提下，运用生态学原理和方法，通过禁牧、休牧、松耙、灌溉、施肥等单项或多项农艺措施组合的实施，改善草地植被赖以生存的环境条件，协调植物种间关系，达到草群生产力提高、盖度增加、质量的改善，最终实现草地植被的逐步恢复。

由于草地类型、所处退化阶段、水热条件等方面的不同，导致不同区域内退化草地改良的措施及其恢复效果存在明显的差异，需要区别对待。因此需要对改良前后退化草地的土壤理化性质、群落外貌特征、物种多样性、群落数量特征及草产量、土壤种子库及地下生物量等方面的差异进行对比分析，以便为更客观地评价退化草地改良成效，寻找最适恢复措施提供技术支撑，同时也为解析退化草地的恢复机制提供科学依据。

二、目的

通过实习，学习退化草地改良效果调查过程中样地布设、植被数量特征、土壤取样及理化性质、重要值及物种多样性等指标的测算方法，掌握数理统计软件在草地改良效果评价中的应用技能，具备客观评价退化草地改良前后植物种类组成、草群数量特征、生境条件等方面的恢复成效及其分析问题、解决问题的能力，以便为退化草地改良技术措施的筛选和应用奠定基础。

三、实习内容与步骤

（一）材料

野外选择退化草地改良样地 1 处，且改良措施实施至少 1 年以上。改良方法可以是休牧、禁牧、封育、松耙、灌溉、施肥、烧荒等单项措施，也可是多项改良措施的组合。

（二）仪器设备与试剂

1. 仪器设备

GPS、元素分析仪、便携式土壤水分检测仪、球磨仪、鼓风干燥箱、装有 SPSS 或其他统计软件的电脑、剪刀、钢针、钢卷尺、标签、1 m×1 m 样方、0.1 m^2 样圆、100 cm^3 的环刀、干燥器、环刀拖、天平（精确至 0.000 1 g）、土壤筛、100 m 测绳、放大镜、镊子、直径为 0.5 cm 的网袋、布袋、土钻、土壤刀、土壤铝盒、电炉、硬质试管、油浴锅、量程为 250 ℃的温度计、铁丝笼、三角瓶、洗瓶、小漏斗、酸式滴定管、铁架台、蝴蝶夹、骨勺、试管架、记载表格、铅笔等。

2. 试剂

1%的 2,3,5-三苯四唑氯化物(TTC)、0.4 mol/L(1/6 $K_2Cr_2O_7$)溶液,0.2 mol/L $FeSO_4$ 溶液,邻啡罗啉指示剂,液体(或固体)石蜡,浓硫酸。

(三)测定内容

1. 改良措施对草地植物群落特征的影响

通过对草地改良前后草群的植物种类组成、种群特征(高度、盖度、密度、产量)、地下生物量、土壤种子库种子储量的调测,明确草地改良效果及内部组分间的消长关系。

2. 改良措施对草群多样性及物种重要值的影响

通过对草地改良前后组成物种重要值、物种丰富度指数、Simpson 指数、Shannon-Wiener 指数和 Pielou 均匀度指数的对比分析,明确其改良后群落的动态变化规律及其对草群稳定性的影响。

3. 改良措施对草地土壤有机质及其理化性质的影响

通过对改良前后土壤含水量、容重、土壤有机质的对比分析,明确其对退化草地局部生境条件的改善状况。

(四)操作步骤

1. 改良样地的确定

在野外调查的基础上,确定已经改良的退化草地样地,并通过询问当地牧民或草地使用者有关该草地改良前的基本利用情况,包括改良措施、开始时间、草地本底情况等信息,至少确立 2 个处理,即对照草地和改良草地。同时确定调查样地草地类型名称,并用 GPS 进行定位,做好标记,以便后续持续调测。

2. 野外取样调查

(1)植物种类调测　采用样线法进行。在改良样地内外各平行布置 3～5 条样线,每条样线长 100 m,每隔一定距离(如 50 cm、100 cm 等)统计植物种类 1 次,样线间距 10 m 以上。对于不能识别的植物采集回室内进行鉴定。

(2)植物群落数量特征调测　在改良样地内外分别至少布置 3 个 10 m×10 m 的典型样地,每个样地布设 5 个 1 m×1 m 的典型样方。每个样方首先进行植物群落总盖度、平均高度的测定,然后分种或功能群进行密度、盖度、高度、产量的测定,并将鲜草分种装入样袋中,带回室内烘干,获得干重。

盖度采用针刺法进行,即将 1 m×1 m 样方分成 100 个小方格,在每个方格的顶点用钢针垂直刺入,统计空针数及分种统计钢针所扎到的植物次数;产量采用齐地刈割法进行,利用电子秤分种获取鲜重,带回后称取烘干重(80 ℃,24 h);密度采用计数法进行,丛生植物以丛计算,非丛生植物以枝条数统计;植物种高度为其最高点距离地面的自然高度,而群落高度是指草群中大多数植物的自然高度,用钢卷尺进行测量,每样方重复 5～10 次,取其平均值。

(3)植物地下生物量土壤获取　每个样地随机选取 1～2 个剪掉地上部分的样方,每个样方上随机挖取一块 20 cm×20 cm 小样方或用直径为 8 cm 的土钻随机布设 8～10 个取样点形成混合样，按深度 0～5 cm、5～10 cm、10～20 cm、20～30 cm、30～50 cm 进行分层取样装入网袋中，做好标记，带回用。

(4)土壤种子库样品获取　在挖取地下生物量的样方内进行草地土壤种子库取样，随机布设面积为 10 cm×15 cm 的小样方 1 个，按 0～5 cm、5～10 cm、10～20 cm 土层分层取样，做好标记装入布袋，带回室内进行分析。

(5)土壤含水量样品获取　在取完土壤种子库及植物地下生物量的样方上用直径为 5 cm 的土钻按 0～10 cm(也可再分为 0～5 cm、5～10 cm)、10～20 cm、20～30 cm 钻取土壤，并将取出的土样立即装入铝盒中(土样介于铝盒高度的 1/3～2/3)，迅速盖好盖，记上编号，称量带盒土壤鲜重(W_1)后带回室内烘干，计算土壤含水量。或野外用便携式土壤水分检测仪直接获取土壤含水量。

(6)土壤容重的测定　采用环刀法进行。在取完土壤种子库及地下生物量的样方上，首先将环刀按 0～10 cm(也可再分为 0～5 cm、5～10 cm)、10～20 cm、20～30 cm 土层逐层垂直插入土中，然后将环刀取出，将环刀外表面周围土样清理干净，并仔细切除环刀上下切口以外的多余土样，使环刀内土壤上下面分别与环刀上下切口保持在一个平面，立即加盖以免水分蒸发散逸，做好标记带回室内进行测定。

(7)土壤有机质样品获取　取完土壤种子库及地下生物量的样方上，利用直径为 5 cm 的土钻按 0～10 cm(也可再分为 0～5 cm、5～10 cm)、10～20 cm、20～30 cm 分层钻取土壤，每样方随机设置 2 个取样点，并将同一样地土壤分层混匀，形成混合样，放入做好标签的布袋中，带回室内。

3. 室内指标测定与分析

(1)草地植物优势度及其群落物种多样性计算　草地中某种植物的优势度(SDR_5)通过该种植物的相对盖度、相对频度、相对密度、相对高度和相对产量进行计算。根据 SDR_5 的大小，可以确定出该类型草地的优势种、亚优势种和伴生种。

$$SDR_5 = \frac{C' + F' + D' + H' + P'}{5}$$

式中：C'、F'、D'、H'、P'分别是该种植物的相对盖度、相对频度、相对密度、相对高度和相对产量。

(2)植物地下生物量测定　将野外带回的地下生物量样品置于流水中冲洗，直到流水清澈为止，然后将其平摊晾晒，去除其内的沙石后置于鼓风干燥箱内(80 ℃)烘干 24 h，称取干重。

(3)草地土壤种子库的测定　采用物理分离法分离土壤种子库中的种子。首先将野外带回的土壤种子库样品过筛去除大的杂物，然后对每份样品依次经孔径分别为 0.6 mm、0.4 mm、0.25 mm 的筛子逐层过筛，淘洗、晾干，利用放大镜、解剖针和镊子仔细挑出种子，并按植物经济类群(禾本科、豆科、莎草科及杂类草)统计其数量。同时采用 TTC 法进行种子生活力的测定。

(4)土壤含水量测定　将野外称量后带回的带盒鲜土，放入 105～110 ℃的鼓风干燥箱内烘 6～8 h，冷却后称量带盒土壤干重(W_2)，然后倒掉土壤，测量土壤铝盒重量(W_3)。

$$土壤含水量 = \frac{W_1 - W_2}{W_2 - W_3} \times 100\%$$

式中：W_1 为带盒鲜土重(g)；W_2 为带盒土壤干重(g)；W_3 为铝盒重(g)。

(5)土壤容重测定　将野外获取的带有环刀(含盖)的鲜土称重(精确到 0.01 g)，记为 m_1；然后将环刀内的土样取出 10 g 左右，测定土壤含水量，记为 W；最后将环刀内土壤倒掉，并清理干净，称取环刀重(含盖)，记为 m_2。按照下列公式计算：

$$\text{土壤容重}\ r_s(\text{g/cm}^3)=\frac{m_1-m_2}{V(100+W)}\times 100$$

式中：m_1 为环刀加鲜土重；m_2 为环刀重；W 为土壤含水量(%)；V 为环刀体积(cm^3)。

(6)土壤有机质测定　将野外采集的土样剔出植物根系及石砾等杂物，置于室内自然风干，然后将风干土样弄碎、混匀，过 0.25 mm 筛，用以土壤有机质分析。

有机质采用重铬酸钾外加热法进行，先称取过 0.25 mm 筛孔的风干土 0.1～0.5 g 于干试管中，土壤中 Cl^- 含量高的则另加 0.1 g Ag_2SO_4(若加 Ag_2SO_4 其校正系数为 1.04)。用吸管准确加入 10 mL 重铬酸钾-浓硫酸溶液，边加边摇，溶液为橙黄色。若溶液为黄绿色或绿色应减少土样称量或多加入 5 mL 重铬酸钾-浓硫酸溶液。在试管上加一小漏斗，将试管放入铁丝笼内，每批做三个空白。将铁丝笼放入 185～190 ℃的油浴锅内(锅内油的高度稍高于试管内溶液高度，并保持温度在 170～180 ℃)，使试管内液面沸腾 5 min(试管内刚出现沸腾时，开始计时)，然后取出铁丝笼冷却。将试管内液体倒入 250 mL 三角瓶中，用蒸馏水少量多次洗净试管，总体积达到 60～70 mL，加 3 滴邻啡罗啉指示剂，用 $FeSO_4$ 溶液滴定，溶液颜色由黄绿色→绿色→突变为红棕色(终点)，记下所用 $FeSO_4$ 体积 V(mL)；用同样方法滴定 3 个空白，取其结果的平均数，体积记为 V_0(mL)。按下式进行土壤有机质含量的计算。

$$\text{土壤有机质(g/kg)}=\frac{(V_0-V)\times M_{FeSO_4}\times 0.003\times 1.724\times 1.1\times 1\,000}{\text{土样重}}\text{(保留两位小数)}$$

式中：土样重为烘干土重(g)；V_0 为空白试验所消耗的 $FeSO_4$ 的体积(mL)；V 为试样测定所消耗的 $FeSO_4$ 的体积(mL)；M_{FeSO_4} 为 $FeSO_4$ 的摩尔浓度(mol/L)；0.003 为 1/4 碳原子的毫摩尔质量(g/mmol)；1.724 为有机碳换算为有机质的经验常数；1.1 为经验校正系数(此法只能氧化 90%的碳)；若加入 Ag_2SO_4，此系数为 1.04。

有机质也可采用元素分析仪进行土壤有机碳含量的测定，然后将该值乘以 1.724 获得土壤有机质含量。

4. 注意事项

消煮好的溶液应该是黄色或黄中带绿，否则弃去重做；滴定所消耗的 $FeSO_4$ 的体积数 V 应不小于 1/3 V_0。

5. 数理统计分析

采用 SPSS 软件或其他数理统计软件进行改良处理间各测试指标的差异性分析，显著性水平的判断依据 $P<0.05$。

(五)结果记录

根据实习内容和测定指标，将调查数据和计算结果填入相关表格内。

(1)草地植被总体特征测定结果　针对草地改良措施，分析改良后草地植被总体特征相关指标变化，并记录结果(表 2-18-1)。

表 2-18-1 改良后草地植被总体特征比较记录表

草地类型名称： 地理位置：

改良处理	盖度/%	密度/(株/m^2)	高度/cm	产量/(g/m^2)	植物种数/种
处理					
对照					

(2)草地植物种或功能群特征测定结果　针对改良措施，分析改良后草地植物种或功能群的高度、盖度、密度、产量及重要值的变化，并记录结果(表 2-18-2)。

表 2-18-2 改良后草地植物种或功能群特征比较记录表

草地类型名称： 地理位置：

植物或功能群名称	盖度/%		密度/(个/m^2)		高度/cm		产量/(g/m^2)		重要值	
	对照	处理	对照	处理	对照	处理	对照	处理	对照	处理

注：重要值等同于优势度。

(3)草地植物群落物种多样性测定结果　针对改良措施，分析改良后草地植物群落物种多样性的变化，并记录结果(表 2-18-3)。

表 2-18-3 改良后草地植物群落物种多样性比较记录表

草地类型名称： 地理位置：

试验处理	Simpson 指数	Shannon-Wiener 指数	Pielou 均匀度指数	物种丰富度
处理				
对照				

(4)草地土壤种子库测定结果　针对改良措施，分析改良后草地土壤种子库种子储量的变化，并记录结果(表 2-18-4)。

表 2-18-4 改良后草地土壤种子库种子储量比较记录表

草地类型名称： 地理位置：

土层深度/cm	处理	豆科/(粒/m^2)		莎草科/(粒/m^2)		禾本科/(粒/m^2)		杂类草/(粒/m^2)		合计/(粒/m^2)	
		总数	活种子数	总数	活种子数	总数	活种子数	总数	活种子数	总数	活种子数
0～5	对照										
	处理										

续表 2-18-4

土层深度/cm	处理	豆科/(粒/m^2)		莎草科/(粒/m^2)		禾本科/(粒/m^2)		杂类草/(粒/m^2)		合计/(粒/m^2)	
		总数	活种子数	总数	活种子数	总数	活种子数	总数	活种子数	总数	活种子数
5～10	对照										
	处理										
10～20	对照										
	处理										

(5)植物地下生物量测定结果　针对改良措施，分析改良后草地土壤地下生物量的变化，并记录结果(表 2-18-5)。

表 2-18-5　改良后草地植物地下生物量比较记录表

草地类型名称：　　　　　　　　　　　　　　　　　　地理位置：

土层深度/cm	对照		处理	
	生物量/(g/m^2)	百分比/%	生物量/(g/m^2)	百分比/%
0～5				
5～10				
10～15				
15～20				
20～25				
合计				

(6)草地土壤理化性质测定结果　针对改良措施，分析改良后草地土壤容重、含水量和有机质的变化，并记录结果(表 2-18-6)。

表 2-18-6　改良后草地土壤理化性质比较记录表

草地类型名称：　　　　　　　　　　　　　　　　　　地理位置：

土层深度/cm	处理	土壤含水量/%	容重/(g/cm^3)	有机质/(g/kg)
0～10	对照			
	处理			
10～20	对照			
	处理			
20～30	对照			
	处理			

四、重点和难点

1. 重点

改良后退化草地恢复成效的评价涉及草和土两个方面，且每一方面涉及的指标均很多，如何理解所选评价指标的内涵及其相互关系，加强对草地改良相关理论的理解是本实习的重点。

2. 难点

利用生物统计软件对退化草地改良效果评价是本实习的难点。

五、实例

封育对退化伊犁绢蒿荒漠草地改良效果调查

通过对新疆某处封育 3 年的退化伊犁绢蒿荒漠草地植被群落特征、土壤有机质及其理化性质等特征指标的测定分析，确定封育对退化草地的恢复效果。

（一）封育改良样地的确定

在伊犁绢蒿荒漠草地中选取封育区一处，并利用 GPS 进行经纬度及海拔的确定。根据封育样地外围植被生长植被状况，确认该处草地处于轻度退化状态。通过对当地牧民的询问，确认该处草地已封育 3 年，并确定 2 个处理，即封育处理、对照处理（封育处理的外围）。

（二）野外现场取样

1. 样线布置

在封育区及对照区分别布设 3 条 100 m 长的平行样线（样线间距 10 m 以上）。每条样线上每隔 50 cm 统计植物种类 1 次，统计封育区及对照区的植物种类数目及其名称，明确封育改良后草地植被种类组成及其差异。对于不能现场识别的植物，需采集标本，带回室内进行种类鉴定。

2. 草地植被数量特征的测定

在封育区及对照区内各布置 3 个 10 m×10 m 的典型样地，每个样地确定 5 个 1 m×1 m 的典型样方。每个样方上首先进行植物群落总盖度、平均高度的测定，然后按建群种及功能群进行密度、盖度、高度、产量的测定。

3. 植物地下生物量测定

在封育区及对照区内布设的每个样地中随机选取 1 个测产样方，其内挖取一块 20 cm×20 cm 小样方，按深度 0～10 cm、10～20 cm、20～30 cm 进行分层取样装入网袋（孔径 0.5 mm），经过水洗、烘干（80 ℃，24 h）后获得地下生物量干重。

4. 土壤含水量及容重的测定

在获取地下生物量的样方中，用土钻按照 0～10 cm、10～20 cm、20～30 cm 钻取土壤，置入铝盒中，采用烘干法（105 ℃，8 h）测定土壤含水量。同时，将环刀按 0～10 cm、10～20 cm、20～30 cm 土层逐层垂直砸入，带回室内测定土壤容重。

5. 土壤有机质的测定

在获取地下生物量的样方中，用土钻按 0～10 cm、10～20 cm、20～30 cm 分层钻取土壤，带回室内去杂阴干后，采用重铬酸钾外加热法测定有机质含量。

（三）结果分析

1. 封育对草地植被总体特征的影响

从表 2-18-7 看出，伊犁绢蒿荒漠草地植被的高度、盖度、密度及生物量均显著($P<0.05$)增加，较对照增加 56%、38%、226%、43%，说明封育利于退化草地的恢复，促进草地植物种类的增加。

表 2-18-7　封育后伊犁绢蒿荒漠草地植被总体特征的比较

草地类型名称：伊犁绢蒿荒漠　　地理位置：E87°46′，N43°53′，海拔 840 m

试验处理	高度/cm	盖度/%	密度/(个/m²)	产量/(g/m²)	植物种数/种
封育	8.3a	40.0a	174.0a	171.6a	14
对照	5.3b	29.0b	53.4b	120.0b	9

注：不同小写字母表示处理间差异显著($P<0.05$)。

2. 封育对群落主要种及功能群特征的影响

表 2-18-8 看出，封育后藜科类植物的产量和密度显著($P<0.05$)增加，而禾本科类、豆科类、杂类草类则变化不明显；封育后建群种伊犁绢蒿仅在密度上呈现显著性($P<0.05$)增加，而产量和盖度增加不显著($P>0.05$)。

表 2-18-8　封育后伊犁绢蒿荒漠草地主要种及其功能群特征的比较

草地类型名称：伊犁绢蒿荒漠　　地理位置：E87°46′，N43°53′，海拔 840 m

项目名称	盖度/%		产量/(g/m²)		密度/(株/m²)	
	封育	对照	封育	对照	封育	对照
伊犁绢蒿	37.6	33.0	123.8	118.0	39a	18b
禾本科类	2.0	0.0	16.4	0.0	3	0
豆科类	0.0	0.2	0.0	0.2	0	0
藜科类	3.2	0.8	28.0a	1.2b	139a	8b
杂类草类	0.8	0.4	3.40	0.6	29	1

注：不同小写字母表示处理间差异显著($P<0.05$)。

3. 封育对草地植物群落物种多样性的影响

表 2-18-9 看出，封育后伊犁绢蒿荒漠草地植物群落的 Simpson 指数、Shannon-Wiener 多样性指数、Pielou 均匀度指数均较对照呈现显著($P<0.05$)增加。说明封育 3 年有利于轻度退化蒿类荒漠草地植物多样性的增加。

表 2-18-9　封育后伊犁绢蒿荒漠草地植物群落物种多样性的比较

草地类型名称：伊犁绢蒿荒漠　　地理位置：E87°46′，N43°53′，海拔 840 m

试验处理	Simpson 指数	Shannon-Wiener 指数	Pielou 均匀度指数
封育	0.67a	1.32a	0.79a
对照	0.35b	0.40b	0.37b

注：不同小写字母表示处理间差异显著($P<0.05$)。

4. 封育对植物地下生物量的影响

从表 2-18-10 看出，封育后伊犁绢蒿荒漠草地 0～30 cm 土层地下生物量呈增加趋势，由封育前的 1 069.0 g/m² 增加到 1 614.6 g/m²，表明封育可以促进草地地下生物量的积累。从各土层看，封育后仅 0～10 cm 土层地下生物量呈现显著增加（$P<0.05$），其他层次增降不显著（$P>0.05$），且地下生物量的增加主要集中在 0～10 cm 层，占总地下生物量的 60%以上。

表 2-18-10 封育后伊犁绢蒿荒漠草地地下生物量的比较

草地类型名称：伊犁绢蒿荒漠　　地理位置：E87°46′，N43°53′，海拔 840 m

土层深度	封育		对照	
	生物量/(g/m²)	每层所占百分比/%	生物量/(g/m²)	每层所占百分比/%
0～10	1 219.9a	75.5	724.7b	67.8
10～20	182.1	11.3	196.9	18.4
20～30	212.6	13.2	147.4	13.8
总生物量	1 614.6	100	1 069.0	100

注：不同小写字母表示处理间差异显著（$P<0.05$）。

5. 封育对土壤有机质、含水量及容重的影响

表 2-18-11 看出，封育后伊犁绢蒿荒漠草地 0～30 cm 土层含水量及容重均未发生明显改变，但封育后 0～10 cm 土层有机质出现显著（$P<0.05$）增加，而 10～30 cm 土层变化不显著（$P>0.05$），表明封育 3 年虽然不能对土壤容重及含水量产生影响，但可以明显增加表层土壤有机质的积累。

表 2-18-11 草地改良后土壤理化性质变化记录表

草地类型名称：伊犁绢蒿荒漠　　地理位置：E87°46′，N43°53′，海拔 840 m

土层深度/cm	处理	土壤含水量/%	容重/(g/cm³)	有机质/(g/kg)
0～10	封育	5.99a	1.21a	7.94a
	对照	6.97a	1.20a	6.53b
10～20	封育	6.34a	1.23a	5.65a
	对照	7.08a	1.21a	5.51a
20～30	封育	6.24a	1.24a	3.70a
	对照	7.30a	1.30a	3.70a

注：不同小写字母表示处理间差异显著（$P<0.05$）。

（四）总结

综合各项测定指标结果，轻度退化的蒿类荒漠封育 3 年时植被得到了明显的恢复，但土壤的质量仍未恢复，植被的恢复速度大于土壤的恢复。

六、思考题

1. 退化草地改良后其恢复健康的标准是什么？如何科学构建退化草地恢复评价体系？
2. 改良措施实施后草地植被特征及土壤性质发生变化的可能原因有哪些？

3. 简述退化草地恢复过程中植被与土壤间的相互关系。

七、参考文献

[1]马克平. 生物群落多样性的测度方法[M]. 北京:中国科学技术出版社,1994.

[2]朱进忠. 草业科学实践教学指导[M]. 北京:中国农业出版社,2009.

[3]毛培胜. 草地学实验与实习指导[M]. 北京:中国农业出版社,2019.

[4]董乙强. 禁牧对中度退化伊犁绢蒿荒漠植被和土壤活性有机碳组的影响[D]. 乌鲁木齐:新疆农业大学,2016.

[5]鲍士旦. 土壤农化分析[M]. 3 版. 北京:中国农业出版社,2005.

[6]程杰,高亚军. 云雾山封育草地土壤养分变化特征[J]. 草地学报,2007,15(3):273-277.

[7]赵景学,祁彪,多吉顿珠,等. 短期围栏封育对藏北 3 类退化高寒草地群落特征的影响[J]. 草业科学,2011,28(1):59-62.

[8]孙宗玖,安沙舟,段娇娇. 围栏封育对新疆蒿类荒漠草地植被及土壤养分的影响[J]. 干旱区研究,2009,26(6):877-882.

作者:孙宗玖　董乙强　杨合龙
单位:新疆农业大学

第三部分　草地家畜管理

实习一　放牧家畜的行为观测
实习二　放牧家畜采食量的估测
实习三　草地载畜量计算
实习四　放牧家畜畜群结构调整调查
实习五　放牧家畜生长性能测定
实习六　羊肉品质评定
实习七　草食家畜甲烷排放的测定
实习八　划区轮牧设计
实习九　草畜平衡决策系统应用
实习十　放牧家畜补饲日粮配方设计
实习十一　智能化放牧设计
实习十二　牧场规划设计

实习一　放牧家畜的行为观测

一、背景

放牧家畜的行为包括行为状态与牧食习性两个方面，它在不同种类家畜或同种家畜的不同个体乃至同一个体的不同年龄，均表现出既有区别又难以截然分开的关系。放牧家畜的行为受生态环境因子的制约，行为状态又影响家畜的能量消耗。行为状态主要指放牧家畜在一昼夜里的采食、卧息、游走、站立等活动时间的持续状态。牧食习性系指放牧家畜的嗜食(如啃食牧草的种类、部位等的习性)、采食方式(如猪拱食；马、羊啃食与摘食；牛用舌头揽食或舔食，或用角顶倒障碍物和高大灌木的方式觅食)和采食范围的大小及地形高低等特性(如山羊喜欢在崎岖的山顶和悬崖采食，且活动范围大；马喜欢在平坦草地上采食，活动范围较大；绵羊和牛喜欢在宽阔河谷、平坦阶地和缓坡草地采食，活动范围次于马；猪则喜欢在水渠两旁、潮湿低洼草地拱食，活动范围较小)。

草食动物在采食策略中会对植物器官、大小和营养的差异做出行为反应。草食动物会选择采食一些质量好的，而避免质量差的、有毒的或有刺的植物。选择适口性好的和营养价值高的牧草有利于草食动物的生长和繁殖。对于饲草，家畜不仅要决定是否采食，而且要决定采食的地点(群落或斑块)、植物种类、采食的植物部位及采食的程度。

家畜的嗜食性、采食方式、采食范围等牧食习性和种类遗传、环境适应及体型、年龄等密切相关。例如山羊和马善跑，行动灵活，嗜食性强，采食范围广；绵羊和牛行动缓慢，嗜食性弱，采食范围小。

放牧家畜的行为，受季节、地形、气候、草地植被等因素的影响。有学者观察了成年母牛的放牧行为。在倾斜山地下部(坡度为 20°)，植被以芒草为主，中部(坡度为 30°)为芒草灌木混生，上部(坡度为 40°)为灌木区，在这个倾斜的山地设置放牧试验区(面积 1 hm^2)将 13 头具有放牧经验的母牛连续放牧 25 d，其行为表现为：牛群的一半首先在山地下部的缓坡处采食，随着可食牧草的消失，遂向山地中部、上部转移，但随着坡度加大及植被恶化，有 10 头牛停止了采食；有 3 头牛行动涉及整个放牧区。当可食牧草以及灌木的 1.2～1.4 m 以下的树叶皆无时，它们用角顶倒灌木采食 1.4 m 以上的树叶。直至放牧结束时，其营养状况没有下降。

通过观察放牧动物采食行为，了解放牧动物对各草地植物的喜食程度与放牧行为，可以对草地与家畜的管理、畜群配置、人工草地建立、草地系统能量平衡、避免草地过度放牧以及为草原保护方案的制定提供依据。

二、目的

学生通过学习放牧家畜的行为观测方法，掌握放牧家畜牧食习性、卧息、游走和反刍等放牧行为的规律。

三、实习步骤和方法

(一)人工观测法

1. 实验材料和用具

记录本、记录笔、样方框、望远镜、秒表、计数器、皮尺、放牧羊、放牧牛。

2. 实验步骤

(1)选取家畜经常放牧的试验地进行试验,或试验前放牧家畜在试验地进行预试训练。预试期一般要求6～10 d。

(2)在正式实验开始前一天,在试验地内用样方法测定草地牧草种类、株数和产草量。

(3)放牧采食行为观测。

①牧食习性　每4～5 h观察样方内被采食牧草种类、株数、留茬高度等。在一天放牧结束后,用牧前牧后差额法剪测各样方内剩余牧草的残茬,置于烘箱测定干物质量。观测结果记录表如表3-1-1所示。

表3-1-1　放牧家畜牧食习性观察

草原类型:＿＿＿＿＿植被成分:＿＿＿＿＿＿

地理位置:＿＿＿＿＿家畜种类:＿＿＿＿＿＿

时段	牧草名称	牧草株数		牧草产量		备注
		原有/株	被采食/株	牧前/(g/m^2)	牧后/(g/m^2)	
4:00—6:00						
8:00—10:00						
12:00—15:00						

②放牧行为　采用观察法,利用计数器、秒表和望远镜等跟群观测放牧羊、放牧牛的牧食行为,记录各种行为的时间和次数。

③采食与放牧路线测定　按试验地面积将试验地分成多个小方块,每块10 m×10 m,间隔5 min,按序记下各羊只所在的具体位置,并用线条跟踪划出各羊只的实际行走路线。

④跟群观测　对家畜标号,跟群观测。以4人组成一个观测组,其中2人为观察员,2人为测量员。一人喊口令:游走时喊“走”,采食时喊“吃”,停止游走、采食时喊“停”。另一人向测量人员指示目标并随时准备替换前者。两个测量员,一人兼记采食时间和距离,另一人兼记游走时间和距离。观测结果记录表如表3-1-2所示。

表3-1-2　家畜采食及游走距离测定表

第一次放牧					第二次放牧					第三次放牧					第四次放牧				
畜号	起	止	时间/s	距离/m	畜号	起	止	时间/s	距离/m	畜号	起	止	时间/s	距离/m	畜号	起	止	时间/s	距离/m

采食行为：记录每分钟放牧羊、放牧牛采食口数，计算采食速度，每小时测定 2 次（间隔 30 min 左右），每次测定延续 10 min；记录所有非食草行为的时间，然后用差减法求出采食时间。记录内容如表 3-1-3 所示。

表 3-1-3　家畜采食时间及采食口数记录

畜号	采　食				备注
	开始	结束	采食总时	采食口数	

注：游走时间和采食口数记于备注栏内。

反刍卧息行为：记录反刍时间和反刍次数及卧息（包括睡眠）的行为时间和次数。记录内容如表 3-1-4、表 3-1-5 所示。

表 3-1-4　家畜卧息时间记录

畜号	卧息			备注
	开始	结束	总时	

注：站立时间记入备注栏。

表 3-1-5　家畜反刍时间记录

畜号	反刍			备　注
	开始	结束	总时	

站立行为：记录非食草行为时的站立行为的时间和次数。

游走行为：记录非食草行为时的游走时间。

其他行为：包括饮水、排泄、争斗、搔痒、打喷嚏、啃食异物等异常行为，记录其次数和时间。

3. 结果

观察完毕后，将以上各表格的资料加以总结并记入表 3-1-6。

表 3-1-6　牧食行为分类统计

畜号	卧　息		反　刍		采　食		站　立		游　走	
	时间	占比/%	时间	占比/%	时间	占比/%	时间	占比/%	时间	占比/%

（二）智能观测法

1. 电脑监视系统

此方法由高清摄像机对放牧家畜行为进行记录，并连接电脑对家畜行为进行观察。此方法要求摄像机对光敏感度极高，一个放牧场地需配备多台摄像机保证放牧家畜不会离开摄像范围。

2. GPS 系统

此方法对放牧家畜配备 GPS 以观测放牧行为。根据 Putfarken 等研究结果：假设动物在 5 min 时间间隔内的游走距离≤6.0 m（相当于移动速度 0.07 km/h），认为动物是在休息或者反刍；当动物在 5 min 间隔内的游走距离大于 6.0 m 小于 100 m（相当于移动速度 0.07～1.19 km/h），认为动物是在采食；当游走距离>100.0 m 时（>1.19 km/h），认为动物是在游走或者奔跑。通过软件将放牧家畜的空间坐标加载到遥感影像中，得到放牧家畜空间分布格局。

智能放牧技术具体实验方法见实习十一智能化放牧设计。

四、重点和难点

1. 家畜游走路线的绘制。
2. 家畜牧食习性的测定和放牧习性的观测。

五、思考题

1. 同一种家畜在不同生长条件的草地上的放牧行为有哪些差异？
2. 全天放牧和限时放牧家畜的放牧行为有哪些差异？
3. 牛的放牧行为和羊的放牧行为有哪些差异？

六、参考文献

[1]任继周．草业科学研究方法[M]．北京：中国农业出版社，1998.

[2]汪诗平，李永宏，王艳芬．绵羊的采食行为与草场空间异质性关系[J]．生态学报，1999，19(3)：431-434.

[3] Putfarken D，Dengler J，Lehmann S，et al. Site use of grazing cattle and sheep in a large-scale pasture landscape：a GPS/GIS assessment [J]. Applied Animal Behaviour Science，2008，111(1)：54-67.

作者：王晓亚
单位：华南农业大学

实习二　放牧家畜采食量的估测

一、背景

放牧家畜的采食量是人们了解放牧系统动力学的关键之一。准确获取自由放牧家畜的采食量数据，才能预测家畜生产性能，并进行实际评价草地及科学有效地管理草地。放牧家畜采食量是指放牧家畜在 24 h 内采食牧草的数量，一方面，采食量直接反映了家畜从草地中获取牧草的数量，是评定家畜营养摄入的重要指标，也是影响家畜生产效率的重要因素；另一方面，采食量是评估放牧草地载畜量、合理组织草畜生产及科学有效管理草地的重要依据。因此，科学、准确、高效地测定放牧家畜采食量对深入了解草地-家畜互作、草地合理利用以及发展草地畜牧业均有重要意义。然而，估测放牧家畜的采食量一直以来是放牧管理学研究的挑战，因为目前的测定方法都有其自身固有的缺陷，例如，主观性大、误差较大、回收率影响等问题。在实际应用中，放牧家畜采食量变异较大，受到家畜、牧草、环境和放牧技术等诸多因素的影响。因此，在实践中要根据解决的实际问题，选择合适的方法估测放牧家畜采食量。下面主要介绍差额法、内外指示剂结合法和链烷法这三种常用的估测放牧家畜采食量的方法。

二、目的

通过本实习，需掌握估测放牧家畜采食量的原理和方法，评价三种采食量估测方法的利弊以及实际运用场景，同时，培养学生根据采食量估测结果制定放牧计划、评估放牧家畜营养摄入的能力。

三、实习内容与步骤

（一）差额法

1. 原理

差额法又称草地法或者双样方法，立足于牧草现存量的测定，属于直接测定放牧家畜采食量的方法。它是根据测定舍饲家畜采食量的原理而衍生的，即

$$采食量 = 供给量 - 剩余量$$

单位面积草地牧前、牧后牧草现存量之差即为放牧家畜的表观采食量。

2. 器材和设备

剪刀、样方框、围栏、扣笼、电子天平、烘箱、信封等。

3. 测定方法

(1)试验家畜的选择　从羊群中挑选性别和品种一致、体重和年龄相近的健康绵羊 18 只作为试验家畜，接下来进行编号、体内外驱虫、称量空腹重，以供使用。

(2)试验草地的选取与设置　选取植被分布均匀、地形平坦、草层高度适合放牧家畜采食的草地作为试验用地。放牧前将试验用地划分为 2 个大区:预试区和正式放牧区。每个大区内均匀划分成 3 个小区,作为 3 个重复。正式放牧小区的面积依据牧草现存量、正式放牧天数、放牧家畜数量和草地利用率确定。在正式放牧小区内,绵羊对牧草采食率高(70%以上,但应使绵羊饱食),牧后留茬高度均一,则估测结果准确。预试小区面积的确定与正式放牧小区相似,预试期一般为 5～10 d。

(3)预试放牧　将选取的 18 只绵羊随机分成 3 组,分别赶入预试小区,放牧 5～10 d,在此过程中,使绵羊习惯于小区放牧,保证试验绵羊正常的牧食行为。

(4)正式放牧　预试放牧结束后,将各组绵羊分别赶入正式放牧小区,绵羊每天放牧 10 h,饮水 1 次,夜间休息时赶回畜圈,注意出牧、归牧及饮水途中避免绵羊采食其他牧草和饲料。

(5)放牧前后牧草现存量测定

①正式放牧天数在 3 d 之内时　放牧前,每个正式放牧小区随机布置若干个样方,用剪刀齐地面收获样方内的牧草,测定出牧前草地牧草现存量;放牧结束后的下午,在牧前测定样方的附近设置样方,齐地面刈割样方内的牧草,测定出牧后草地牧草剩余量。以上在牧前、牧后收获的草样分别装入纸袋(或信封)中,放入 65 ℃烘箱中烘干至恒重,测定样方中牧草的干物质量。

②正式放牧天数超过 3 d 时　放牧前,除了要测定牧前草地牧草现存量(方法同①),还需在正式放牧小区设置若干个铁制扣笼;放牧结束后的下午,除了要测定出牧后草地牧草剩余量(方法同①),还需在扣笼内设置样方,齐地面刈割样方内的牧草,测定出牧后笼内牧草现存量。以上收获的草样按照①的方法测定样方中牧草的干物质量。

铁制扣笼的设置不仅要保证家畜无法采食到笼内牧草,还要保证笼内牧草的正常生长,扣笼的底面积一般为 1～4 m^2。取样面积的大小及样方的多少没有明确的规定,一般每个样方面积为 1 m^2,重复 5～10 次。取样面积大,重复次数多,样本的精确度就高,因此,在工作量允许的情况下应尽量增加重复数。取样方法建议用配对法,即测定牧后剩余量的样方设置在测定牧前现存量样方的附近。

4. 放牧绵羊采食量计算方法

当正式放牧天数在 3 d 之内时,单头绵羊的日采食量为:

$$I=(A-B)\times S/(D\cdot 6)$$

当正式放牧天数超过 3 d 时,单头绵羊的日采食量为:

$$I=(A-B)[(\log C-\log B)/(\log A-\log B)]\times S/(D\cdot 6)$$

式中:I 为单头绵羊采食量[kg/(头·天)];A 为牧前草地牧草现存量(kg/hm^2);B 为牧后草地牧草剩余量(kg/hm^2);C 为牧后笼内牧草现存量(kg/hm^2);S 为正式放牧小区面积(hm^2);D 为正式放牧天数(d)。

(二)内外指示剂结合法

1. 原理

此方法依据的基本原理是根据测定消化率的公式推导而得,已知:

$$牧草消化率(D)=[采食量(I)-排粪量(F)]/采食量(I)\times 100\%$$

则

$$采食量(I)=F/(1-D)$$

由上述得知，只要测得日排粪量(F)和牧草消化率(D)两组数据，即可推算出采食量。因此，该方法包含两个步骤：

(1)使用外源指示剂测定排粪量　测定排粪量最直接的方法是全收粪法，但该方法工作量大，还会干扰家畜的正常采食。现常用的测量方法是外源指示剂法，即定量投喂已知浓度的几乎不会被家畜消化吸收的指示剂(牧草中不含有该指示剂)，再从家畜所排泄的粪中取样分析，得到粪中相应指示剂的浓度，根据投喂量和粪中指示剂的浓度，估测全粪量。公式如下：

$$全粪重(g/d)=外源指示剂投喂量(mg/d)/粪便中外源指示剂的浓度(mg/g)$$

目前常用的外源指示剂为三氧化二铬和二氧化钛，两者回收率高且稳定，能够准确测定，通常将外源指示剂以胶囊的形式每天定量投喂给家畜 1～2 次。

(2)使用内源指示剂测定消化率　理想的内源指示剂存在于牧草中，随家畜采食牧草通过消化道时，不被消化吸收，而从粪便中全部排出(回收率应不低于 95%，不得超过 105%)，需根据内源指示剂在家畜所采食牧草及粪样中的浓度计算消化率。使用内源指示剂测定消化率，可避免复杂的离体或者活体测消化率的繁重工作量。

目前常用的内源指示剂是 4 mol/L 盐酸不溶灰分，分别通过测定家畜采食牧草和粪中 4 mol/L 盐酸不溶灰分含量(分别为 a 和 b)计算家畜采食牧草的消化率。公式如下：

$$消化率=(1-a/b)\times 100\%$$

采食牧草代表性样品的取得，最好选用食道瘘管采样；如果条件不允许，可以采用围栏放牧刈割方法采集。

此外，粪氮指数法也是常见的测定放牧家畜采食牧草消化率的方法，该方法的主要原理为家畜所采食牧草有机质消化率与粪中粗蛋白质(基于有机质含量)呈非线性正相关关系，主要表现在随着牧草有机质消化率的增加，粪中非饮食氮增加，而粪中未消化有机质降低。因此，通过直肠取样法获取粪样并测定该新鲜粪样中的粗蛋白含量，即可通过粪中粗蛋白含量(FCP，g/kg OM)计算家畜采食牧草的有机质消化率。公式如下：

$$有机质消化率(dOM)=\left[0.899-0.644\times \exp\frac{-0.5774\times FCP(g/kg\ OM)}{100}\right]\times 100\%$$

下面详细介绍使用外源指示剂二氧化钛测定家畜排粪量并利用粪氮作为内源指示剂测定放牧绵羊消化率，进而计算放牧绵羊采食量的方法。

2. 器材、试剂及设备

器材：自封袋、投药器、医用橡胶手套、铝盒、空心胶囊、坩埚、消煮管、高脚烧杯、滤纸、移液枪、比色皿、容量瓶、移液管、试剂瓶、干燥器。

设备：全自动凯氏定氮仪、消煮炉、马弗炉、加热板、分光光度计、烘箱、植物粉碎机、冰箱(－20 ℃)、电子天平。

试剂：蒸馏水、浓硫酸、高氯酸、浓硝酸、浓盐酸、硼酸、氢氧化钠、分析纯二氧化钛、五水硫酸铜、硫酸钾、硫酸铵、抗坏血酸、二安替比林甲烷、钛标准贮备液(1 g/L)。

3. 测定方法

(1)试验家畜的选择　从羊群中选取6～10只品种和性别一致、年龄和体重相近(个体空腹重差异不超过组内平均体重±10%)的健康绵羊作为试验家畜,接下来进行体内外驱虫、编号、做标记(一般为背部打油漆)、称量空腹重,以供使用。随后将选取的试验绵羊放回羊群、随大群放牧。

(2)投喂二氧化钛胶囊　每天清晨出牧前,将试验绵羊挑出,每只试验绵羊投喂装有2.500 g二氧化钛的胶囊,然后试验羊随羊群一起自由放牧。二氧化钛必须在万分之一的分析天平称准至2.500 g,且要无损失地装入胶囊,以保证排粪量估测的准确性。投喂时宜使用投药器将二氧化钛胶囊准确送至试验羊的食道,保证所喂胶囊完全进入试验羊胃内,防止二氧化钛损失。二氧化钛至少需要连续投喂10 d,其中前5 d为预试期,后5 d为取样期,其回收率可以认为是100%。

(3)粪样收集与处理　在取样期(即投喂胶囊的第7～11天),每天清晨采用直肠取样的方法获取粪样并立即放入−20 ℃的冰箱中冷冻。在最后一次采集羊粪样品后,分别将每只羊5天收获的羊粪样品等量混合。使用植物粉碎机将冷冻粪样粉碎,分成两份,一份在65 ℃烘箱内烘48 h至恒重,测定鲜样的含水量,烘干的羊粪需要再次粉碎并过1 mm筛,之后带回实验室测定羊粪中有机质和二氧化钛的含量;另一份羊粪仍保存于−20 ℃冰箱中,之后带回实验室测定鲜样的粗蛋白含量。

(4)烘干羊粪中二氧化钛含量测定　参照GB 5009.246—2016《食品中二氧化钛的测定》中的第二法"二安替比林甲烷分光光度法"对羊粪中的二氧化钛进行测定。

使用分析天平准确称取粪样0.5 g,精确至0.001 g,置于高脚烧杯中,向烧杯中注入5～10 mL的混合酸(体积比为1∶9的高氯酸与浓硝酸混合液),放置在加热板上,盖好表面皿,调整加热板温度保持微沸,水解至红棕色烟雾散尽、样品彻底消解且溶液澄清。待以上液体冷却,向烧杯中加入1 g硫酸铵和5 mL浓硫酸,煮沸至白色烟雾散尽溶液澄清后,取下冷却;将消解液有效成分完全转移至100 mL容量瓶中,使用蒸馏水仔细冲洗表面皿和烧杯壁,定容至容量瓶刻度线,充分混合。

使用移液枪移取5 mL待测样消解液,注入50 mL容量瓶中,向容量瓶中加入5 mL 2%抗坏血酸溶液,依次加入14 mL盐酸(蒸馏水与盐酸体积比为1∶1)、6 mL 5%二安替比林甲烷溶液(称取5 g二安替比林甲烷,用盐酸与蒸馏水体积比为1∶23的盐酸溶液溶解并稀释至100 mL),蒸馏水定容至刻度线,充分混合,静置40 min,上机比色,读取待测液在420 nm波长条件下的吸光值。

利用移液枪准确移取1 mL钛标准贮备液(1 g/L)于100 mL容量瓶中,使用2%硫酸(2 mL浓硫酸中加入98 mL蒸馏水)稀释定容至刻度线,摇匀,制成钛标准液。准确移取钛标准液0、0.5 mL、2.5 mL、5.0 mL、10.0 mL于50 mL的容量瓶中。向容量瓶中加入5 mL 2%抗坏血酸溶液,充分混合,依次加入14 mL盐酸溶液(蒸馏水与盐酸体积比为1∶1)、6 mL 5%二安替比林甲烷溶液,蒸馏水定容至刻度线,充分混合,静置40 min,上机比色。以上配置的标准工作液中钛的浓度依次为0、0.1 g/L、0.5 g/L、1.0 g/L、2.0 g/L。分别取以上待测液上分光光度计,在420 nm波长条件下读吸光值。以标准工作液的钛浓度为横坐标、对应的吸光值为纵坐标,制作钛含量与吸光度的标准曲线。

二氧化钛含量计算公式如下:

$$TiO_2 = \frac{Ti \times 100 \times 50 \times 1\ 000}{m \times 5 \times 1\ 000} \times 1.668\ 1$$

式中：TiO_2 为待测样中 TiO_2 含量（mg/kg）；Ti 为标准曲线得出的待测样中的钛浓度（μg/kg）；100 为待测样消解后定容的总体积（mL）；50 为显色后待测样定容的总体积（mL）；m 为称取待测样的质量（g）；5 为显色后移取待测样溶液的总体积（mL）。

（5）烘干羊粪有机质含量测定　参照 GB/T 6438—2007/ISO 5984：2002《饲料中粗灰分的测定》中的方法对羊粪中的粗灰分进行测定。

（6）新鲜羊粪粗蛋白含量测定　参照 GB/T 6432—2018《饲料中粗蛋白的测定—凯氏定氮法》中的方法对鲜羊粪中的粗蛋白进行测定。

4. 采食量计算

$$排粪量(FO,g\ DM/d) = \frac{二氧化钛投喂量(g/d)}{粪中二氧化钛含量(\%,绝干基础)}$$

$$有机质消化率(dOM) = \left[0.899 - 0.644 \times \exp\frac{-0.577\ 4 \times FCP(g/kg\ OM)}{100}\right] \times 100\%$$

$$有机质采食量(OMI,gOM/d) = \frac{FO(g\ OM/d)}{1 - dOM}$$

其中，DM（dry matter）为干物质；OM（organic matter）为有机质；FO（faecal output）为排粪量（g DM/d 或 g OM/d）；FCP（faecal crude protein）为粪便中粗蛋白含量（g/kgOM）；dOM（organic matter digestibility）为有机质消化率（%）；OMI（organic matter intake）为有机质采食量（g OM/d）。

（三）链烷法

1. 原理

链烷法是利用植物表皮蜡质层中普遍存在的饱和性碳氢化合物或称饱和链烷（n-alkanes）作为内源标记物来测定放牧家畜的食性和食量。在这些链烷中，偶数链烷含量低，奇数链烷含量高（尤以 C29、C31 和 C33 链烷含量为最高），家畜采食后不被吸收，在粪便中回收率高且相邻碳链的链烷回收率相近。通过给家畜投喂人工合成已知浓度的与奇数链烷相邻的偶数链烷（通常为 C32 链烷）胶囊，利用两者回收率相近的特点可以消除不完全回收的缺点，从而准确地测定放牧家畜采食量。链烷法研究从 20 世纪 80 年代末开始，目前正被广泛应用，是目前公认最准确的方法之一。它的优点主要集中在该技术可以测定个体家畜的采食，从而可以避免由于个体家畜体况或者不同生理阶段引起的采食差异。

2. 器材、试剂及设备

器材：投药器、医用橡胶手套、空心胶囊、耐热玻璃离心管、容量瓶、移液枪、移液管、试剂瓶、漏管。

试剂：蒸馏水、饱和链烷标准品、庚烷、硅胶、氢氧化钾、无水乙醇、氮气。

设备：气相色谱、烘箱、植物粉碎机、电子天平、离心机、水浴锅、氮吹仪。

3. 测定方法

（1）试验家畜的选择　从羊群中选取 6～10 只品种和性别一致、年龄和体重相近（个体空腹重差异不超过组内平均体重±10%)的健康绵羊作为试验家畜，接下来进行体内外驱虫、编号、做标记(一般为背部打油漆)、称量空腹重，以供使用。随后将选取的试验绵羊放回羊群、随大群放牧。

(2)饱和链烷外源指示剂的制备及投喂　分别准确称取高纯C32-链烷(Sigma公司，货号:D223107)标准品12 g、微晶纤维素12 g(Sigma公司，货号:310697)，放入烧杯中，加入一定量的庚烷(Sigma公司，货号:34873)溶液、不断搅拌使之溶解，之后自然蒸发，待溶液蒸干后，C32-链烷被均匀包被于纤维素颗粒之中，待溶液完全蒸发成粉末状后，准确称取C32-链烷与微晶纤维素混合物120 mg，装入空心胶囊中。

每天出牧前和归牧后，将试验绵羊挑出，每只试验绵羊每次投喂1粒装有外源C32-链烷的胶囊。投喂时宜使用投药器将胶囊准确送至试验羊的食道，保证所喂胶囊完全进入试验羊胃内，防止投喂损失。含有外源C32-链烷的胶囊至少需要连续投喂12 d，其中前6 d为预试期，后6 d为取样期。

(3)样品收集与处理　在取样期(即投喂胶囊的第8～13天)，每天早晨出牧前和归牧后使用直肠取样的方法获取粪样，随后放入65 ℃烘箱内烘48 h至恒重；待所有粪样烘干后，分别将同一只羊在6 d收获的粪样等量混合，粉碎并过0.42 mm标准筛，之后送回实验室常温保存，待测饱和链烷浓度。取样期每天放牧过程中，沿着绵羊采食路线，直接观察绵羊采食牧草的种类并采用人工模拟法采集代表性植物样品；收获后的植物样品置于65 ℃烘箱内烘48 h至恒重，粉碎并过0.42 mm标准筛，之后送回实验室常温保存，待测饱和链烷浓度。

(4)粪样和植物样品中饱和链烷的测定

①饱和链烷提取方法

a. 皂化　称取0.1 g粪样(草样0.2 g)装进耐热玻璃离心管中，加入1.5 mL(草样为2 mL)1 mol/L氢氧化钾醇溶液(氢氧化钾溶于无水乙醇)，再加入1 mL内标液(含有C22-链烷和C34-链烷，浓度均为0.02 mg/mL，溶剂为庚烷)。然后拧紧瓶盖，放入90 ℃烘箱中烘16 h(过夜)。

b. 萃取　待样品冷却后，向样品中加入1.4 mL庚烷(草样加2 mL)和0.6 mL蒸馏水，摇匀并置于50 ℃水浴锅中加热10 min。

c. 离心　将玻璃管置于离心机内，2 000 r/min离心5 min，离心后取上清液于新试管中并重新加入1.4 mL庚烷进行第2次萃取，再取上清液(重复步骤b和c)。

d. 过滤　称1.5 g硅胶装入漏管中制成过滤装置，向漏管中均匀地加入2 mL庚烷使硅胶达到饱和状态，然后将2次收集到的上清液过滤，再分别用1 mL、2 mL、1 mL的庚烷冲洗试管并加入漏管中(确保黄色部分没有流出漏管)，全部的过滤液用试管收集，这部分无色的液体为饱和链烷。然后用氮吹仪将试管内液体吹干，用保鲜膜将试管密封保存，待气相色谱分析。

e. 定容　向吹干的干燥物中加入0.5 mL庚烷，水浴摇匀使干燥物完全溶解，将溶液倒入气相色谱专用的进样瓶中封盖，上气谱分析。

②气相色谱配置及分析条件

a. 色谱配置

所用仪器为日本岛津GC-2010配毛细管分流进样系统，AOC-20i自动液体进样器，FID

(flame inoization detector)检测器，色谱柱为 TC-1 型毛细柱(30 m × 0.25 mm × 0.25 μm)。

b. 色谱条件

载气(氦气)速率 1.3 kg/cm²(约为 1.0 m/min)，分流比 55∶1，尾吹氮气 40 mL/min；燃气(氢气)为 0.5 kg/cm²(约为 30 mL/min)；柱温度设置为升温程序，起始温度 200 ℃，保持 0.5 min，以 20 ℃/min 线性程序升至 250 ℃，再以 10 ℃/min 升温至 300 ℃，以 6 ℃/min 升温到 324 ℃，然后以 3 ℃/min 从 324 ℃升温到 350 ℃，最后在 3 min 内从 350 ℃降温到 200 ℃。注射器和监测器温度都保持在 350 ℃，进样量为 1 μL。

③标准曲线　将 C20～C36-链烷标准品(Sigma 公司)溶于庚烷，配制成 5 个浓度水平 0.01 mg/mL、0.02 mg/mL、0.04 mg/mL、0.08 mg/mL、0.16 mg/mL 标准溶液。根据各个链烷指示剂的已知浓度与其相应气谱面积计算出它们的反应值，然后用线性回归模型建立标准曲线。

4. 采食量计算

$$\text{采食量} = \frac{(F_i/F_j \times D_j)}{H_i - F_i/F_j \times H_j}$$

式中：H_i 和 F_i 为采食牧草和粪中奇数链烷(一般为 C31-链烷)的含量；H_j 和 F_j 为采食牧草和粪中与奇数链烷相邻偶数链烷(C32-链烷)的含量；D_j 为每日投喂偶数链烷(C32-链烷)的含量。

四、重点和难点

本节重点在于掌握测定放牧家畜采食量的原理及步骤，难点在于分析三种采食量估测方法的利弊、应用场景及误差来源。

五、思考题

1. 三种估测放牧家畜采食量方法的利弊各有哪些？如何选择适宜的估测方法？
2. 各估测放牧家畜采食量方法的误差来源有哪些？实际操作中如何规避这些误差？

六、参考文献

[1]陈文青，张英俊．天然羊草草地绵羊采食的季节变化[J]．草业科学，2013，30(2)：266-273.

[2]毛培胜．草地学实验与实习指导[M]．北京：中国农业出版社，2019.

[3]任继周．草业科学研究方法[M]．北京：中国农业出版社，1998.

[4]王少龙，陈志敏，刘国华，等．二安替比林甲烷比色法测定家禽饲料和粪便中二氧化钛含量[J]．现代畜牧兽医，2021(8)：9-12.

[5]张晓庆．限时放牧加补饲对羔羊采食行为与产肉性能的影响机制[D]．北京：中国农业大学，2013.

[6]张英俊，黄顶．草地管理学[M]．2 版．北京：中国农业大学出版社，2019.

[7]Müller K，Dickhoefer U，Lin L，et al. Impact of grazing intensity on herbage quality,

feed intake and live weight gain of sheep grazing on the steppe of Inner Mongolia[J]. The Journal of Agricultural Science,2014,152(1):153-165.

[8]Glindemann T, Tas B M, Wang C, et al. Evaluation of titanium dioxide as an inert marker for estimating faecal excretion in grazing sheep[J]. Animal Feed Science and Technology,2009,152(3):186-197.

[9]Wang C J,Tas B M,Glindemann T,et al. Fecal crude protein content as an estimate for the digestibility of forage in grazing sheep[J]. Animal Feedscience & Technology,2009,149(3-4):199-208.

作者:张英俊　刘楠　张浩
单位:中国农业大学

实习三　草地载畜量计算

一、背景

载畜量(carrying capacity)是指一定的草地面积，在一定的利用时间内，所承载饲养家畜的头数。载畜量有三种表示方法：家畜单位法、时间单位法和草地单位法。载畜量指标法将评定草地生产能力，从牧草和可利用营养物质产量的植物性生产引入动物性生产。因此，它更接近于草地生产力的含义，有效地表示草地的真正生产能力。草地载畜量有两方面的应用价值：一是为适度利用草地资源提供一个基本的技术参数；二是作为放牧草地是否利用适度的评判标准，并反映放牧草地是否"超载"。载畜率(stocking rate)则是特定时期内一定草地面积上实际放牧的家畜数量，它是指草地上家畜数量的实测值。载畜量即生态意义上的环境容纳量K值，当实际的载畜率大于载畜量时，草地出现过度利用状况，随之会发生草地退化。

二、目的

熟悉载畜率和载畜量的区别，掌握草地载畜量和草地实际载畜率计算方法。

三、实习内容与步骤

(一)仪器设备与材料

罗盘仪、海拔仪、钢卷尺、小秤、剪刀、样方框、布草袋、计数器、写生板、测绳。

(二)测定内容与步骤

1. 载畜量的测定

在用家畜单位评定草地生产能力时，需将各种家畜折算成一种标准家畜，以便进行统计学处理。我国的标准家畜采用羊单位，其含义是1只体重50 kg的并哺半岁以内单羔，日消耗1.8 kg标准干草的成年母绵羊，或与此相当的其他家畜为一个标准羊单位，简称羊单位。标准干草是指达到最高月产量时，收割的以禾本科牧草为主的温性草原草地或山地草甸草地之含水量约14%的干草。

载畜量计算公式：

$$\text{载畜量(标准羊单位)}=\frac{\text{草场产草量(kg)}\times\text{适宜利用率(\%)}}{1.8[\text{kg/(标准羊单位}\cdot\text{d)}]\times\text{利用天数(d)}}$$

(1)产草量的测算　采用样方法测定单位面积产草量。依据草场面积大小和植被均匀度，选取具有代表性、面积为1 m^2 的样方数十至数百个。齐地面刈割样方内牧草，称量鲜重。同时取具有代表性、鲜重为0.2 kg左右的草样数至数十个，室内自然风干，称量风干重。依据上述测定数据即可计算草场产草量，计算公式为：

风干率＝草样风干重(kg)/草样鲜重(kg)×100％

单位面积草场产草量(kg/hm^2)＝样方鲜草产量平均值(kg/m^2)×风干率(％)×10 000(m^2/hm^2)

草场产草量(kg)＝单位面积草场产草量(kg/hm^2)×草场面积(hm^2)

(2)适宜利用率的确定　通过家庭牧场入户调查完成当地草原的载畜率测定。草场牧草利用率不可过高，否则不仅将导致牧草生命活力减弱，而且导致土表裸露，加剧草场的风蚀和水蚀(表 3-3-1)。

表 3-3-1　不同类型草地不同季节利用的放牧适宜利用率　　％

草地类型	暖季	春秋	冷季	全年
低地草甸	50～55	40～50	60～70	50～55
温性山地草甸、高寒沼泽化草甸	55～60	40～45	60～70	55～60
高寒草甸	55～65	40～45	60～70	50～55
温性草甸草原	50～60	30～40	60～70	50～55
温性草甸草原、高寒草甸草原	45～50	30～35	55～65	45～50
温性荒漠草原、高寒草原	40～45	25～30	50～60	40～45
高寒荒漠草原	35～40	25～30	45～55	35～40
沙地草原	20～30	15～25	20～30	20～30
温性荒漠、温性草原化荒漠	30～35	15～20	40～45	30～35
沙地荒漠	15～20	10～15	20～30	15～20
高寒荒漠	0～5	0	0	0～5
暖性草丛、暖性灌草丛	50～60	45～55	60～70	50～60
热性草丛、热性灌草丛	55～65	50～60	65～75	55～65
沼泽	20～30	15～25	40～45	25～30

载畜量要以可利用的牧草产量为基础进行计算，在具体计算时，应注意以下几点。

①从草地上剪下来的牧草，并不是全部为家畜可以利用，在计算时只能用被家畜利用的部分。利用率可以用刈割法来测定。

②一般草地都是划分为季节放牧地来利用的，因此，应按各季节放牧地的实际放牧时间和实际可利用的产量来计算各季节放牧地的载畜量。这样我们计算的载畜量，才具有实际的生产意义。因为，在牧区，一般是冬春草地不足，夏秋草地牧草有余，但夏秋草地上多余的牧草，由于各种条件的限制，并不能留作冬春利用。因而，冬春草地的载畜量实际上是限制总载畜量的关键所在。

③进行载畜量的测定时，放牧家畜的载畜量最好能进行实际试验，求得一个较为实际而又可靠的数据。如果没有条件做较为精确的试验，可以在舍饲采食量的基础上再加 20％～30％的量作为放牧采食量。

2. 草地载畜量的其他估测法

(1)可利用营养物质估测法　这种估测法的原理与前一种相似，但计算中应用了家畜营养学的原理和规定。

(2)间接估测法　通过与形成草地牧草产量相关的一些因素做出产量估测的一种方法。

①潜在生产能力　系指与牧草产量相关的诸因素，处于最佳状态下能够达到的产量。由于光合作用是牧草形成产量的基础，因此草地第一性生产能力受着光能转化效率的制约，其产量取决于光能利用效率的高低。于是，草地的潜在生产能力若在土地、生物和生产因素俱佳的状态下，根据光热资源的多少及群体转化效率进行估测。其表达式如下：

$$y = 0.154Q[g/(m^2 \cdot d)] \text{ 或 } y = 1.54Q[kg/(h \cdot d)]$$

式中：y 为牧草植物学产量；Q 为每日太阳总辐射(cal/cm^2)。

上式表示某地理论上的最大生产能力，在实际生产中是难以达到的，只是研究在一定条件下草地生产能力的基础和奋斗目标。

②迈阿密模型(Miami Model)　根据植物生产能力在陆地上首先受温度和有效水分的制约，由此考虑到如能把这些因子与植物生产之间建立起有效的相关关系，就可以利用气象资料比较方便地估算生产力水平。该模型形式是：

$$y = \frac{3\ 000}{1 + e^{1.315 - 0.119t}} \tag{1}$$

$$y = 3\ 000(1 - e^{-0.000\ 664p}) \tag{2}$$

式中：y 为植物生产量$[g/(m^2 \cdot 年)]$；t 为年平均温度(℃)；p 为年降水量(mm)；e 为自然对数的底。

使用上述两式计算同一地点的资料会出现不同的数值。根据 Liebig 定律：最小量因子制约生产力水平，因此，选用两个生产力数值中的低值，即选用有对该地生产形成最大限制的那一因子的公式进行估测。

③桑斯维持纪念模型　是通过蒸发量模拟陆地植物产量的一种方法，也是把蒸发量和植物生产量这两个参数结合在一起的唯一途径。该模型形式为：

$$P = 3\ 000[1 - e^{0.000\ 969\ 5(E-20)}]$$

式中：P 为植物生产量$[g/(m^2 \cdot 年)]$；E 为年实际蒸发(散)量(mm)；e 为自然对数的底。

④格斯纳-里斯模型　是根据植物产量与生长期之间的相关关系推测产量的一种方法。该模型为一直线回归方程；

$$p = -157 + 5.17S$$

式中：p 为植物生产量$[g/(m^2 \cdot 年)，干物质]$；S 为光合作用季节的日数。

以上四个估测模型用于求算大区域内综合的植物生产量(即净初级生产量)。若在实践中对调查地区的草地植物的初始生产能力做出估测，仅此还不够，需根据可食牧草部分(G_e)在总植物量(P_t)中所占比例进行校正：

$$f = \frac{G_e}{P_t} \times 100$$

式中：f 为校正系数。

（三）结果记录

表 3-3-2 草地载畜量记录表

样地号	风干率	草场面积	草场产草量	适宜利用率	载畜量

四、重点和难点

重点：计算载畜量的主要考虑因素的筛选；载畜量和载畜率的区别。

难点：草地载畜量的计算；不同草地适宜利用率的确定。

五、实例

已知荒漠草原地区天然草地生产力为 320 kg/(hm^2 · 年)，某一牧户拥有草地面积 500 hm^2，当地适宜的草地利用率为 30%，半年放牧(180 d)情况下，问：可放牧体重 50 kg 的绵羊多少只？

可利用牧草计算：

$$320 \times 0.3 \times 500 = 48\ 000(\text{kg})$$

家畜需求量计算：

$$\text{家畜日食量} \times \text{放牧时间} = 1.8 \times 180 = 324\ \text{kg/(只·年)}$$

载畜量：

$$\text{供应量} / \text{需求量} = \frac{48\ 000\ \text{kg}}{324\ \text{kg/(只·年)}} = 148\ \text{只} / \text{年}$$

六、思考题

当草地具有较大坡度或放牧区域内无饮水条件时，如何确定草地的合理载畜量？

七、参考文献

[1]李青丰．草畜平衡管理系列研究(2)——对现行草地载畜量计算方法的剖析和评价[J]. 草业科学，2011，28(11)：2042-2045.

[2]金晓明，韩国栋．贝加尔针茅草地基况评价及载畜量估算[J]. 东北师大学报(自然科学版)，2010，42(1)：117-122.

[3]王忠武．载畜率对短花针茅荒漠草原生态系统稳定性的影响[D]. 呼和浩特:内蒙古农业大学,2009.

[4]内蒙古农牧学院．草原管理学[M]. 2版．北京:中国农业出版社,1999.

作者:王忠武　李治国　王静　王成杰　韩国栋

单位:内蒙古农业大学

实习四　放牧家畜畜群结构调整调查

一、背景

家畜是草地实现经济动能的载体，是草地畜牧业生产体系的主体，间接反映着人类活动与草地生态系统的互动关系。调整放牧家畜畜群结构能够提高放牧家畜的畜群生产力及促进地区的畜牧经济发展，减少草地资源的浪费，有利于天然草地的可持续利用。也可以为政府在该地区保护与发展的决策定位过程提供必要的理论依据。当草场产草量与载畜量无法提高时，只有通过优化畜群结构才能够达到经济效益和牧民收入的提高。

从草地管理学的角度，草地资源可以通过科学管理实现优化利用。畜牧业发达国家依旧重视利用草地和家畜放牧来获得人们必需的各种畜产品。例如，在英国冬季舍饲的畜牧业系统中，家畜营养的70%～75%来源于放牧利用的草地；在新西兰，家畜营养的90%以上来自放牧饲草。这为我国草地资源丰富的地区如内蒙古、青海等地区畜牧业的发展提供了可以借鉴的经验和技术。

畜群结构是由不同性别、年龄的同类或不同家畜按照一定比例组成的综合体。畜群结构在国内一般分为三个层次：一是不同畜种的组合；二是同一畜种不同组分的组合；三是同一畜种基础母畜不同年龄组的组合。合理的畜群结构就是在保证畜群再生产和扩大再生产正常周转的同时，既取得最大的经济效益也能够保证天然草地的健康水平。

二、目的

通过实地实习，了解天然草地利用地区主要放牧家畜的畜群特征、畜牧管理方式及出栏管理指标，掌握以草畜动态平衡为基础的畜群结构优化分析方法。

三、实习内容与步骤

（一）材料

以天然放牧为主的家庭牧场，有关面积、植被组成、产量、利用时间和方式等数据资料。

（二）仪器设备

装有统计软件的计算机、纸、笔、记录表。

（三）测定内容

（1）草地载畜量　指平均每单位草地牧场面积牧饲的牲畜头数，是衡量草场生产能力的指标。畜群结构调整是在草畜平衡的基础上进行的草场管理优化。

（2）畜群结构管理优化的相关因素　牧户家庭成员受教育的程度、主要从事畜牧业人员的性别和年龄等家庭情况及牧户主要放牧家畜的畜群特征、出栏率、繁殖率等养殖情况。

(四)操作步骤

1. 计算草地载畜量、母畜繁殖率、出栏率

草地载畜量=(亩或公顷产草量×可利用率)/(牲畜日食草量×放牧天数)

母畜繁殖率=本年内出生仔畜数/本年初能繁殖母畜数×100%

出栏率=年出栏数/存栏数×100%

2. 通过入户走访的形式对与牧户有关的家畜生产经营现状填写调查问卷

(1)牧户基本信息采集　对当地牧户进行采访调研，记录包括家庭受教育程度、家畜数量、家畜种类、草场面积、草地生产力方面的情况(表3-4-1)。对牧民进行采访应注意提问方式，提前了解并尊重当地风俗。

表3-4-1　牧户基本情况表

牧户	受教育程度	家畜数量/只	家畜种类/种	草场面积/hm^2	草地生产力/(g/m^2)	年收入/元

(2)以调查问卷或者试验示范的形式得到生产日历，绘制生产节律表(表3-4-2)，有助于了解家畜生产过程。

表3-4-2　生产节律表

生产节律	配种	产羔	剪毛	断奶	出栏	补饲
时间						

(3)以调查问卷或者跟踪监测的方式记录各类家畜成分，填写畜群结构表(表3-4-3)，作为后续模型数据。

表3-4-3　畜群结构表

羊群结构	家畜品种		家畜品种	
	头数	百分比/%	头数	百分比/%
适龄母畜				
适龄种公畜				
后备母畜				
后备种公畜				
当年出售和淘汰牲畜				
当年出生并存活预留后备母畜				
当年出生并存活预留后备公畜				
当年出生并存活作为商品畜				
当年出生并存活作为其他用途畜				
当年存栏数/(头，只)				

3. 优化模型

建立模型的方法可以使我们对天然草原放牧强度进行合理规划，使得经济效益和生态保护效益达到最佳结合。

(1)优化畜群结构模型　将牲畜群分为 n 类(x_i 表示第 i 类牲畜的数量，c_i 为该类出售时的价格)。以此建立效益函数为：

$$f=\sum_{i=1}^{n}c_i x_i$$

而各类牲畜数量之间会出现相互制约，这些制约主要包括：将各类牲畜折合成标准牲畜单位时受到饲料总量、人力和场所的限制；牲畜要保持协调稳定，各年龄段牲畜数必须满足一定条件；当年出生并存活的幼畜分配合理；生产技术、畜产品优势与市场需求等因素条件。将这些条件与效益函数结合起来就形成了一般的畜群结构线性优化模型：$\max f$，其中 x_i 满足约束条件

$$\sum_{i=1}^{n}a_{ij}x_i \leqslant b_j \quad (1<j<m)$$

式中：a_{ij} 为第 i 类牲畜在限制条件 b_j 下的权重系数。例如，在牲畜饲料限制条件下，b_j 为可提供的总饲料量，而 a_{ij} 为第 i 类牲畜消耗饲料的相对比例。该模型不仅可以对单种畜群进行种内结构优化，(例如使某牧场牦牛的生产畜、后备畜和商品畜比例优化，从而达到最佳经济收入，)而且可对多种畜群进行种间结构优化。

(2)草畜平衡多目标优化模型

①草畜平衡监测模型　在不考虑补饲且全年放牧的情况下，根据天然草地适宜载畜量上限，研究区某一区域内的草畜平衡监测模型可以表示为：

$$G_S=Z_r-Z_a^*$$

$$C_S=G_S/Z_a^* \times 100\%$$

式中：G_S 为某一区域内现有天然草地的载畜能力与当地现有牲畜数量(标准羊单位)之差；Z_r 为某一区域内实际饲养的牲畜数量(标准羊单位)，可根据统计年鉴及牲畜年末存栏头数折算，本项研究中牛和骡子的折算系数为 5.0，马为 6.0，山羊为 0.8，绵羊为 1.0；Z_a^* 为某一区域内天然草地的适宜载畜量上限值；G_S 为某一区域内现有天然草地的牲畜超载率(%)，其值为正时表示牲畜超载，为负时表示欠载。在考虑补饲的情况下，区域内的载畜能力为天然草地和来自农业等其他补饲的总承载能力，草畜平衡监测模型可写为

$$G_S^*=Z_r-(Z_a^*+Z_b)$$

$$C_S^*=G_S^*(Z_a^*/Z_b \times 100\%)$$

$$Z_b=r_1+r_2+r_3+r_4$$

式中：G_S^* 为现有天然草地以及考虑补饲情况后的某一区域的载畜能力与当地现有牲畜数量(标准羊单位)之差；C_S^* 为该区域的牲畜超载率(%)，结果为正时表明牲畜超载，为负时表明欠载；Z_r 和 Z_a^* 的意义与不考虑补饲情况中的公式相同；Z_b 为来自农业等补饲的牲畜承载量，包括本地的精饲料承载牲畜量 r_1、粗饲料承载量 r_2、青饲料承载量 r_3 及外购精饲料承载

量 r_4。其中 r_1、r_2 可根据该区域种植的各种作物的产量进行折算。

②建立牧区草地生产力最大化目标函数　该目标可以分解为牲畜净增率(F_1)、总增率(F_2)、出栏率(F_3)、商品率(F_4)和繁成率(F_5)最大化,以及死亡及其他减少率(F_6)最小化 6 个子目标如下:

$$\mathrm{Max}F_1=\frac{\sum_{v=1}^{5}(x_{8v}-x_{1v})}{\sum_{v=1}^{5}x_{1v}}\times 100\%$$

$$\mathrm{Max}F_2=\frac{\sum_{v=1}^{5}(x_{8v}-x_{1v}+x_{3v}+x_{4v}-x_{7v})}{\sum_{v=1}^{5}x_{1v}}\times 100\%$$

$$\mathrm{Max}F_3=\frac{\sum_{v=1}^{5}(x_{4v}+x_{3v})}{\sum_{v=1}^{5}x_{1v}}\times 100\%$$

$$\mathrm{Max}F_4=\frac{\sum_{v=1}^{5}x_{3v}}{\sum_{v=1}^{5}x_{1v}}\times 100\%$$

$$\mathrm{Max}F_5=\frac{\sum_{v=1}^{5}(x_{6v}-x_{9v})}{\sum_{v=1}^{5}x_{2v}}\times 100\%$$

$$\mathrm{Max}F_6=\frac{\sum_{v=1}^{5}x_{5v}}{\sum_{v=1}^{5}x_{1v}}\times 100\%$$

式中:$v=1\sim5$,分别代表绵羊、山羊、牛、马和骡;x_{1v}、x_{2v}、x_{3v}、x_{4v}、x_{5v}、x_{6v}、x_{7v}、x_{8v} 和 x_{9v} 分别代表年初存栏、年初适龄母畜、年内商品畜、年内自食、年内死亡及其他减少、年内产仔、年内购入、年末存栏和年内产仔死亡(头,只)。由于骡子本身的生理特点,因此对应的年初适龄母畜和年内产仔变量值设为 0。

③设立牧区草畜平衡约束　依据草畜平衡理论,实现牧区草畜平衡的约束条件可用下式表示:

$$\sum_{v=1}^{5}(k_v\times x_{8v})\leqslant Z_a^*+r_1+r_2+r_3+r_4$$

式中:x_{81}、x_{82}、x_{83}、x_{84}、x_{85} 分别为规划期研究区山羊、绵羊、牛、马和骡子合理的年末存栏数;k_1、k_2、k_3、k_4 和 k_5 分别为山羊、绵羊、牛、马和骡子的标准羊单位折算系数;Z_a^* 表示研究区天然草地总的适宜载畜量上限;r_1、r_2、r_3 和 r_4 分别为当地出产的精饲料、粗饲料、青饲料及外购精饲料载畜量,可通过牧区社会经济调查及统计年鉴推算。

（五）结果记录

（1）数据汇总　将入户调查的内容进行汇总，计算载畜量、母畜繁殖率和出栏率。根据调查的内容，选定相符的约束条件建立畜群结构优化模型。

（2）总结报告　每组汇总，利用畜群结构模型分别对当地牧户生产方式的生态以及经济效益进行评价，若不合理则做出畜群结构调整。

四、重点和难点

1. 重点

畜群结构的调整兼顾经济效益和生态效益。清楚畜群结构的特征，树立通过畜群结构的调整达到可持续利用草场的理念是本实习的重点。

2. 难点

畜群结构的优化管理涉及草畜及社会经济统计资料和多目标规划的平衡。建立模型时各类约束条件的筛选以及范围的确定是本实习的难点。

五、实例

对甘南藏族自治州玛曲县木西合乡养羊业畜群结构调查实习，根据玛曲县畜牧业区划及当地调查，建立下列的线性优化模型：

$$\max f = 84x_1 + 35x_2 + ax_3 \quad (x_i > 0)$$

$$\text{满足}\begin{cases}1.9x_1 + 0.17x_2 + 0.35x_3 \leqslant 20\ 000\\0.64x_1 - x_2 - x_3 \geqslant 0\end{cases}$$

式中：x_1 为适龄母畜数；x_2 为适龄种公畜数；x_3 为当年出生并存活幼畜年末出栏数；a 为幼畜出栏价格。根据调查，分别取 a 在 40 元到 50 元之间，通过分析，发现模拟结果显出两种最优结构，引发这种结构突变的原因是幼畜出栏价格的微小变动，当幼畜价格小于 44.5 元时应采取适龄母畜 9 956 头、适龄种公畜 6 372 头，而且年底幼畜不出栏。当幼畜价格刚刚大于 44.5 元时，该结构发生重大变化，应采取适龄母畜 9 416 头，幼畜出栏 6 026 头，而适龄种公畜不出售。该结果表明，幼畜价格将对最优畜群结构产生剧烈影响，两种优化结构的分水岭为幼畜价格 44.5 元。根据调查，幼畜价格恰好在 45 元左右浮动，该结果也表明畜群结构对牧民乃至地区经济收入和生活水平的强烈影响。只有按照市场价格及时调整畜群结构，才能使经济效益稳定发展。由此可见在资源总量和环境保护的压力下，畜群优化结构对达到最大经济效益有重要影响。

六、思考题

1. 畜群结构调整中应遵循怎样的结构比例？
2. 如何看待草地保护与家畜生产之间的关系？
3. 在畜群结构调整过程中，需要考虑哪些方面的因素？你认为各因素间的权重如何衡量？

七、参考文献

[1]陈晓霞,孙飞达,石福孙,等. 川西北4个典型牧业县畜群结构优化管理及其影响因素分析[J]. 草业科学,2019,36(9):2404-2412.

[2]梁天刚,冯琦胜,夏文韬,等. 甘南牧区草畜平衡优化方案与管理决策[J]. 生态学报,2011,31(4):1111-1123.

[3]李江文,王静,李治国,等. 内蒙古草甸草原家庭牧场模型模拟研究[J]. 生态环境学报,2016,25(7):1146-1153.

[4]李聚才,施安,张俊丽. 肉用绵羊舍饲最佳畜群结构优化方案的选择[J]. 畜牧与兽医,2021,53(2):38-42.

[5]哈洁,李治国,韩国栋. 基于家畜生产优化管理模型的家庭牧场可持续发展研究[J]. 畜牧与饲料科学,2021,42(1):83-90.

[6]雷桂林,孔敏庭,陈秀武. 畜群结构与效益的研究[J]. 草业学报,2004,13(1):105-108.

[7]周俗,唐川江,张新跃. 四川省草原生态的主要问题及治理对策[J]. 草业科学,2004,21(12):28-32.

[8]林慧龙,徐震,王金山. 环县典型草原滩羊夏季放牧践踏模拟同质性试验[J]. 中国草地学报,2008,30(3):22-27.

[9]岳东霞,惠苍. 高寒草地生态经济系统价值流、畜群结构、最优控制管理及可持续发展[J]. 西北植物学报,2004,24(3):437-442.

作者:张英俊　拉毛切卓　黄顶
单位:中国农业大学

实习五　放牧家畜生长性能测定

一、背景

放牧是草地利用的重要方式，由于我国草地面积有限；草地生产力低，饲草料生产有限；草地退化现象加剧；人为破坏现象不断出现：导致草地资源有限，其中家畜采食、踩踏等行为对草地影响巨大，所以测定放牧家畜生长性能对草地健康评价有重要意义。

二、目的

通过学习放牧家畜生长性能测定为保持和提高放牧家畜生产性能奠定基础。

三、实习内容与步骤

（一）测定内容与步骤

1. 家畜保留

（1）确定高生产性能家畜　每年产1个羔子的母畜，需要保留；产双羔的需要保留；羔羊成活率高的需要保留；母性好的需要保留。

根据调查数据，在内蒙古区域内产羔率是98%，死亡率是5%～8%，双羔率是3%～5%。

（2）生产肉、奶、毛、绒等产品　保留饲料利用率高的家畜；保留饲料回报率高的家畜；保留单位时间内体增重多的家畜。

（3）高生产性能家畜的优良基因会遗传到后代，这将会对整个畜群起到积极作用。

2. 家畜删减

（1）牙齿磨损或脱落（图3-5-1），将牙齿脱落或磨损严重的家畜删减掉。

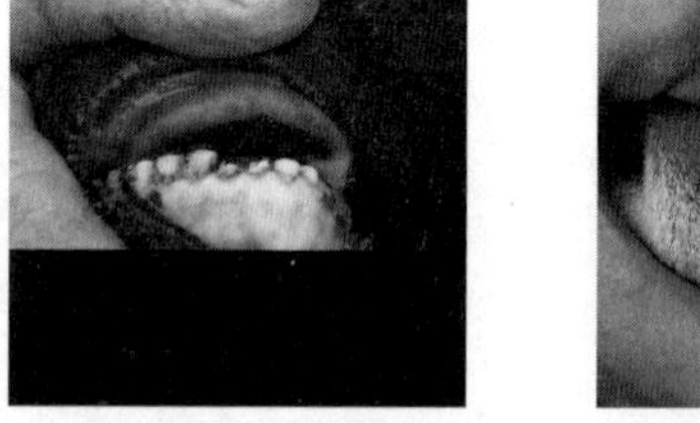
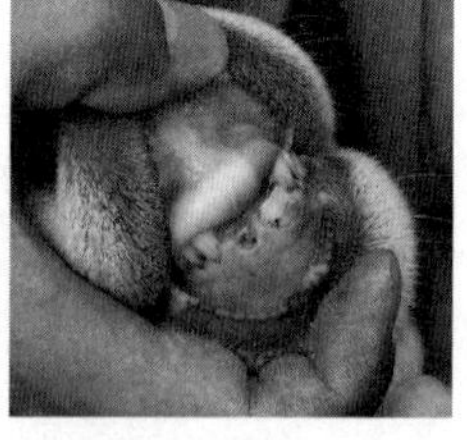

图3-5-1　家畜牙齿脱落或磨损状况

（2）确定家畜年龄，对比不同年龄家畜的牙齿状况（图3-5-2），删减掉年龄过大，体况较差的家畜。

（3）蹄子、下巴、肩、眼睛等存在问题。通过对家畜的腿、蹄子、下巴、肩膀等基本状况的评判，进行打分（图3-5-3至图3-5-5），删减掉分值较高的家畜。

（4）睾丸或者乳房存在问题。雄性家畜睾丸存在问题，直接影响母羊受孕率，同时还会传播疾病，如附睾炎，传播布氏杆菌病。母畜乳房存在问题，将直接影响羔羊生长，如乳腺炎。

（5）低水平的或没有生殖能力。经常性地不能抚育后代的家畜（项目数据），生产肉/奶/羊毛/羊绒的数量少或品质差，生产周期长和较低的生产效率。

通过绵羊的牙齿估测其年龄

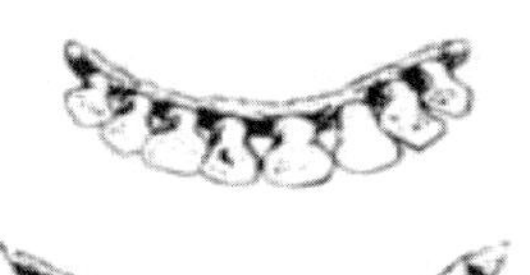

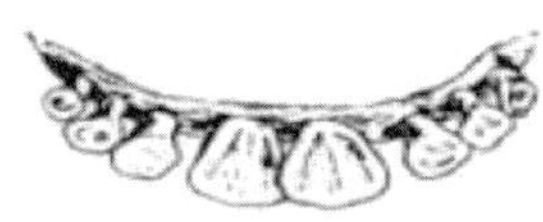

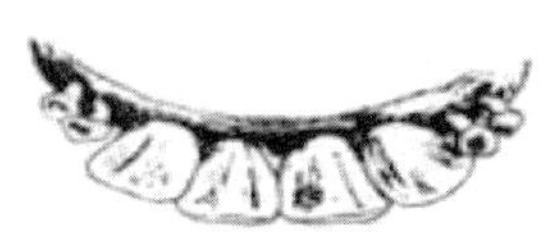
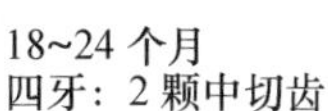

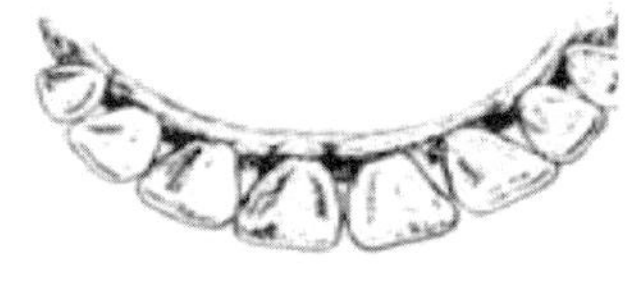

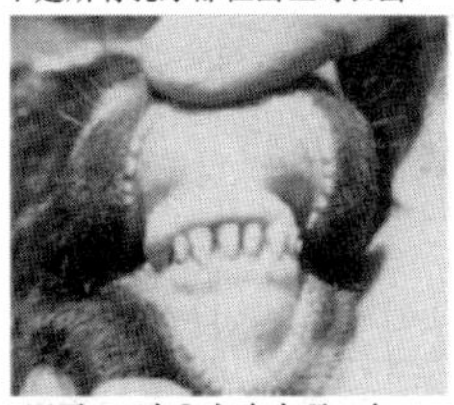

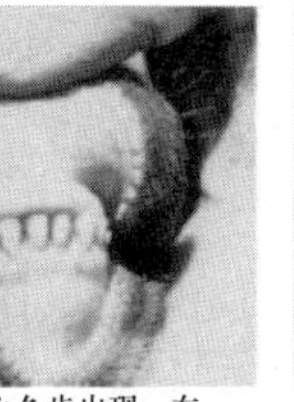

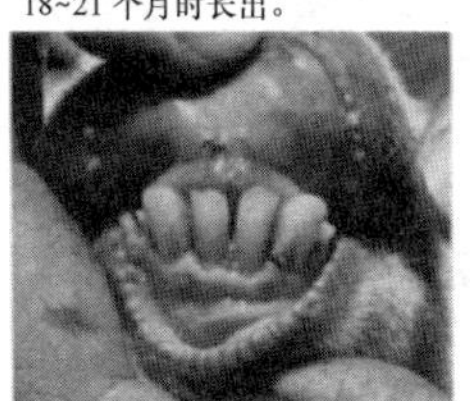

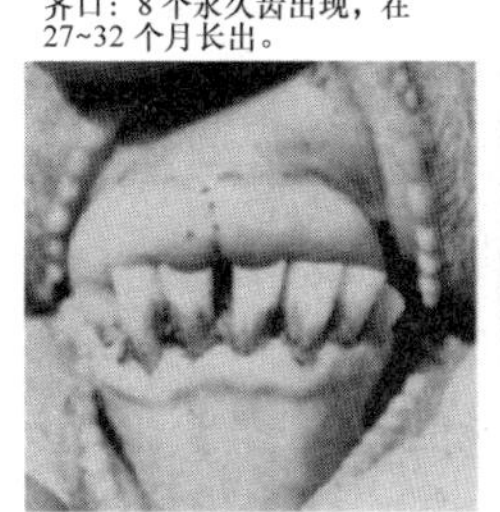

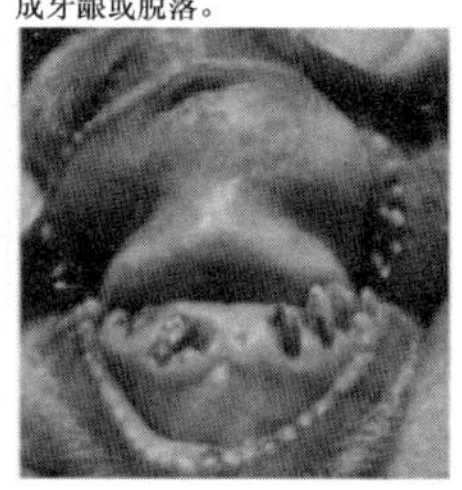

图 3-5-2　家畜年龄及对应牙齿状况

分值 1： 非常好。上下腭线呈方形，刚好包住牙齿	分值 3： 一般。下巴向里或向外略有突出；上嘴唇比下嘴唇略长或略短。	分值 5： 非常不好。下巴向里或向外有较大突出；上嘴唇比下嘴唇长或短很多。

图 3-5-3　家畜下巴基本状况

(6)超过 1 岁的羯羊，饲喂的成本与廉价出售得到的收益相当，不能继续饲喂到第二个冬季。

(7)根据体况评分标准进行判断(表 3-5-1，图 3-5-6 和图 3-5-7)，体况较差、存在健康问题或饲料转化率低的家畜，必须要确定这种很差的状况不是由于养育后代造成的。

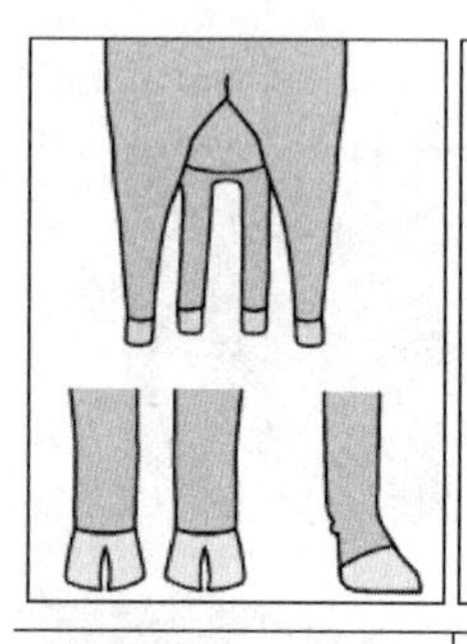
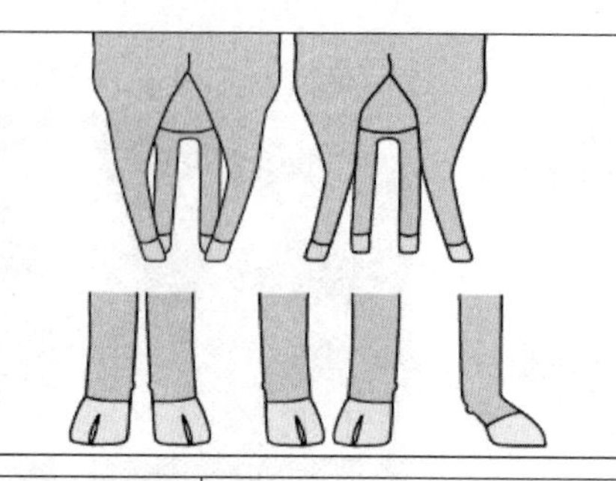
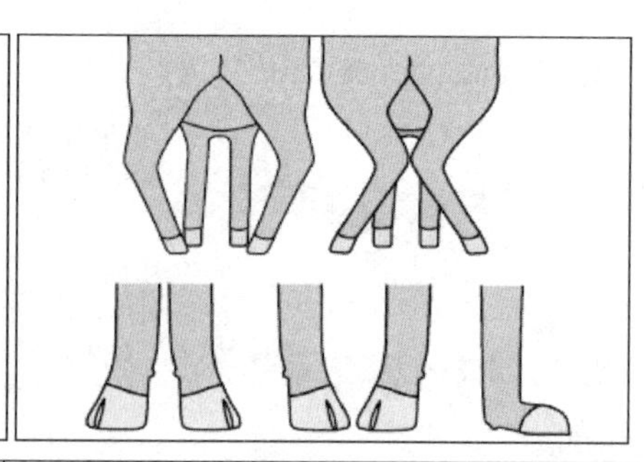

分值1：	分值2：	分值3：	分值4：	分值5：
非常好。蹄子好，能够站直时腿直，脚踝处有适当的角度	好	一般。有一定的角度和/或腿和蹄向里或向外扭和/或脚踝处表现轻微的“无力”	不好	非常不好。角度很大和/或腿部站立时向内或向外扭和/或脚踝处表现严重的“无力”

图3-5-4　家畜腿和蹄子状况

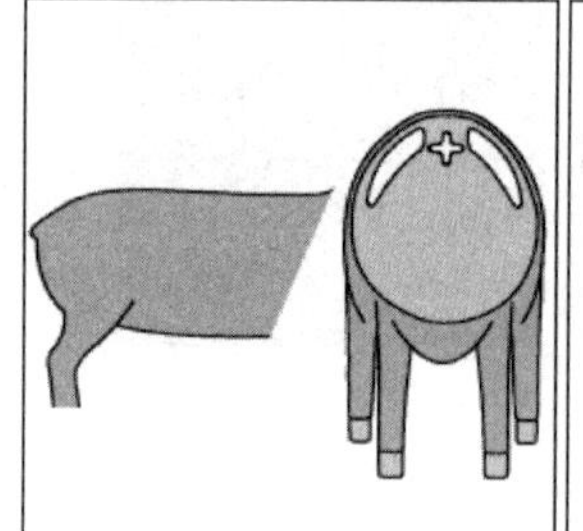
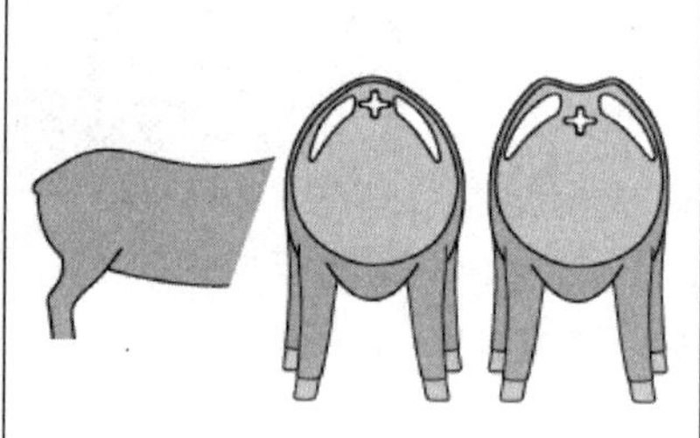
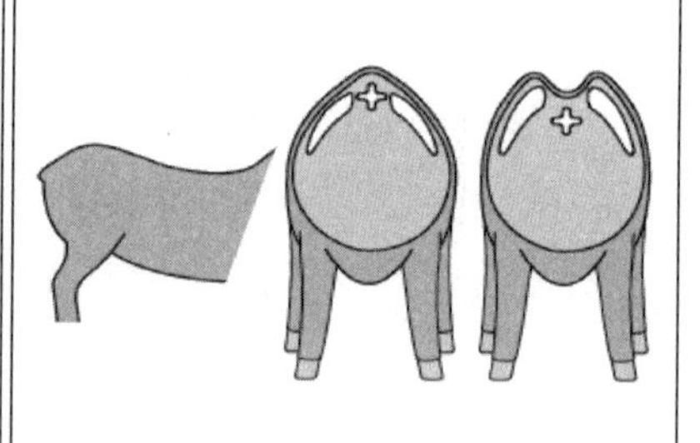

分值1：	分值2：	分值3：	分值4：	分值5：
非常好。背部的每一侧肩部都呈刀面状，两肩之间没有凹槽或突起，背后看肩部和臀部是直的	好	一般。肩部位置低于背脊像山脊一样或高于背脊像水槽一样，后臀部轻微地低于肩部	不好	非常不好。肩部位置严重低于背脊像山脊一样或严重高出背脊像水槽一样，后臀部过低于肩部

图3-5-5　家畜肩和后背状况

表3-5-1　评分标准指南和对GR(胴体脂肪)组织深度的肥胖分值

	膘情打分				
	1	2	3	4	5
评价	很容易摸到每一根肋骨，摸不到其他组织	容易摸到每一根肋骨，但是其他组织也显现出	仍然能摸到肋骨，但是能摸到其他组织	刚刚能够摸到肋骨和其他能流动部分的组织	很难摸到肋骨和流动部分的组织
GR组织深度/mm	0～5	6～10	11～15	16～20	＞20

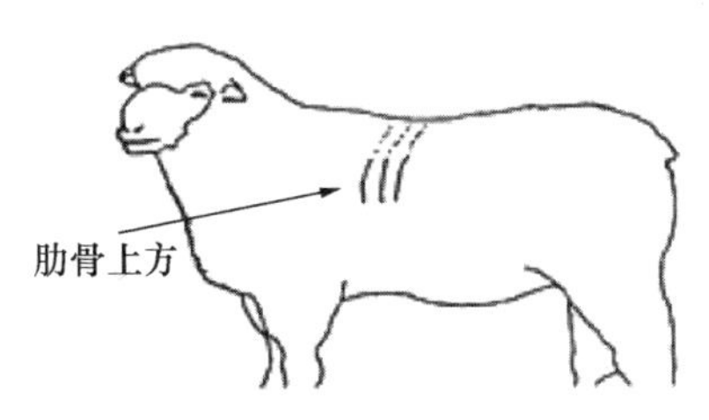

图 3-5-6　评估脂肪含量的最佳部位

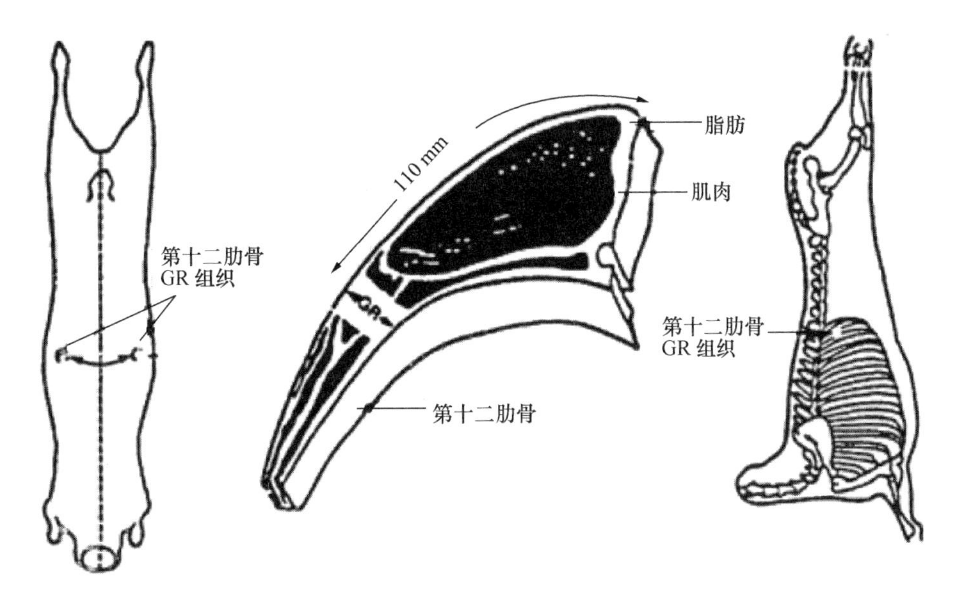

图 3-5-7　第十二肋骨 GR 组织位置

（二）结果记录

表 3-5-2　产羔记录

羔羊数量	产羔时间	羔羊性别	死亡率	一般评价

四、重点和难点

重点：依据家畜年龄进行家畜的删减。

难点：根据体况和牙齿等指标进行家畜生产性能的判别。

五、思考题

1. 家畜生长性能评价主要包含哪些重要指标？
2. 家畜的生产性能遗传吗？

六、参考文献

[1]萨仁高娃,敖特根,韩国栋,等．不同放牧强度下典型草原植物群落数量特征和家畜生产性能的比较研究[J]. 内蒙古草业,2010,22(4):47-50.

[2]姚爱兴,王宁,王培．放牧制度和放牧强度对家畜生产性能的影响[J]. 国外畜牧学(草原与牧草),1996(3):21-26.

[3]内蒙古农牧学院．草原管理学[M]. 2 版．北京:中国农业出版社,1999.

作者:王忠武　李治国　王静　王成杰　韩国栋

单位:内蒙古农业大学

实习六　羊肉品质评定

一、背景

随着经济社会的快速发展和人民生活水平的不断提高，人们的膳食结构发生了巨大的改变，人们对食品健康和口感的要求日益严格，羊肉作为我国食药两用的传统肉类产品，鲜嫩柔软、营养全面而且容易消化吸收。未来 15 年，我国居民对草食家畜产品的消费需求将增加 35%以上。测定羊肉的常规肉品质指标，比较不同品种不同部位的羊肉品质差异，可以为消费者从营养成分和肉品质角度选购羊肉提供依据。肉质测定指标非常多，常从营养品质、感官品质、加工品质、安全品质等诸多方面衡量。其中作为实习常测的指标有肉色、熟肉率、剪切力和 pH 等。

肉色是指肌肉的颜色，由肌肉中的肌红蛋白和肌白蛋白的比例决定，但同时和肉羊的性别、年龄、肥度、宰前状况和屠宰、冷藏加工方法有关。肉色和肌肉 pH 是评价肉质的重要指标，并且肉色是促成消费者购买的主要决定因素，其变化取决于肌红蛋白的含量和状态：肌红蛋白和氧结合产生鲜红色氧合肌红蛋白，肌红蛋白和氧合肌红蛋白都能被氧化成高铁肌红蛋白使肌肉呈现褐色，而高铁肌红蛋白还会向氧合肌红蛋白转化和还原，此过程对肉品贮藏的色泽稳定十分重要。目前常用色差仪法检测肉色，可以克服过去比色法的主观影响，使用色差仪对肉色进行测定，输出数据为肉色亮度（L*）、红度（a*）和黄度（b*）值，数值大小和样品的水分含量相关。肉色的 L* 值越大说明羊肉光泽感越好，但保水性越差，因为羊肉中的水分丢失，迁移到肉表面越多，肉样对光照反射作用越强；肉色 a* 值越高，肉色越红；肉色 b* 值越高，肉色越黄。

肉品 pH 改变是导致表观肉色变化的内在因素，通常肉的 pH 是由糖原形成乳酸而在屠宰后降低导致其发生变化，低 pH 有利于保持羊肉的质量和风味。但如果宰后 45 min 的 pH 为 5.8 或更低，表明肉很可能成为 PSE 肉，羊肉会变得多汁、苍白、风味与持水性变差；如果最终 pH（宰后 24 h）高于 6.0，则表明是 DFD 肉——色深、硬且易腐败。因此 pH 的检测对肉品的品质评定具有很重要的评判价值。目前通常使用玻璃电极的 pH 计，由于酸和碱的解离与温度有关，因此国际上建议肌肉 pH 的测定在 20～25 ℃环境中进行。

肌肉保持水分的能力被称为系水力，在屠宰后的储存、运输、加工中存在水分流失的现象，并且肉在熟化过程中也会有大量的水分损失，能够占到肌肉总水分的 40%左右，同时部分营养物质也会消耗，例如蛋白质和挥发性物质等。熟肉率与熟化温度、方法及 pH 有着密切的关系：熟化温度的提高，加快了羊肉中水分蒸发；pH 在宰后下降到肌肉蛋白等电点附近时，会使蛋白质与水的结合能力最低，从而失去对水的束缚能力。因此，熟肉率越高表明肉中水分损失越高，不仅增加了肉品营养成分的流失，同时肉的嫩度也会受到显著影响，风味及口感则会下降。

嫩度不仅是重要的羊肉感官品质之一，也是影响羊肉食用品质的重要指标。嫩度是指羊肉入口后牙齿咀嚼羊肉时切断羊肉的难易程度，以及其柔软程度和多汁性的综合表现。肌肉的内部结构决定了嫩度的高低，而嫩度通常用剪切力值代表，剪切力越大嫩度越低，二者呈负相关关系，其受性别、年龄、肌内脂肪以及肌纤维类型等多种因素综合影响。

二、目的

本实习旨在学习羊肉品质基本指标的评定方法，帮助同学们掌握羊肉 pH、肉色、熟肉率和剪切力等重要指标检测的操作技能，通过这几种指标的测定来初步鉴别羊肉的新鲜程度并判断肉的品质。此外，通过羊肉常规肉质指标检测的实习，研究羊肉品质的差异有利于构建标准化的肉羊屠宰加工体系，形成多样性的羊肉产品，为我国打造高品质的品牌羊肉产品提供有价值的参考。

三、实习内容与步骤

（一）羊肉肉色的测定

1. 样品来源

背最长肌或腿部肌肉。

2. 仪器设备

手术刀、电子天平、CR 400 型色差仪（Konica Minolta Sensing Inc. ,Osaka,Japan）。

3. 测定内容

现场采用色差仪测定实验肉样的亮度（L*）、红度（a*）和黄度（b*）值，每个样品测定 3 次取平均值，保留至两位小数。

4. 操作步骤

（1）用手术刀从准备的羊肉样品上完整取下约 30 g 的肉样，厚度大于 3 cm；

（2）打开色差仪电源，按 CAL 校正键进行校正（注意：每次开机都要进行校正）；

（3）按 ESC 键返回比较界面，按测色键（measure）开始测定；

（4）将色差仪的镜头垂直置肌肉横断面处，要求镜口紧扣肌肉确保不漏光；

（5）分别在样品的 3 个不同位置各测定 1 次，测定位置分布均匀，记录 L* 值、a* 值和 b* 值。

5. 结果记录

羊肉肉色测定结果记录如表 3-6-1 所示。

表 3-6-1 羊肉肉色测定结果记录表

	L*值	a*值	b*值
第一次			
第二次			
第三次			
平均值			

（二）羊肉 pH 的测定

1. 样品来源

背最长肌或腿部肌肉。

2. 仪器设备

手术刀具、电子天平、pH 计（testo 205 pH，Germany）。

3. 测定内容

使用 pH 计测定实验羊肉样品酸碱度，每块样品测定 3～5 次并取平均值。

4. 操作步骤

（1）用洁净的手术刀从准备好的羊肉样品上切取 10 g 左右；

（2）在切下的羊肉中央割一个十字形小口，插入酸度计的玻璃电极；

（3）待酸度计数值稳定后即可记录 pH，保留至两位小数；

（4）每个样品至少测定 3 次取平均值，保留至两位小数。

5. 结果记录

羊肉 pH 测定结果记录如表 3-6-2 所示。

表 3-6-2　羊肉 pH 测定结果记录表

羊肉 pH	测定结果	羊肉 pH	测定结果
第一次		第三次	
第二次		平均值	

（三）羊肉熟肉率的测定

1. 样品来源

背最长肌或腿部肌肉。

2. 仪器设备

手术刀具、水浴锅、分析天平、吸水纸。

3. 测定内容

背最长肌或腿部肌肉样品熟肉率的测定。

4. 操作步骤

（1）用电子天平从准备好的羊肉样品称取肉样（30±1）g，剥离肌外膜所附着的脂肪和结缔组织，记录蒸煮前肉样重量，保留至两位小数；

（2）将样品放入自封袋后置于 80 ℃水浴锅，加热 45 min；

（3）加热后在室温下冷却 30 min，滤纸吸干表面水分，用天平测定蒸煮前后肉样重量，记录蒸煮后肉样重量，保留至两位小数；

（4）计算公式

$$熟肉率=蒸煮后肉样重/蒸煮前肉样重\times 100\%$$

5. 结果记录

熟肉率（%）保留至两位小数。

(四)羊肉剪切力的测定

1. 样品来源

背最长肌或腿部肌肉。

2. 仪器设备

采样器、刀具、水浴锅、电子天平、温度计、质构仪(TMS-PRO Food Texture Analyzer, Food Technology Corporation, Virginia, USA)。

3. 测定内容

测定实验羊肉样品剪切力。

4. 操作步骤

(1)取长×宽×高不少于6 cm×3 cm×3 cm的整块肉样,剔除表面筋膜和脂肪等;

(2)将肉块放于自封袋中,放入80 ℃水浴锅中使用温度计测量肉块中心的温度,当温度达到70~75 ℃时取出肉样,室温下冷却;

(3)随后使用圆形钻孔取样器(圆孔直径1.27 cm)钻切肉样;

(4)质构仪开机后首先设置位移零点;

(5)将肉羊置于质构仪刀口下,点击start开始测定;

(6)每个样品测定5次,记录剪切力值并取平均值。

5. 结果记录

羊肉剪切力测定结果记录如表3-6-3所示。

表3-6-3 羊肉剪切力测定结果记录表

羊肉剪切力	测定结果	羊肉剪切力	测定结果
第一次		第四次	
第二次		第五次	
第三次		平均值	

四、重点和难点

重点:

1. 测定羊肉肉色时,注意将肉色仪镜头完全覆盖在肉品的表面;
2. 测定羊肉pH时,切勿将pH计玻璃电极端穿透肌肉组织;
3. 测定羊肉熟肉率时,肉品取材需呈形状规则的长方体;
4. 测定羊肉剪切力时,各样品的大小要保持一致。

难点:实验结束后,对实验数据的处理分析过程。

五、注意事项

1. 要严格控制各实验中肉样取材的大小或者厚度;
2. 注意将各实验中肉样表面的筋膜剔除干净后再测定;
3. 测定熟肉率时,要把控好肉样的温度。

六、实例

本课题组在研究限时放牧对滩羊肉品质的影响时，测定了肉色、熟肉率、剪切力、pH。图3-6-1为本课题组对羊肉品质评定的实操图。

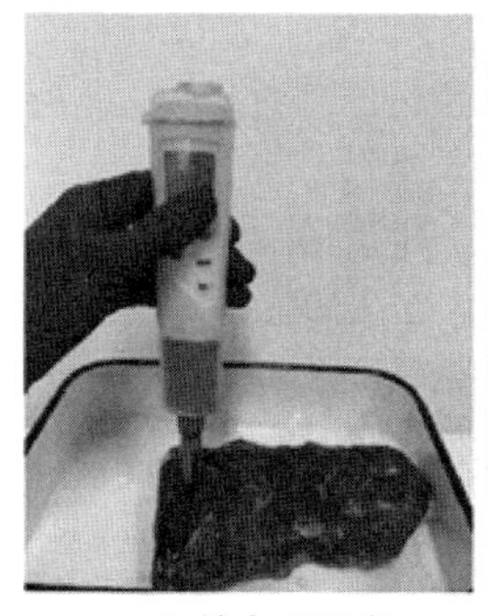

1. 羊肉pH测定

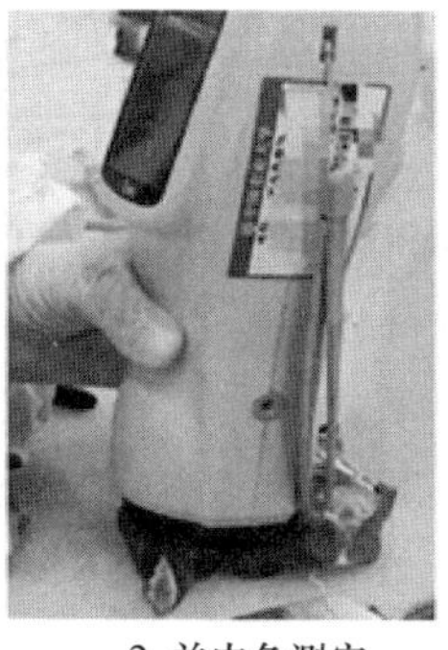

2. 羊肉色测定

3. 羊肉剪切力测定

图 3-6-1 实操图

七、思考题

1. 肉色和肉品质的好坏有什么联系？
2. 不同部位的肉色指标相同吗？造成这种差异的原因是什么？
3. 影响肌肉 pH 变化的因素有哪些？
4. 如何提高羊肉熟肉率，减小蒸煮损失？
5. 影响熟肉率的因素有哪些？
6. 提高熟肉率对生产实践有何意义？
7. 如何降低羊肉的剪切力并提高羊肉嫩度？

八、参考文献

[1]欧慧敏，张小丽，谭支良，等．呼伦贝尔羔羊不同部位肌肉品质评价及营养组成分析[J]. 动物营养学报，2022，34(1)：467-477.

[2]罗海玲．羊肉品质与营养调控[M]. 北京：中国农业出版社，2020.

[3]尹靖东．动物肌肉生物学与肉品科学[M]. 北京：中国农业大学出版社，2011.

[4]徐晨晨．钙蛋白酶介导的日粮抗氧化剂降低羊肉滴水损失的机制[D]. 北京：中国农业大学，2018.

[5]Mancini R A，Hunt M C. Current research in meat color[J]. Meat Science，2005，71(1)：100-121.

[6]Warriss P D. Meat science：an introductory text[M]. Wallingford：CABI，2000：229-251.

作者：罗海玲 杨欢 季晶 张晗

单位：中国农业大学

实习七　草食家畜甲烷排放的测定

一、背景

人类研究发现，地表温度在过去的一百多年时间里升高了 0.87 ℃，未来仍将继续上升。由于温室气体排放增加而引起的全球气候变暖以及极端天气的发生已成为人类面临的严峻环境问题。能够引起温室效应的气体主要包括二氧化碳（CO_2）、甲烷（CH_4）、氧化亚氮（N_2O）、氢氟碳化物（HFCs）、全氟碳化物（PFCs）以及六氟化硫（SF_6）等，CH_4 是仅次于 CO_2 的具有化学活性的温室气体，单位质量 CH_4 在一百年时间尺度上的全球增温潜势（Global Warming Potential，GWP）是 CO_2 的 25 倍，它比 CO_2 具有更强吸收红外线辐射的能力，可以长时间地影响气候变化。全球的 CH_4 来源包括牲畜饲养、水稻种植、化石燃料的燃烧以及有机废物的分解等，其中人为活动的排放量占比 60%，家畜及其排泄物产生的 CH_4 占到人为排放的 20%，牛羊等反刍动物对 CH_4 的贡献占全球释放总量的 15%～25%，造成了严重的能量损失。因此，在全球气候变暖的大背景下，研究草食动物的甲烷排放对于缓解全球气候变化和减少饲料能量的损失都具有十分重要的现实意义，既有助于减少碳排放，也能够在生物地球化学循环中更准确地评估气候变化——陆地碳反馈和全球碳循环。

二、目的

通过本实习，能够认识甲烷这一温室气体，并且掌握草食家畜甲烷排放的测定方法，了解各测定方法的优缺点，学会在不同的情况下制定相对可行的测定方案。

三、实习内容与步骤

（一）草食动物瘤胃产甲烷气体的原理及过程

反刍动物消化道产生的 CH_4 大部分是在体内瘤胃消化饲料时产生的，饲料中的碳水化合物（淀粉、可溶性糖、纤维素和半纤维素等）、粗蛋白（蛋白质、肽类和氨基酸等）和脂类等物质在瘤胃中被瘤胃微生物（细菌、原虫和厌氧真菌）发酵产生乙酸、丙酸和丁酸等多种挥发性脂肪酸（VFA）。与此同时，在分解乙酸和丁酸时会释放代谢氢（H^+），产甲烷菌利用代谢氢还原 CO_2 或者甲酸盐，不可避免地产生甲烷这种低效产物，甲烷形成后通常以嗳气方式经口鼻等部位排出体外。反刍动物在瘤胃发酵初期和旺盛期主要以 CO_2-H_2 的还原途径为主，而在消化后期，与脂肪酸和醇类等相联系的途径则会产生较多的甲烷。总的来说，反刍动物的甲烷生成量与其采食水平、日粮组成和日粮中的碳水化合物有关，具体原理及相关过程如图 3-7-1 所示。

（二）测定方法与案例

反刍动物甲烷产量的测定方法主要有直接测定法、间接估测法以及体外模拟法。直接测

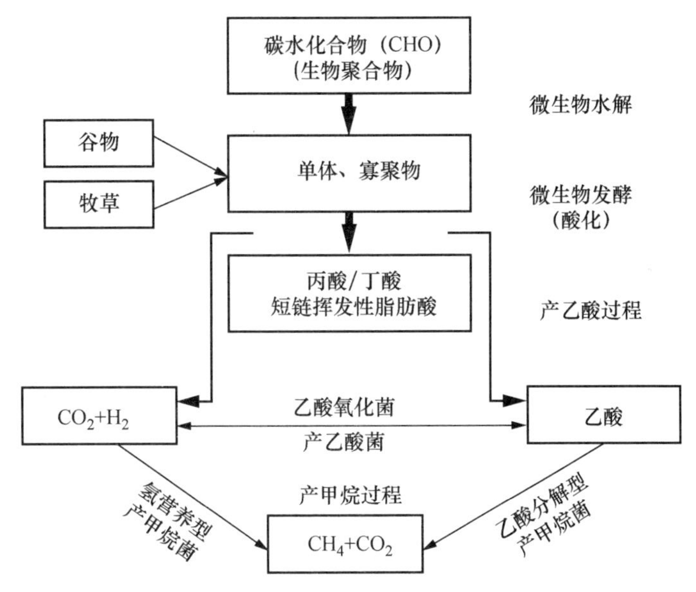

图 3-7-1　瘤胃内碳水化合物发酵产甲烷气体原理图（Min，2020）

定法主要包括呼吸代谢箱法、呼吸头罩法、呼吸面罩法、SF_6 示踪法、微气象技术、隧道技术和激光技术；间接估测法是利用 VFA 生成量、日粮组成以及日粮的消化率等进行测算，这种方法不是十分精确，应用此方法的前提是急于获取数据却又没有直接测定的条件，或者在直接测定法之前进行预实验；体外模拟法是运用体外人工模拟瘤胃发酵来估测反刍家畜瘤胃的甲烷生成量，现如今，体外人工瘤胃模拟发酵法已经较为成熟，试验结果与家畜体内瘤胃测定结果十分接近，具有很高的相关性。上述各种方法均具有各自的优缺点，我国草食家畜的饲养规模很大，饲料种类形式多样，测定其体内的甲烷产量应该视具体情况而定，而且要贴合当地的饲养环境及条件，从而较为准确地估测出家畜的甲烷产量。

间接估测法在反刍家畜瘤胃甲烷产量测定中的应用：Moss 等（1992）用去势羊进行研究，发现了饲料种类和甲烷产生量之间存在如下关系：$M=0.0269+0.0403N+0.0113S$，式中 M 代表甲烷能占饲料总能的比例，N 是饲料 NDF 的消化率，S 是饲料中的淀粉含量。也有研究表明肉用羊的甲烷排放量与其干物质采食量（Dry matter intake，DMI）之间存在显著的相关关系：CH_4（L/d）$=44.0$DMI（kg/d）-6.51，$R^2=0.680$。

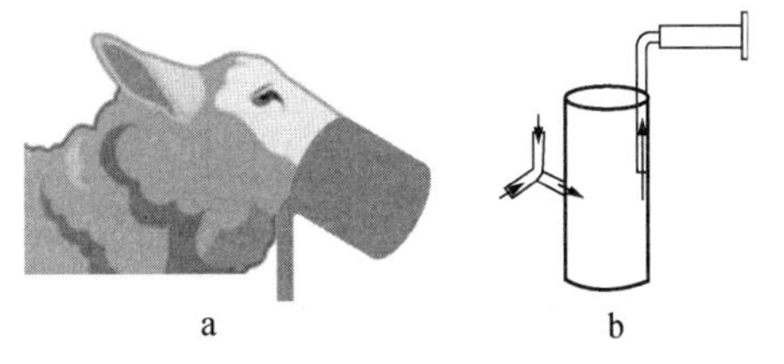

图 3-7-2　羊用呼吸面罩实物图(a)与原理示意图(b)

下面以利用反刍动物呼吸面罩（图 3-7-2）测定瘤胃甲烷生成量为例展开重点介绍。

1. 动物呼吸面罩在体内瘤胃甲烷产量测定上的应用

呼吸面罩广泛应用于测定反刍家畜的瘤胃 CH_4 气体产量，其原理与呼吸头罩法相似，不同之处在于呼吸面罩只需将家畜的口鼻包裹密封起来，收集家畜呼出的气体，然后测定 CH_4 气体的浓度即可。这种方法的优点在于简单易行，便于测试，可以对家畜不同时刻排出的 CH_4 气体浓度进行测定，缺点是家畜在取样期间不能进行自由采食和饮水，并且一次只能测定一只,无法用于群体的集中测定,试验所用时间可能较长。

2. 操作步骤

(1)将绵羊固定并处于安静舒适状态,以不影响其正常呼吸,检查呼吸面罩通气阀是否正常,保证外界空气正常流入,内部气体不外流。

(2)将呼吸面罩与绵羊头部连接,可以用橡皮筋扎紧辅助固定,防止面罩内的气体流出进入大气中。

(3)用 200 mL 注射器均匀抽取面罩内的气体,在保证不与外界空气混合的情况下将其转移到 200 mL 真空集气袋中,统一收取集气袋并放在室温下妥善存放,供后期气相色谱仪测定其浓度。

(4)将试验时产生的杂物等清理带回,保持试验地环境卫生整洁,以免绵羊误食,对其消化系统造成伤害。

(5)应用 Agilent8890 气相色谱仪测定并计算出所收集气体中 CH_4的含量。具体的分析条件如下:选择规格为长 1.05 m×内径 0.53 mm 的毛细管柱,2 根 10 英尺玻璃填充柱(9 英寸线圈直径,0.25 英寸外径)或 2 根 20 英尺不锈钢填充柱(0.125 英寸外径),设置填充柱的温度为 70 ℃,且 TCD 检测器的温度达到 100 ℃,以氩气为载气,流速为 30 mL/min。用标准气体(氢气、氮气、氧气、甲烷以及二氧化碳的体积百分比分别为 0.090 1、77.568 8、20.0、0.2011 和 2.14)的谱图建立模板,加载待测样品谱图,采用面积归一法计算即可。

3. 结果记录

采气时记录内容主要包括记录人姓名、记录日期(年/月/日)、序号、绵羊所在小区号、绵羊耳标号、采气量(mL)、采气过程所用时间(min)以及绵羊体况(良好/一般),详细试验记录见表 3-7-1。

表 3-7-1 试验记录表

记录人:

记录日期:

序号	小区号	绵羊耳标号	采气量/mL	所用时间/min	绵羊体况
1					
2					
3					
4					
5					

四、重点和难点

1. 采气时操作者应注意动作均匀缓慢,尽量控制每次抽气时间保持一致,每次试验应同一个操作者进行,减小由操作者技术造成的误差;

2. 要充分考虑动物福利问题,固定绵羊时保持其处在一个舒适安静的状态下,不得惊吓、捆绑甚至踩压,个别绵羊冲击力较大,要特别注意自身安全,做好防护,防止被撞伤;

3. 操作中要时刻注意呼吸面罩的密封性,不可使内部气体与外界空气相混,转移气体时控制好装置的密闭;

4. 用气相色谱仪测定样品时要调试好分析条件，编号一一对应，且试验过程中会用到气体钢瓶并有仪器升温过程，要特别注意试验的安全性。

五、思考题

1. 如何准确测定绵羊在放牧条件下的甲烷排放量？
2. 哪些测定方法适合在舍饲时测定绵羊的甲烷生成量？各有何优缺点？

六、参考文献

[1]马磊．不同土地利用类型土壤温室气体(CO_2、CH_4)通量的研究[D]．北京：中国农业大学，2014.

[2]王晓亚．典型草原草畜系统甲烷排放的研究[D]．北京：中国农业大学，2013.

[3]苏醒，董国忠．反刍动物甲烷生成机制及调控[J]．中国草食动物，2010(2)：66-69.

[4]贾鹏，屠焰，李发弟，等．反刍动物甲烷排放量测定方法的研究进展[J]．动物营养学报，2020，32(6)：2483-2490.

[5]王成杰，汪诗平，周禾．放牧家畜甲烷气体排放量测定方法研究进展[J]．草业学报，2006，15(1)：4.

[6]魏晨．没食子酸和缩合单宁对体外瘤胃发酵及肉牛营养物质消化，甲烷产量和氮代谢影响的研究[D]．北京：中国农业大学，2017.

[7]贾鹏，董利锋，屠焰，等．间接法测定反刍动物甲烷排放量的研究进展[J]．动物营养学报，2021，33(9)：4839-4847.

[8]Min B R，Solaiman S，Waldrip H M，et al. Dietary mitigation of enteric methane emissions from ruminants：A review of plant tannin mitigation options[J]. Animal Nutrition，2020，6(3)，231-246.

[9]Masaki，Shibata，Fuminori，et al. Methane production in heifers，sheep and goats consuming diets of various hay-concentrate ratios[J]. Nihon Chikusan Gakkaiho，1992，63(12)：1221-1227.

作者：张英俊　刘楠　吴崇源
单位：中国农业大学

实习八　划区轮牧设计

一、背景

放牧是草原畜牧业的传统生产方式，因放牧制度不同，其生产效率尤其是草地的利用率差异很大。如何充分利用草地资源，发挥放牧生产的优势，力争在可能的范围内取得最佳的生态经济效率。这就要求草地工作者依据草地合理利用的原理进行放牧试验，如适宜的放牧时期、适宜的放牧制度、合理的畜群组合等。设计划区轮牧方案包括轮牧周期、分区数目、小区面积、放牧频率的确定等。

二、目的

学习划区轮牧方法可以减少牧草浪费，节约草地面积，增加畜产品，同时可以改进植被成分，提高牧草产量和质量。

三、实习内容与步骤

(一)仪器设备与材料

平板仪、标杆、测绳(100 m)、样方框、手提秤、剪刀、草样袋、计算器。

(二)测定内容与步骤

1. 收集材料

(1)统计该地区可利用草地面积，绘制平面图。

(2)测定不同类型草地各月的产草量，计算草地全年供草量。

(3)统计在该地区放牧的家畜头数，计算全年需草量。

2. 划区轮牧设计

划区轮牧是将草场划分为若干小区，按照一定的次序逐区放牧，轮回利用的一种放牧制度。

全部小区放牧利用一遍，完成一个轮牧循环所用的时间称为轮牧周期。其计算公式：

$$\text{轮牧周期(d)}=\frac{\text{草地牧草总产量(kg)}}{\text{放牧牲畜数量(标准羊单位)}\times 1.8[\text{kg/(标准羊单位·d)}]}$$

轮牧周期受牧草再生速度影响。小区放牧后，再生牧草达到可放牧利用状态所需要的时间是轮牧周期的最小值，再生牧草进入过度成熟状态所需要的时间是轮牧周期的最大值。

放牧频率是指全年各小区的放牧次数。放牧频率与轮牧周期成反比，等于全年放牧天数除以轮牧周期。

防止寄生蠕虫病感染是确定小区放牧时间的主要考虑因素。为此，每个轮牧小区放牧时间不宜超过 6 d。

轮牧周期和小区放牧时间决定小区数目。小区数目等于轮牧周期除以小区放牧时间。

草场产草量、适宜利用率、放牧牲畜数量和小区放牧时间决定小区面积。计算公式为：

小区面积(hm^2)＝放牧牲畜数量(标准羊单位)×1.8[kg /(标准羊单位・d)]×小区放牧时间(d)/[轮牧之初单位面积草场产草量(kg/hm^2)・适宜利用率(%)]

式中“放牧牲畜数量”应采用“标准羊单位”；“小区放牧时间”最长为 6 d；“轮牧之初单位面积草场产草量”和“适宜利用率”依据草场类型预先设定。

不同季节牧草生长速度不同。当牧草生长速度快时，可将部分小区调为割草场，而其他小区则应延长放牧时间。当小区放牧天数延长至 6 d 以上时，则需将小区进一步划分为不同的亚区。当牧草生长速度慢时，则应进行补饲，或者减少小区放牧时间或放牧牲畜数量。

(三)结果记录

表 3-8-1　划区轮牧方案数据

轮牧周期	牲畜数量	放牧时间	草场产草量	适宜利用率	小区面积

四、重点和难点

重点：草地牧草产量的测定和计算；轮牧小区的布局。

难点：不同草地类型轮牧周期的确定。

五、实例

在荒漠草原地区一个牧场，草地面积为 400 hm^2，草地生产力 300 kg/hm^2，草地的适宜利用率为 30%，放牧频率 2 次，放牧季长 180 d，家畜日需草量为 1.8 kg(干草)，现有绵羊 150 只。请设计合理的划区轮牧试验。

(1)根据饲草供应量和家畜日食量计算草地的载畜量：

供应量/需求量：400 hm^2×300 kg/hm^2×30%/(1.8×180)＝111(只羊)，牧场现有绵羊 150 只，超出了合理载畜量 39 只，通过划区轮牧来实现草地的合理利用。

(2)放牧季长 180 d，放牧频率为 2 次，因此，可得轮牧周期是 90 d。

(3)每小区放牧约 6 d，因此，小区数目应为 90/6＝15(个)，考虑到荒漠草原饲草供应不稳定，适当留 3～5 个辅助小区，因此，综合考虑将牧场划分为 20 个小区，每个小区 20 hm^2。

(4)整个畜群在某 1 个小区内放牧的需草量为 6 d×1.8 kg/(只・d)×150 只＝1 620 kg。

(5)草地的生产力为 300 kg/hm^2，草地的适宜利用率为 30%，每个小区可提供的牧草量为 300 kg/hm^2×30%×20 hm^2＝1 800 kg。

(6)通过对比得出，每个小区的牧草供应量和放牧家畜的需求量基本相当，可满足放牧要求。

(7)按照小区数量和草地的地形及牧场的基本情况,划定不同形状及长宽比适宜的小区(简单图示如下)。

R1	R2	R3	R4	R5	R6	R7	R8	R9	R10
牧道									
S1	S2	S3	S4	S5	R15	R14	R13	R12	R11

注:R1~R15 为 15 个放牧小区;S1~S5 为 5 个辅助小区。

六、思考题

1. 划区轮牧方案设计时最主要的影响因素是什么?

2. 轮牧方案设计中,不同家畜是否可以混合放牧?如果混合放牧的话,如何设计轮牧方案?

七、参考文献

[1]韩国栋,卫智军,许志信.短花针茅草原划区轮牧试验研究[J].内蒙古农业大学学报(自然科学版),2001(1):60-67.

[2]李青丰.草地畜牧业以及草原生态保护的调研及建议(1):禁牧舍饲、季节性休牧和划区轮牧[J].内蒙古草业,2005(1):25-28.

[3]内蒙古农牧学院.草原管理学[M].2 版.北京:中国农业出版社,1999.

作者:王忠武 李治国 王静 王成杰 韩国栋

单位:内蒙古农业大学

实习九　草畜平衡决策系统应用

一、背景

牧草在全世界的大部分地区是最重要的农作物之一。近几十年来，草地牧草的产量明显地提高了，主要原因是对草地管理和营养的了解加深。多数草地被开发用作放牧基地，但这类草地的生产能力不仅有赖于牧草的总产量，而且还有赖于放牧家畜把这些牧草转化为可用畜产品（奶、肉、毛等）的能力。人们认为，食物链的这一段常常是低效的，能量转化率只有25%左右。因此，如果要优化草地的生产能力，最基本的是综合测定牧草的生长和利用的各项因素，当然也包括模拟整个放牧系统。目前，国内外已经开发出相应软件，模拟和管理草地系统。本实习将利用我国“草畜生产监测管理系统”和澳大利亚放牧系统管理软件GrazFeed来实习系统的整体框架模型，进一步模拟和协助在农场条件下进行规划和管理决策，为全面评定草地生产能力提供依据，对草地生产力、产草量、长势、旱情、雪灾的高时效、高精度遥感监测，以及草畜平衡、家畜营养管理和牧场规划进行模拟决策。

二、目的

依靠草地-家畜系统决策分析软件，帮助学生理解不同类型草地生产和家畜生长差异，以及饲草供应与家畜生产营养需求之间的动态平衡。帮助学生理解不同类型草地生产和家畜营养需求，以及饲草供给与不同类型、年龄、性别的家畜营养需求间的动态平衡。

三、实习内容与步骤

（一）材料

GrazFeed软件。

（二）仪器设备

计算机。

（三）操作步骤

（1）输入信息，将文件存在D:\Grazfeed实习文件夹\以自己的名字命名建立子文件夹下，不同运行结果分别给予不同文件名（html格式）。

（2）Pasture 1，北半球25°，平地，温带。4月份草地生物量输入（表3-9-1）：绿色1.8 hm^2，枯死为0.7 t/hm^2。绿色部分平均消化率为70%，枯死部分为45%，豆科牧草比例10%。

（3）Pasture2，6个级别用默认值，牧草高度用于确定采食高度。

（4）Weather，不考虑天气影响。

(5)Supp,不补饲或按需求进行饲料组合供应。

(6)Breed,“Small Merino,美利奴羊,毛用型”和“Southdown,南丘羊,肉用型”以及肉用型牛(海福,Hereford)和乳用型牛(娟姗,Jersey)。或选择其他不同用途的羊和牛。

(7)Animal,选成年母羊“ewes,mature”以及肉用型牛(海福,Hereford,Steer mature)和乳用型牛(娟姗,Jersey,Cows mature)。

(8)Females,“dry,empty”。

(9)Feeding,点击“Run”。

回到 Pasture 1,选择表 3-9-1 中不同生长月的草地生物量,重复步骤(3)～(9)分别运行。

表 3-9-1 生物量动态 t/hm^2

项目	4月	6月	8月	11月
绿色	1.8	3.7	3.8	2.0
干枯	0.7	0.8	1.2	1.4

(四)结果记录

将各月单独运行所得家畜体增重/毛增重结果整合到一个数据表中,进行比较分析。

四、重点和难点

1. 如通过 GrazFeed 解析草地消化率、草地蛋白质含量和草层高度的变化具体受哪些因素影响,在运行设置选项时,只调整单项指标,而不可同时变更多项指标,否则无法构建有效的因果关系。

2. GrazFeed 可模拟预测家畜在不同草地状况下的生长表现,为直观反应草地生长变化对家畜增重的影响,通常不考虑添加补饲。

五、实例

1. Merino 羊在不同月份的生长变化情况及解释

羊从草地上摄取的干物质呈现先增加后降低的趋势,是因为草丛的高度不同,绿色植株 4 月份高 9.0 cm,6 月份高 15.7 cm,8 月份高 17.9 cm,11 月份高 11.6 cm。草丛高度的变化导致了摄取干物质的变化。另一个问题是 8 月份的生物量最多,但是羊的增重却少于 6 月份,这可能与温度有关,在北纬 25°,8 月份温度低于 6 月,使得羊为了维持体温而消耗一部分能量,体增重就达不到最高(表 3-9-2)。

表 3-9-2 不同月份绵羊的生长状况

月份	草地干物质摄入量/kg	日增重/g	净毛产量/g
4月	1.05	70	11.3
6月	1.1	84	12.5
8月	1.1	78	11.8
11月	1.06	66	10.2

2. 8 月份，肉牛 Hereford 和绵羊 Merino 对草地生长的响应存在的差异

在 8 月份，肉牛 Hereford 从草地摄取的干物质是绵羊 Merino 的 7 倍左右，肉牛增重是羊的 2.3 倍。这可能是因为羊比较挑食，所以吃得少。但是羊的体积比牛小，维持身体需要耗能比牛少，所以转化效率比牛高(表 3-9-3)。

表 3-9-3　肉牛和绵羊对同质草地的响应

家畜	草地干物质摄入量/kg	日增重/g	净毛产量/g
羊	1.1	78	11.8
牛	7.29	180	0

六、思考题

1. 坡度变化为什么会对家畜体增重产生影响?
2. 畜品种对不同月份草地生产力的响应存在哪些差异？解释原因。

七、参考文献

Mike Freer& drew Moore. GrazFeed(Version 4. 1. 8)帮助手册，2003 年 .

作者：王先之
单位：兰州大学

实习十　放牧家畜补饲日粮配方设计

一、背景

我国北方草地约 293 万 km^2，是当地牧民最重要的生产资料。草地生产力的高低直接关系到牧民的经济收入。天然草地含有丰富的饲草资源，能够提供丰富的营养物质，如碳水化合物、优质蛋白质和维生素等。然而草地提供的营养存在季节性，导致家畜在各个放牧期采食的营养成分存在较大波动，不利于家畜的高效生产，甚至在牧草不足或营养成分欠佳时，家畜体重可能出现负增长。给家畜补充玉米、酒糟以及蛋白补充料等饲粮，在牧区已经成为提高家畜生长性能的常用做法，但是并没有形成科学补饲与家畜营养需要和草地营养供给关系的操作体系，即使在牧草条件欠佳时进行补饲可以直接提高家畜生产力，但草地生产力也难以恢复，对草地的多功能性产生不可逆的影响。因此，了解不同季节下草地可利用营养成分的变化和同期家畜的采食偏好以及营养需求的关系并进行合理补饲，可以提高家畜的生产效率并减少家畜对草地的采食，同时维持草地的多功能性，对维持或提高草地的生态效益，改善牧民的经济收益具有重要意义。

二、目的

学习放牧家畜补饲日粮配方设计原理与方法，掌握放牧系统家畜生产力改善的技能，具备管理放牧条件下家畜摄入营养水平的能力。

三、实习内容与步骤

（一）放牧草场牧草营养成分分析

根据放牧草地的面积，在放牧草场对角线等距位置设置取样点（通常每公顷取 7 个样点），每个取样点利用 0.25 m^2 样方框将框内所有牧草齐地面刈割后装入纸袋内带回实验室，先放入 105 ℃烘箱杀青 2 h，再放入 65 ℃烘箱烘干至恒重。将所有取样点收获的烘干草样均匀混合、粉碎，得到草地营养品质待测样品。待测营养指标如表 3-10-1 所示，营养指标测定方法参照本书相关章节，测定完成后将牧草营养品质相关数据填入表 3-10-1 中。

以呼伦贝尔草地农业生态系统试验站放牧平台为例，牧草营养品质如表 3-10-2 所示。

（二）确定配方对象营养需要量

实际操作过程中应根据配方对象（草地补饲配方适用的对象，如育成期的公绵羊、哺乳期的母牛、育肥小公牛等）、饲养目标（配方对象生产性能的期望值，如希望通过补饲使公绵羊达到日增重 300 g/d 或者泌乳期母牛达到日泌乳量 30 kg/d 等）以及营养需求（配方对象达到饲养目标的营养需要量，一般可参考配方对象的饲养标准）来确定相应的补饲配方。本章节以放牧断奶公羊羔育肥为例进行补饲配方设计。

表 3-10-1　草地生产力与营养品质调查表

表格编号：
记录人：
记录时间：

样品编号	干物质/%	粗蛋白/%	粗脂肪/%	粗灰分/%	中性洗涤纤维/%	酸性洗涤纤维/%	钙/%	磷/%

注：测定方法可参考张丽英主编《饲料分析与饲料质量检测技术》第 5 版。

表 3-10-2　牧草营养成分表　%

样品编号	粗蛋白	粗脂肪	粗灰分	中性洗涤纤维	中性洗涤纤维	钙	磷
1	7.79	2.16	7.21	68.93	40.07	0.60	0.11
2	7.82	2.49	7.15	68.64	42.23	0.64	0.12
3	7.69	2.23	7.57	64.71	39.74	0.71	0.15
4	8.30	2.36	7.97	61.38	37.41	0.52	0.13
均值	7.91	2.26	7.46	65.63	39.76	0.61	0.13

(1)配方对象：4 月龄公羊羔，体重 25 kg；

(2)饲养目标：育肥 3 个月，体重达 52 kg，平均日增重为 300 g/d；

(3)查阅 2013 年版 NRC 营养标准得到 4 月龄公绵羊平均日增重 300 g 的营养需求(表 3-10-3)。

表 3-10-3　4 月龄公绵羊平均日增重 300g 的营养需求(NRC，2013)

体重/kg	日增重/(g/d)	干物质采食量/(kg/d)	总可消化养分/(kg/d)	蛋白需要/(g/d)	代谢能/(MJ/d)	钙/(g/d)	磷/(g/d)
20	300	0.61	0.48	142	7.27	5.1	3.5
30	300	0.88	0.58	155	8.78	5.3	3.8
40	300	1.54	0.82	182	12.29	5.9	4.4

(三)选定配方原料并确定营养成分

首先将草地营养成分指标转换为配方对象需要的营养指标：以放牧断奶公羊羔育肥为例，将前面步骤(一)中的草地营养成分转换为绵羊需要的营养指标(表 3-10-4)。

表 3-10-4　放牧断奶公羊羔育肥所需的草地营养指标

总可消化养分/%	粗蛋白/%	代谢能/(MJ/kg)	钙/%	磷/%
53.67[1]	7.91	8.64[2]	0.61	0.13

注：1. 总可消化养分可参照《短期休牧对无芒雀麦改良草地植被和家畜生产的影响机制》(张浩，2019)中的可提供牧草粗蛋白含量与绵羊有机质消化率回归关系模型预测。

2. 根据《粗饲料分级指数参数的模型化及粗饲料科学搭配的组合效应研究》(张吉鹍，2004)中用粗养分估测草地牧草能量模型表中鲜草二次刈割的模型换算得到。

由表3-10-2、表3-10-3、表3-10-4可知，草地提供粗蛋白含量为7.91%，每千克干物质仅能提供79.1 g粗蛋白，远低于饲养目标日增重300 g的蛋白需求。草地提供代谢能为8.64 MJ/kg DM(干物质)，基本能够满足饲养目标下的能量需求。因此，饲料配方应以补充蛋白摄入量为主要目的，选用常见蛋白饲料配以能量饲料来制作配方。

该配方中蛋白饲料选择大豆粕、玉米胚芽粕、尿素；能量饲料选择玉米、大麦；矿物质可使用市场上常见预混料按要求加入配方。

饲料原料中的营养成分可参考相关标准，如表3-10-5所示。

表3-10-5 饲料原料中的营养含量(熊本海，2021)

名称	粗蛋白/%	粗脂肪/%	粗灰分/%	中性洗涤纤维/%	酸性洗涤纤维/%	钙/%	磷/%	羊代谢能/MJ
玉米	8	3.60	1.20	9.90	3.10	0.02	0.27	12.14
大麦	11	1.70	2.40	18.40	6.80	0.09	0.33	11.22
大豆粕	44.20	1.90	6.10	13.60	9.60	0.33	0.62	12.27
玉米胚芽粕	20.80	2.00	5.90	38.20	10.70	0.06	0.50	10.6

(四)配方设计

配方设计的基本原理是通过调整配方中各原料的比例进而调整各营养指标的浓度，以满足家畜达到生产性能上的营养需求。放牧与舍饲不同，舍饲是对全日粮进行设计，只要知道配方对象在饲养目标下的营养需求，就可以精准地配置家畜所需的全部日粮；而放牧条件下，家畜随意采食牧草，这种采食组分和采食量的不确定性增加了放牧补饲的配方设计难度。采食组分一般和草地群落的优势种有关，家畜采食过程中总是喜好采食鲜嫩的牧草，因此实际采食的营养浓度要略高于草地所提供营养的平均水平，但在配方设计中难以精准估计实际采食的营养浓度，因此常用草地提供的营养水平进行代替。

1. 补饲比例的计算(以放牧断奶公羊羔育肥为例)

(1)草场面积：7 hm^2；

(2)牧草产量：2 000 kg/hm^2；

(3)可提供牧草量：14 000 kg；

(4)适度放牧(草地利用率为50%)时的可利用饲草量：7 000 kg；

(5)育肥公羔羊：72只；

(6)育肥期：3个月；

(7)平均采食量：1.54 kg/d；

(8)干物质需求量：72×3×30×1.54=9 979.2(kg)；

(9)补饲量：干物质需求量－适度放牧时的可利用饲草量=9 979.2 kg－7 000 kg=2 979.2 kg；

(10)补饲量占比：2 979.2 kg/9 979.2 kg ≈ 30%。

因此，在7公顷年产量为2 000 kg/hm^2的草场上将72只公羔羊育肥3个月需要补饲30%的精饲料。

2. 需要补饲的各营养成分量的计算

需要补饲的营养成分量＝总的营养需求－草地所能提供的营养成分，如表 3-10-6 所示。

表 3-10-6　需要补饲的营养成分量

	采食量/kg	总可消化养分/kg	粗蛋白/g	代谢能/MJ
总营养需求	1.54	0.82	182	12.29
补饲比例	0.3			
草地牧草比例	0.7			
草地营养浓度/kg		0.53	79.1	8.64
草地提供营养量	1.07	0.57	85.26	9.31
需要补饲量		0.25	96.74	2.98

3. 补饲饲料原料配方的计算

通过调整各原料的比例来满足家畜的生长需求，如表 3-10-7 所示。

表 3-10-7　补饲饲料原料配方表

原料名称	各成分占比	总可消化养分/kg	粗蛋白/g	代谢能/MJ
玉米	0.4	0.77	80	12.14
大麦	0.18	0.76	110	11.22
大豆粕	0.15	0.72	442	12.27
玉米胚芽粕	0.23	0.75	208	10.6
尿素	0.02		2 875	
预混料*	0.02			
配方营养浓度/kg		0.72	223.44	11.15
补饲提供营养量	0.46	0.33	103.22	5.15
需要补饲量		0.25	96.74	2.98
最终营养提供量		0.08	6.04	2.15

注：* 提供无机盐和微量元素。

最终设计配方如上表所示，按照补饲 30％饲料的方案，配方为：玉米 40％，大麦 18％，大豆粕 15％，玉米胚芽粕 23％，尿素 2％，预混料 2％。

四、重点和难点

放牧补饲家畜日粮配方的设计原理并将其实现。

五、思考题

春季和秋季放牧补饲精料的配方有何不同？如何设计补饲配方？

六、参考文献

[1]张浩．短期休牧对无芒雀麦改良草地植被和家畜生产的影响机制[D]．兰州：甘肃农业大学，2019.

[2]张吉鹍．粗饲料分级指数参数的模型化及粗饲料科学搭配的组合效应研究[D]．呼和浩特：内蒙古农业大学，2004.

[3]熊本海，罗清尧，郑姗姗．中国饲料成分及营养价值表(2021年第32版)制订说明．中国饲料：2020，87-97.

作者：张英俊　刘楠　徐民乐
单位：中国农业大学

实习十一　智能化放牧设计

一、背景

信息化是农业现代化的制高点。“十三五”时期指出，大力发展农业农村信息化，是加快推进农业现代化、全面建成小康社会的迫切需要。《中华人民共和国国民经济和社会发展第十三个五年规划纲要》提出推进农业信息化建设，加强农业与信息技术融合，发展智慧农业；《国家信息化发展战略纲要》提出培育互联网农业，建立健全智能化、网络化（王雅琴等，2020）。智能化放牧项目应运而生。传统养殖管理方式缺乏科学依据，加之牧民工作量过大，容易出现牲畜被盗或丢失、患病无法及时医治、近亲繁殖导致种群退化、过度放牧导致草场退化等问题，实现智能化放牧迫在眉睫。利用GPS定位器和互联网的网络信息联合手机APP的功能，可以设定电子围栏和通过手机来操控网络，达到电子围栏圈牲畜的目的，利用牧犬的声音圈牲畜，这就是智能放牧在当今畜牧业所起到的重要作用。

二、目的

学习GPS与智能手机APP的使用方法，无论在牧区还是在城市均能通过智能手机随时登录系统，使牧民掌握监控草场动态的技能，具备对草场和畜群进行智能化识别、定位、跟踪、报警、监控和管理的能力。

三、实习内容与步骤

（一）材料

食草动物，主要是马、牛、羊、骆驼等。

（二）仪器设备

电子围栏与摄像头：设置围栏，当动物或外来人员进入或者牧群出围栏时，发送报警到APP手机上。围栏中层有按照东、南、西、北4个方向设置录好驱赶羊群的口令录音机，报警后，羊群听到声音口令也会调头回圈内。为了防止雨水进入录音设备，需要在设备上包上塑料口袋，以防止设备受湿受潮。该设备广泛应用于农牧区放牧跟踪定位。警报响起后手机可以通过画面看到实拍画面，也可以同时遥控4台摄像机的开关。在围栏第2层与第3层中间4角也要设置4台防水且360°旋转可活动式摄像头，主要目的是防范最外层的外来动物和人员。

GPS：GPS带在牲畜的脖子上，根据不同牲畜脖子的大小，项圈大小自由调节，双层卡扣，材质耐磨、防刮，适合野外养殖使用。基于GSMIGPRS网络和GPS卫星定位系统，通过短信息、手机APP或网页对远程目标进行定位或监控，是技术最先进的GPS和AGPS双定位。

飞行器：手机智能化无人管理设备可以同时管理上千只羊，对于上万只羊群的管理需要飞行器管理来实现，同时配备7只以上牧羊犬。飞行器管理设备也可以将实际抓取的录像传递到手机，方便管理人通过手机管理羊群。但飞行器成本高，一台成本大概上万元，虽然容易操作，可以录音、可以驱赶羊群，但用量少。

智能手机：一台手机同时查看几个羊群的位置，不限数量，不限距离。不限距离指可在全国范围内追踪，即便和羊群不在同一个城市或省份，同样可以在手机上精准查询定位信息。

（三）测定内容

基于北斗系统获得的无人机位置构建一个小地图，在小地图上标记各个区域的位置和羊群的实时定位位置，并显示各区域的放牧数量和放牧时间。结合智能放牧的方案，通过智能终端设备，收集牲畜数据（定位、环境、生理等），经由移动网络实时传输到大数据平台进行监控和数据分析。

（四）操作步骤

先在手机上设置好电子围栏（安全区域），当羊走出设定的范围区域时手机即可收到报警提示。在电子围栏划定的区域内，第一道电子围栏和第二道电子围栏中间，按东、南、西、北四个方向放置四台扬声器，并做好防水措施，充好电，先把呼唤牲畜的口令录好，设立遥控开关，当警铃响起时用手机上的APP技术操控开关，也可以根据情况随时放出录音，拦截走出电子围栏的畜群（郑莳等，2017）。另外，利用手机的APP控制自动饮水装置，放水或停止放水。放牧人也可以用遥控器控制饮水的时间长短，手机操控和遥控器操控这两种操控方式，实现随时控制水的开关。通过给羊佩戴智能项圈，实时掌握羊的移动轨迹。项圈的数据采集功能，还可以将牧养环境、温度和有无病情等情况及时反馈到手机上，配合着飞行器的实时监控画面。

（五）结果记录

表3-11-1　智能化放牧数据记录表

样地	小区面积/hm^2	畜群密度/(只/hm^2)	草地温度/℃	饮水剩余量/L	放牧时间/h	行走距离/m

四、重点和难点

对于牧场外信号的干扰难以控制，畜牧业基础设施建设薄弱，防疫体系建设滞后，同时畜牧业内部生产结构和布局不合理，畜群谱系不完善，畜牧业生产受到影响，畜牧品质量安全问题依然严重。

五、实例

郑莳等（2017）通过手机控制羊群圈舍门的开关后，发现可以减少拥堵现象，能有效减少外伤羊的数量。一般情况下夏季放羊开门时间为早上 3:30—4:00，此时天刚亮，温度适宜，晚上 8:30—9:30 将羊群赶回休息。配有的数字红外彩色摄像监控，有着两个带红外夜视成像技术的摄像头，分别安装在牧户的里圈和外圈的墙角上，对牧户住处 500 m 半径范围进行 24 h 监控录像。每天羊群回圈休息前都要通过手机智能控制来引导羊群饮水，减少了羊群饮用脏水的概率和疾病发生概率。在冬季用手机智能管理来控制羊群饮用温水。智能管理的另一项内容是给每只羊带上电子耳标，使羊在通过栅栏门时自动计数。这种通过门上天线进行对羊群扫描记录数量的智能管理防止了羊的丢失。利用 GPS 定位器和互联网的网络信息联结手机 APP 的功能，起到了物联网的全部过程。利用手机 APP 技术，智能管理系统同时绑定牧羊人的手机、绑定主人的手机以及绑定家里其他人的手机等多部手机，被绑定的手机指挥牧羊犬把分散的畜群圈回，并集中到指定地点。采用手机智能管理羊群的系统适合大型放牧的情况，牧羊人随时根据手机反应的情况来查看羊群状态。

六、思考题

1. 在小规模放牧草地如何进行智能放牧？
2. 网络环境不佳的情况下如何处理？

七、参考文献

[1]王雅琴，曾逸翔，肖遥. 基于北斗导航的智能牧导系统[J]. 农村经济与科技，2020，31(22)：4-6.

[2]郑莳，郑萌，裴勇. 利用智能手机无人式放牧及智能化牧场管理[J]. 中国畜禽种业，2017，13(10)：18-19.

[3]郑莳，郑萌. 利用智能手机系统开创无人放牧新时代[J]. 吉林农业，2017(16)：64.

作者：郝俊　程巍
单位：贵州大学

实习十二　牧场规划设计

一、背景

草牧业以饲草资源的保护利用为基础，涵盖了草原保护建设、饲草及畜产品生产加工等环节，顺应了当前草原生态文明建设和畜牧业绿色发展的大趋势。而我国牛羊肉和奶产品竞争力不强。依托草牧业全产业链运作，推进草畜配套和产业化，实现好草产好肉、产好奶，满足大众对更绿色、更丰富、更优质、更安全的草畜产品的需求，增强畜产品竞争力。

二、目的

良好的规划设计是现代牧场健康盈利的先决条件。牧场经营失败的原因很多，没有正确合理地规划设计，没有经过科学规划设计的养殖场，不但不能取得预期的经营效益，而且会造成一种更大程度的投资浪费。因地制宜、科学饲养、环保效益应成为当代畜牧场规划与设计时必须考虑的因素，而创造适宜的环境，拥有严格的卫生防疫制度，建设成本合理、经济且技术可行，也是现代畜牧场布局规划设计时必须考量的条件。这就要求我们既要做到牧场规划的合理土地利用，又要做到防疫、安全，并在此基础上谋求最大利益。

三、实习内容与步骤

（一）材料

计算器、测绳。

（二）场址选择

1. 选址原则

牧场是集中饲养家畜和组织畜牧生产的场所，是家畜的重要外界环境条件之一，因此，厂址的选择尤为重要，同时对厂址的选择我们要遵循如下的原则规定：要以生产工艺方案为厂址选择的基础，再结合具体的自然环境与社会经济条件，以此来进行厂址选择。这要求我们在规划过程中要时刻依据生产工艺方案所要求的地形地势、地质以及水源和社会环境条件等，在可能的范围内进行实地考察、勘测与分析计算，最终进行综合比较，筛选择优。

2. 注意事项

选择场址时，应依据畜牧场的经营方式（如单一经营、综合经营）、生产的特点、饲养管理方式（如房舍饲养、放牧饲养）以及生产集约化程度等基本特点，对地形、水源、土壤、地方性气候等自然条件进行综合考虑，最后还要意识到饲料供应、交通运输、产品的就近销售、牧场废弃物的就地处理等对厂址选择的重要性。

(三)功能分区

所谓合理的功能分区讲究的就是将选好的场地科学地划分为生活区、管理区、生产区以及粪便处理区、病畜的隔离区等功能区,并将场内道路进行合理规划、排水和绿化系统合理配置的过程。在这里我以生产区、病畜的隔离区以及管理区为例进行规划设计。

(1)生产区　生产区包括各种饲料贮存以及加工等建筑物的集合,是畜牧场的核心区域,因此对生产区的规划设计应放在全场的核心区域。对于生产区的规划设计,我们依据:有利于生产,即保证最佳的生产关系;有利于卫生防疫以及防火;最后还要注意到生产区的规划设计要便于场内运输,为提高劳动生产效率和保证良好的舍内环境打下坚实基础。

例如对奶牛群生产区的规划,我们要尽可能将这一群体生产区规划设计在交通便利地段,切忌不要规划在生产区的核心地带,如此规划满足这一群体随时出售所需的交通便利要求以及减少与控制疾病传播的需要。再比如幼年家畜最好放置在空气清新、阳光充足、疫情较小的区域,这样更有利于幼畜的快速生长。

(2)病畜隔离区　病畜的隔离区包括病畜的隔离舍、治疗与处理室、粪便处理以及贮存区域等,病畜的隔离区是畜牧场病畜、粪便集中处理的区域,因此是卫生与环境保护工作重中之重。为了便于运输隔离区的粪便,对病畜的隔离区位置的规划设计最好设置在畜牧场下风向以及地势较低处,同时为了便于运输隔离区的粪便,较少与控制疫情的扩散,对病畜的隔离区要设置专门的通道。

(3)管理区　管理区是承担畜牧场经营管理和对外联系的区域,应设在与外界联系方便的位置。主要包括日常生产经营管理、产品加工与销售等建筑物的集合。对管理区在规划设计中我们要将其与生产区在地域上严格分开,并且要保证有 50 m 以上的隔离距离。对外来人员在规划设计的同时,要注意到只能在管理区域活动。

对于管理区我们通常将其设计规划到厂区大门口位置处,并设置消毒池,应单设生活区域,并将生活区域规划设计在管理区的上风向,地势较高处。总之,在对畜牧场场地进行规划设计时,主要考虑到人、畜卫生防疫和工作方便,考虑地势和当地全年主风向,来合理安排各区位置。

(四)环境规划设计

传统的畜牧场规划没有考虑到对环境的影响,因此,我们进行畜牧场规划设计的同时要考虑到对环境规划设计。绿化是畜牧场改善环境的重要手段之一,对场区生态平衡起着十分重要的调节作用,对生产也起着十分重大的推动作用,同时绿化也起着对疫情以及局部污染的隔离作用。

1. 场区林带的规划

在场界周边种植适合当地气候的植被,场内各区,如生产区、病畜的隔离区以及管理区等的四周,都应该设置隔离林带,一般可采用种植小叶杨树等,或以栽种刺笆为主,以此来起到防疫隔离等作用。针对场区道路绿化,宜采用乔木为主,乔灌木搭配种植。如选种四季常青树种,地面以种植草皮做搭配,可起到绿化观赏作用、调节空气等作用。

2. 畜禽舍的隔热与采光设计

畜禽舍环境调控主要取决于舍温,我们可采用隔热、采光等措施进行调控。隔热,是畜牧场规划设计的重要任务之一，是指通过畜禽舍和其他措施来隔绝太阳辐射热，防止舍内以及畜禽机体周围的气温升高，形成较凉爽的环境，为畜禽创造适宜的生长环境。光照对畜禽的健康生长，有很大影响，同时又是调节畜禽舍小气候的重要因素之一。因此，在进行畜舍的设计时要充分考虑到采光的重要性。

四、思考题

河北沽源草地生态系统野外观测研究站现有天然放牧草地 7 000 亩，可利用率为 50%，放牧时期为每年的 4—11 月；割草草地 1 000 亩，每年刈割一次用作冬季饲喂。干草平均产量均为 300 kg/亩/年。目前有母牛 200 只，母羊 500 只，都是一年生一个，成活率 0.9，羊羔 10 个月出栏，小牛 22 个月出栏。一个羊单位日采食量为 1.8 kg，牛为羊的 5 倍。请根据以上信息，结合牛羊出栏的市场价格，设计合理的牧场未来利用方式，说明其优缺点及可行性，为牧场发展提供建议。字数为 1 000 字左右。

五、参考文献

[1] 任建存．现代化牧场设计与规划[M]．北京：中国农业出版社，2016.

[2]周永亮，王学君，王晓佩，等．现代化牧场规划设计问题与建议[J]．当代畜牧，2014(5)，43-44.

[3]戈惠芬．现代牧场的规划设计[J]．中国畜牧兽医文摘，2013，29(4)：45.

作者：王先之

单位：兰州大学